# OUR MOON
## A Human History

# 天穹之镜

—— 月球启示录：关于我们的过去和未来 ——

[美] 丽贝卡·博伊尔 / 著　李桂杨 / 译

南方出版社·海口

图书在版编目（CIP）数据

天穹之镜：月球启示录：关于我们的过去和未来 / （美）丽贝卡·博伊尔著；李桂杨译. -- 海口：南方出版社, 2025.5. -- ISBN 978-7-5501-9892-0

Ⅰ.V1-49

中国国家版本馆 CIP 数据核字第 2025AV3591 号

版权合同登记号 图字：30-2025-014 号

Copyright @ 2024 by Rebecca B. Boyle
All rights reserved.
Published in the United States by Random House, an imprint and division of PENGUIN RANDOM HOUSE LLC, New York.
由企鹅兰登（北京）文化发展有限公司授权在中国大陆出版

"企鹅"及其相关标识是企鹅兰登已经注册或尚未注册的商标。未经允许，不得擅用。
封底凡无企鹅防伪标识者均属未经授权之非法版本。

# 天穹之镜：月球启示录——关于我们的过去和未来
Tianqiong Zhi Jing

（美国）丽贝卡·博伊尔(Rebecca Boyle) 著  李桂杨 译

责任编辑：焦　旭
特约编辑：冉子健
装帧设计：冉子健
出版发行：南方出版社
邮政编码：570208
社　　址：海南省海口市和平大道 70 号
电　　话：（0898）66160822
传　　真：（0898）66160830
印　　刷：三河市祥达印刷包装有限公司
开　　本：880mm×1230mm 1/32
印　　张：10
字　　数：185 千字
版　　次：2025 年 5 月第 1 版
印　　次：2025 年 7 月第 1 次印刷
定　　价：68.80 元

给我的女儿

## 致仰望者

今夜，月亮已经升起
无边的深邃停留在宇宙边缘
月夜里，壮阔的进化正在发生
我这微尘之躯啊，原是创世遗迹

今夜，我并不孤寂
我听见忒伊亚的撞击声
从 45 亿年前传来
穿过沃伦菲尔德的月坑
在内布拉星盘上回萦
哦，那是星群穿越远古的声音
是恩赫杜安娜对月神的颂吟

今夜，满月清辉
照亮了托勒密的水晶世界
智者说：那是太阳赋予月亮的光
我用伽利略的筒镜
寻找哥白尼和开普勒的宇宙真相
发现，那些最初的仰望从未熄灭

今夜，我远离尘世的喧嚣
凝望环形山中的岁月痕迹
月光照亮了我的来路，我的归程

# 目 录
## CONTENTS

中文版序 / 7
引　　言 / 11

**第一部分：月球的诞生**

　　第一章　不一样的星球 / 003
　　第二章　月球的诞生 / 017
　　第三章　地球的传记作家 / 043

**第二部分：月球如何成就我们**

　　第四章　月球与物种起源 / 067
　　第五章　在时间的起点 / 095
　　第六章　早期的文明与时间的罗盘 / 119
　　第七章　天空的装饰 / 139
　　第八章　探索之旅始于月亮 / 169

**第三部分：我们怎样塑造月球**

　　第九章　我们眼中的月亮 / 199
　　第十章　心灵之旅 / 227
　　第十一章　鹰与圣物 / 245
　　第十二章　我们的第八大洲 / 277

译者后记 / 295

# 中文版序
Preface of the Chinese version

## 天穹圣镜映照人类文明壮丽史诗

科学作家丽贝卡·博伊尔在《天穹之镜：月球启示录》这部横跨科学与人文的鸿篇巨制中，为我们揭开了地月关系的壮阔帷幕。她带领读者回溯地球与人类的漫长历史，从月球的诞生、地球生命的演化，到文明的兴起、宗教的起源，直至科学的启蒙与勃兴。本书深入阐述了地球和月球的物理关系及其生物学影响，揭示了月球如何塑造我们自身；同时，它也深刻探讨了月球在人类自我认知过程中所扮演的文化角色。这是一本关于时间、地球生命、人类文明、我们在宇宙中的位置，以及月球如何成就我们的通识杰作。

### 宇宙碰撞：生命摇篮的诞生密码

博伊尔在开篇便揭示一个震撼真相：月球与地球实为"忒伊亚之劫"孕育的孪生姐妹。约45亿年前，一颗火星大小的行星"忒伊亚"与地球剧烈碰撞，其散落的碎片最终凝聚成月球。这场创世撞击不仅锻造了独特的地月系统，更赋予了月球三重神圣使命：

- 地球传记的首席作者：月球以引力之笔撰写着行星的演化史，向我们诉说着地球的故事。
- 生命节律的终极守护者：月球的引力稳定了地球的自转轴，使其保持约 23.4° 的倾角，确保了季节的稳定更替。这为珊瑚产卵、植物光合作用乃至人类基因表达，设定了永恒的节律。
- 生命登陆的隐形推手：月球引力引发的潮汐力，在远古地球浅滩创造出干湿交替的环境，宛如一台"进化加速器"。正是在这潮起潮落的韵律中，DNA 分子加速编织，为生命踏上陆地铺平道路。

**文明之镜：从月神崇拜到文明演进**

博伊尔以考古学家般的敏锐，引领我们探访史前人类与月球建立联系的遗址。那些古老的仪式用具和测量器具，层层包裹着被遗忘的文化意义，见证了人类对月球悠远而持久的迷恋。这些触摸文明的"月光印记"，深刻勾勒出人类文明的演进轨迹：

- 沃伦菲尔德遗址（苏格兰）：这座距今约一万年的遗址，是已知最早的天文历法遗迹。其 12 个坑穴组成的阵列，构成了人类最早的月球日历，印证了先民如何依据月相规划农事与祭祀。
- 内布拉星盘（德国）：这件三千年前的青铜杰作，用于描绘月球在天空中的运动轨迹。古人通过观测月相变化来计量时间，星盘上的黄金新月与星群图谱，正是史前人类精准进行月相观测的明证。
- 美索不达米亚的觉醒：月球在早期宗教中占据核心地位。古代美索不达米亚地区与月球相关的神祇，"是人类历史上最早的神灵之一，甚至可能是最早的神灵"。在月神的指引下，苏美尔人将太阴历转化为社会权力的基石——从《吉尔伽美什史诗》到恩赫杜安娜的颂诗，月亮成为帝国统治的精神图腾。

## 中文版序

### 科学征程：从水晶天球到深空纪元

博伊尔以恢宏笔触重现月球的科学启蒙与发展之路。她穿梭于古代世界，从巴比伦、埃及到希腊、罗马，考察了托马斯·哈里奥特、哥白尼、开普勒和伽利略等早期天文学家对月球的系统观测。正是这些观测，为研究自然世界确立了新方法，并溯源至欧洲现代科学的发端。博伊尔赋予这些历史人物鲜活的生命，细致刻画他们的信仰与世界观，使历史叙述超越了静态故事的写作范式。

本书最后部分回顾了 20 世纪的月球探索历程，并对未来的科技进行了展望。博伊尔强调，月球对现代科学的发展至关重要，科学梦想始终根植于人类对月球的集体想象。她并未止步于技术史的罗列，而是巧妙融合科学与文化史，以独特视角重构了太空时代。

### 未来之镜：开启属于东方的月球新叙事

人类的征途是星辰大海。未来，月球将成为大国竞争的主战场。科技的飞跃、经济的增量与资源的拓展，都将系于月球的开发。中国正全力投入科技创新与人才培养，必将崛起为全球探月领域的领先力量——航天新技术、月球基地建设、氦-3 能源开采……这些前沿赛道亟需顶尖人才的汇聚。让我们跟随博伊尔的笔触，透过这天穹之镜，凝视环形山中的岁月刻痕——那里镌刻着地球生命的起源密码，回荡着人类问天的永恒浪漫，更等待着华夏儿女书写崭新的宇宙探索史诗。

# 引　言
## Introduction

> 每一颗奇异星辰，都臣服于最后一颗星。它是地球最亲密的伴侣，大自然赋予它驱散黑暗的使命。这就是月球。
>
> ——老普林尼，《自然史》

首战成败，月亮是关键。

海军陆战队队员戴维·肖普（David Shoup）年方39岁，面色红润。在这个漆黑的夜晚，他搭乘战舰在太平洋上破浪前行。此刻月亮尚未现身，它正处于下弦月阶段，午夜之后才会从海面升起。但是，即便是遁于无形的月亮，也会对地球施加强大的影响。月亮会给明天的作战行动带来什么？肖普忧心忡忡。

肖普知道，满载海军陆战队队员的战舰，至少需要4英尺[a]深的水才能穿过塔拉瓦环礁（Tarawa Atoll）的珊瑚礁，那是南太平洋中的一个岛屿。今天，塔拉瓦是基里巴斯（Kiribati）的首都，但在1943年11月20日，夺取这个小岛，抢占其飞机跑道，是盟军计划击败日本帝国的第一步。首战能否获胜，取决于潮汐，而潮汐又是被月亮决定着。

---

[a] 1英尺=0.3048米。——译者注

盟军的作战参谋和指挥官将攻击行动安排在 11 月 20 日的清晨，他们预计，此时正值高潮，塔拉瓦周围的礁石将被深水淹没。那时，还没有测量卫星，那天潮汐能涨多少，作战参谋胸中无数，只能靠猜。他们能做的，只是将月球周期与太平洋的百年潮汐图进行了比对，再辅以来自澳大利亚和智利等地更新的数据进行测算。参谋们估计，高潮将在上午 11：15 达到 5 英尺——足够战舰安全通过。但在肖普看来，这个深度仍然不太安全。

他告诉《生活》杂志（*Life*）的随军记者罗伯特·谢罗德（Robert Sherrod）："我们要么不得不冒着机枪扫射的弹雨涉水前进，要么由水陆两栖牵引车在海滩和礁石尽头之间来回穿梭运兵。我们必须非常精确地计算高潮，以便希金斯登陆艇[a]（Higgins boats）能够派上用场。"

当日出前的几个小时，美军指挥官们焦虑不安时，在东南方向 500 英里[b]外的纳诺梅阿岛（Nanomea Island）上，我的祖父，上等兵约翰·杰克·科科伦（John J.Corcoran）正在躬身执行他的任务。他所在的部队，是二战期间太平洋战区最大的舰队中虽小但重要的组成部分。

杰克，像许多年轻的美国人一样，在战争中仓促参军并开赴前线，他领到了一支步枪、一把刺刀，每月从海军陆战队挣 6.40 美元军饷，并学会了如何为飞机配备炸弹。

1943 年 9 月，年仅 17 岁的他，没有去大学念书，而是登上了普埃布拉号（Puebla）运兵船，从圣迭戈（San Diego）向西航行，

---

[a] 是由美国新奥尔良的安德鲁·杰克逊·希金斯（Andrew Jackson Higgins）设计和制造的一种小型登陆艇，可以搭载 36 名战斗人员或一辆卡车及 12 名士兵。是二战期间登陆作战至关重要的军事装备。——译者注

[b] 1 英里 =1.609 千米。——译者注

## 引 言

穿越深邃迷人的太平洋，那里的水域与他所熟悉的灰色大西洋截然不同。到了1943年11月，他离家的距离比他所知道的任何人（包括他的爱尔兰移民父母）离家的距离都要远。

集结起来准备攻占塔拉瓦的部队规模，远远超过了攻击珍珠港的日军。而且在这之前，盟军部队已经在闷热、泥泞的瓜达尔卡纳尔（Guadalcanal）岛驻扎了6个月。前往环礁的海军陆战队为盟军的船只提供掩护，朱利安·史密斯（Julian Smith）将军承诺，海军将提供"战争史上最集中的空中轰炸和海军炮火"。我的祖父为盟军在塔拉瓦战役中投下的900吨弹药出了一份力，为进攻扫清了战场。

尽管如此，塔拉瓦之战仍然以在如此短暂战斗中造成最严重的伤亡而载入了海军陆战队战史。在短短76小时内，冲上海滩的5000名士兵中，有1115人[a]阵亡，近2300人受伤。

11月20日的早晨，潮水并没有像预期的那样涨到5英尺。它几乎没有涨，正如肖普所担心的那样，登陆艇被礁石挡在了战场之外。早晨6∶48，史密斯和一位海军上将通过无线电询问从水上飞机上侦察水面的飞行员："礁石被水淹没了吗？""没有。"飞行员回答。而此时，海军陆战队队员们不得不从搁浅的船上翻爬出来，把步枪举过头顶，涉水穿过600码[b]的水面到达岸边。面对日军的疯狂火力，数百名海军陆战队队员被射杀，还有一些人在礁石周围的深水中溺亡。几十年后，人们才弄明白，为什么那天血色的潮水没有如期而至。

从小时候起，我就听说过祖父在第二次世界大战中的业绩。如

---

[a] 此数字与资料显示（1696人）不相吻合，请读者注意。——编者注
[b] 1码=0.9144米。——译者注

同众多退伍的老兵一样，他并不愿意谈及那段尘封的历史。得益于国家档案馆的资料，我得知他曾是海军陆战队第31飞行大队的一员，随军在太平洋战场上辗转作战，参与了一次次跳岛进攻，为后续的轰炸行动铺平道路。通过母亲的讲述，我还了解到，在那些漫漫长夜中，杰克蜷缩在帐篷下的散兵坑里，对面阵地传来的阵阵带着异国口音的"美国人去死！"的诅咒，令他心惊胆战。那时，他只能不停地一遍遍地为自己祈祷。在我孩提时代就听说过关于日军残暴行径的故事，日本兵的形象仿佛幽灵一般，在夜晚的微风中游荡，让我不寒而栗。遗憾的是，那时我并未追问更多细节。更让人惋惜的是，我没有机会在杰克2010年离世前告诉他，在塔拉瓦战役中，海军陆战队之所以遭受重大损失，其实应该归咎于月相的变化。

○·

每一天，地球上的每一寸海岸线都在见证着潮汐的变化。伴随日升日落，停泊在码头的船只也跟着潮水的节奏起起落落。海滩在潮汐的作用下，时而扩展、时而收缩，海带、贝壳以及其他大海退潮时遗留下来的渣滓，在远离波涛拍打的地方渐渐干枯萎靡。

潮汐的涨落主要是因为月球的引力，在较小程度上也受到太阳引力的影响。当月球绕地球运行时，这两个星球互相吸引。地球离月球更近的一侧，受到的牵引力稍微强一些，于是月球将水拉向自己，在海洋世界中制造出了两个隆起。* 隆起造成高潮，起源于海面，向海岸线推进。太阳也会每个月两次增加一些潮汐的力量。当它与月球排成一线时，无论是满月还是看不见的新月，太阳的引力都会放大隆起效应。这就形成了所谓的"朔望潮"，带来更高的高潮和更低

---

\* 原注：引力导致海面靠近月球的一侧形成隆起。包括引力和离心力在内的作用力也在远离月球的一侧形成隆起，造成两个隆起。这意味着地球上几乎每个地方每天有两个高潮和两个低潮（有些地方——如墨西哥湾——例外，只有一个潮汐周期，因为有时大陆会阻挡潮汐）。同一地点的低潮和高潮之间的时间差为6小时12分钟。

## 引 言

的低潮。

七天后，当月球没有与太阳排成一线，而是以九十度的角度分开时，它看起来是半满的。我们称之为上弦月或下弦月。太阳的引力对潮汐的影响较小，产生所谓的小潮。在每个月的这个时候，高低潮不那么显著。

地形也会影响水流。大陆可改变潮汐的流向，而海岸线的深度会左右潮汐上升或下降的速度。月球在绕地轨道上的位置也影响到它的引力。与所有天体一样，月球并非沿着完美的圆形轨道运行，而是按照一个椭圆轨道，这一发现源自17世纪一位痴迷于月球的德国天文学家的研究。月球在其轨道上距离地球最远的点被称为远地点，而最近的点则被称为近地点。每年有三到四次，近地点与满月同时出现，21世纪初的占星家将其称为"超级月亮"。这时的月球距离地球更近，导致潮汐出现不同寻常的高潮与低潮。相比之下，位于远地点的月球——我们有时称之为"微月亮"——在夜空中显得略小，其引力也相对较弱。不过，即便是比较遥远的月球，仍然能够对地球产生显著的影响。

海军陆战队计划进攻的时间恰逢小潮，但他们未曾预料到潮水不仅没有如期上涨，并且在接下来的近两天时间里几乎没有变化。后来的战争编年史家将其称为"潮汐逃避"。当时，潮水在塔拉瓦的珊瑚礁前徘徊，因为月球正处于远地点，距离地球极为遥远，其引力也因此变得相对微弱。每年仅有两天远地点小潮，而1943年11月20日是其中之一。在卫星时代之前，此时在海军陆战队尚未占领岛屿并进行现场测量，美军的作战参谋们当然没有办法知道这种月球排列会如何戏剧性地影响塔拉瓦的潮汐。

尽管发生了大屠杀，炸弹如雨落下，海军陆战队队员还是前仆后继，抢滩登陆。经过 3 天的战斗，潮水终于回来了，海军陆战队占领了环礁，但损失已经无可挽回。为夺取这样一个小岛竟然导致如此惨重的伤亡，消息传回美国国内，一度群情激愤。

我祖父的部队在 1943 年 12 月 31 日抵达塔拉瓦。那时盟军已经控制了岛屿，海军建设营已经清理了海滩上的尸体和棕榈树。上等兵科科伦继续他的工作，为太平洋战役下一阶段多项作战任务配备航空炸弹。当他抵达这个破败的环礁时，新月才四日龄。它像一把弯刀，像一柄镰刀，像公牛的角一样挂在傍晚的天空中，小巧到几乎令人难以察觉，直到它突然出现在你眼前。

○

在塔拉瓦的血腥屠杀之后，盟军开始更加关注月球的作用。在诺曼底登陆和解放法国之前的漫长岁月中，这一举策发挥了关键作用。法国抵抗运动借助满月的银辉，利用降落伞安全地空投间谍和补给；盟军知道他们需要借助满月的高潮和皎洁的月光，以便在欧洲大陆的海岸线上登陆，并从纳粹德国手中解放欧洲大陆。1943 年，盟军作战参谋在港口的选择上已经胸有成竹，法国的希望随着月球的周期性变化而波动，每一个 28 天的循环都承载着期待与不安。

最后，盟军决定在法国北部海岸的诺曼底登陆，因为它靠近英国海岸，又不如加莱（Calais）这个大的港口城市那么引人注目。诺曼底有一个小型港口，还有一个小型机场，盟军认为他们第一天就可以占领它们。

盟军的计划首先是在夜幕的掩护下横渡英吉利海峡。伞兵们依靠月光的指引，从天空中滑翔降落，抢占两座关键的桥梁。随后，重型轰炸机升空。指挥官们期望在地面部队发起冲击之前，利用大

## 引 言

约 40 分钟的晨曦对海岸线进行猛烈轰炸,重演塔拉瓦的战术。最后,地面突击部队将在一个低位但迅速上升的早潮中搭乘登陆艇抢滩。

在诺曼底的卡尔瓦多斯（Calvados）海岸,英吉利海峡的潮水可以从低潮到高潮惊人地上升 19 英尺。就像在塔拉瓦一样,潮汐区域的变化是由月球与海岸地理的相互作用引起的。像诺曼底这样的陡峭海岸可以增加潮间带（intertidal zone）的面积,这个增加的倍数远远超过了所预测的水位升降的高度。*

潮汐的剧烈变化意味着水流很快——在 D 日（D-day）[a],它以每 15 分钟一英尺的速度上升。盟军估计,在低潮时大约有半小时的时间足以让第一波部队清除海滩上的地雷、木制拒马和纳粹士兵安装的人体大小的铁制障碍。如果潮水随后迅速上涨,它将托举盟军登陆部队越过沙滩,将进攻的浪潮推进到法国的土地。

在诺曼底,日出时的低潮只发生在新月或满月期间。空降部队需要满月的照明来滑翔,所以,月亮再次成为胜败的关键。温斯顿·丘吉尔（Winston Churchill）在他的回忆录中回忆说,盟军确定了 6 月 5 日、6 日和 7 日为登陆日。他后来在回忆录中写道,要满足现任司令官作战计划所需要的条件,每个月只有三天,如果这三天中的任何一天天气不佳,整个行动将不得不至少推迟两周——实际上,如果我们等待合适的月亮盈亏条件,可能要推迟一个月。

6 月 5 日的天气预报不佳,最高指挥官德怀特·D. 艾森豪威尔（Dwight D.Eisenhower）将军将 D 日推迟了一天。第二天早晨的天

---

\* 原注：两千年前,另一位名叫尤利乌斯·恺撒的军事领袖,莎士比亚称他为"时代潮流中最高贵的人",在第一次试图入侵英国时,由于风暴和满月引起的春潮结合,也遭遇了极端的海峡潮汐。

a　D-Day 通常指的是某活动发生的当日,在军事史术语中,它指的是盟军在 1944 年 6 月 6 日,即诺曼底登陆发起日。——译者注

17

气预报是晴朗，于是 D 日定在 6 月 6 日。6 月 5 日晚上，满月在日落前一个半小时升起，到格林尼治标准时间晚上 11：30 达到最高点。在 1944 年 6 月 6 日午夜，第 82 和第 101 空降师的伞兵开始在法国上空降落。来自第 82 空降师的准将詹姆斯·加文（James Gavin）回忆说，他可以清楚地看到月光下的景象。他回忆道："诺曼底村庄的道路和小房子群在月光中清晰地显现出来。"伞兵占领了两座桥梁以阻击纳粹坦克，而在广袤的田野里，抵抗运动的战士们骑着自行车，在月光下切断了铁轨、地面电话线和架空电线。诺曼底陷入四面楚歌的境地。早上 6：30，第一波进攻部队在夏日的晨曦和天边月亮的照耀下，冲上了海滩。

战斗持续了一整天，尤其是在奥马哈海滩（Omaha Beach），盟军遭受了巨大的损失。但到了傍晚，德军开始溃退。诺曼底登陆后，盟军解放了巴黎，并在秋季和冬季向柏林进军，盟军粉碎了德军在突出部战役中的最后抵抗，兵临柏林城下。1945 年 5 月 8 日，纳粹德国宣布投降。

那年春天，我祖父驻扎在北卡罗来纳州（North Carolina）的哈夫洛克（Havelock），为他自己的地面作战任务做准备。他们面临的最极端的情况是进攻日本本土，要求海军陆战队队员随时保持战备状态。纳粹投降时，杰克·科科伦正在训练营。1945 年 8 月，当美国在广岛和长崎投下两颗原子弹时，他还在那儿。日本投降两个月后，杰克·科科伦光荣退伍。

他回到了新泽西（New Jersey）的家，娶了我的祖母海伦（Helen），后来有了 6 个儿女和 10 个孙子，退休后有一段漫长的会计师生涯。每次我去汤姆斯里弗（Toms River）拜访他，杰克都会带我去海边。我和我的兄弟一起站在锡赛德海茨（Seaside Heights）的沙滩上，等待、

# 引 言

观察，迎接潮水扑面而来。

○•

这些潮汐和这些战斗只是我们与月球的故事的一部分。它在第二次世界大战中的角色，只是我们与月球同行的旅程中一段小插曲。

从文明诞生的那一天开始，月球就影响着各国的统治者，决定他们的征服之路。但月球对我们的影响远比这些权力游戏更为古老，它可以追溯到我们的星球硫黄[a]的起源，以及在其表面赖以生存的飞鸟走兽、鱼鳖虾蟹以及粮草花木。月球高悬天穹，指引着我们所有人。它从未与我们分离，这尤其是因为，它实际上是地球的一部分，在地球初成之时被撕裂出来。它的轨道并非你想象中的完美圆形，而是椭圆形。地球与月球相互环绕，围绕一个共同的中心旋转，共同编织着它们的历史轨迹。

今天，月球引导着动物的迁徙繁衍、植物叶片的运动，甚至可能影响你血管中的血液。月球指挥着地球上的生命交响乐，从相互征战的人们到建造塔拉瓦珊瑚礁的珊瑚虫。自从生命第一次悸动的那一刻起，它就引导着进化，无论是在深海火山口内部，还是在温暖的小池塘中，两者都通过月球的潮汐获取养分。

月球使地球独一无二，不只是在我们的太阳系中，可能在更广阔的宇宙中也是如此。它影响着我们，从生理到心理，其具体的方式科学家们才刚刚开始理解。它教会了我们如何计时，我们用它来规定世界的时序。月球激发了人类的宗教、哲学、科学和发现的灵感。

---

[a] 作者这里是暗指是地球生命的起源，因为硫磺在蛋白质和其他生物大分子的形成中起着桥梁作用，同时硫代谢在早期微生物的进化中也起到了关键作用。例如，一些细菌通过还原硫酸盐来获取能量，从而支持了早期生命的能量代谢。——编者注

这本书是我们与月球同行的故事，分为三个部分：月球的诞生，月球如何成就我们，以及我们怎样塑造月球。这不仅仅是一本天文学书籍，也不是一本关于阿波罗计划的书籍，尽管天文学和阿波罗计划都与人类与月球的旅程密不可分。这是一本关于时间、地球上的生命、人类文明、我们在宇宙中的位置，以及月球如何使这一切成为可能的书。我希望这本书能改变你对所有这些事物的认知。我希望它改变你下次在有月亮的夜晚外出时看待月亮——那个始终伴随着我们的伴侣星球——的方式，愿你下次在夜色中漫步时，重新发现它的存在。

# 第一部分
# 月球的诞生
HOW THE MOON WAS MADE

# 第一章　不一样的星球

月球，与众不同。

它与地球不同。地球犹如巨大的水泡，悬浮在浩瀚的宇宙，奇迹般地孕育着蓬勃的生命。月球贫瘠，它已经陪伴了地球 45 亿年，一如既往；月球寂静，它没有蟋蟀的合唱、郊狼的嗥叫，或是夜晚的松涛；月球干涸，至少在表面上是，没有浪花拍岸，没有细雨，没有雪花。月球是一片布满陨石坑的荒原，散发着爆竹熄灭后的味道。月球在长长的白昼里酷热无比，在漫漫的黑夜中冰冷莫测。

月球的色彩以灰色为主调，点缀着棕褐色、巧克力色、沙滩色、白垩色、金色、咖喱黄的斑点，以及阿波罗 11 号宇宙飞船指令舱驾驶员迈克尔·柯林斯（Michael Collins）所形容的"欢快的玫瑰色"色调。

月球上没有空气，阳光捉弄着人类的视觉，扭曲了宇航员对陨石坑深度和山谷坡度的感知，使平缓的斜坡幻化成陡峭的峻岭。月球的一切都如此单调，没有蓝色，没有绿色，没有水汽层让阳光散射。月球岩石上也没有斑驳的地衣，也没有细菌在土壤中繁衍以滋养植被。当然，头顶没有鸟儿，脚下没有蚂蚁，没有任何种类的动物存在。

月球上，空无一物，阒无一人。在阿波罗飞船着陆之前，从未有生命仰望过月球黑色的天空，思考自己在其中的位置；从未有生命凝视着新月形的地球，想象着造访那里。除了我们带去的印记，那里没有文化。

月球无言，却道出了关于我们的一切。我们把梦想和热情投射到它斑驳的表面，它成为一面镜子，既是字面意义上的，也是象征意义上的。月球反射阳光，也把地球自身的光——灰白的"地球反照"（earthshine）通过反射回馈给我们，当天空一钩弯月，月球完整的面庞若隐若现时，我们就可以看到这种现象，但在满月时几乎不可察觉。月球和地球截然相反，它是一块荒凉的岩石，累累伤痕低语着这个天体曾经的暴烈，更凸显了地球上喧闹的花园和勃勃生机。月球只承载我们的想象，月海也只停泊我们的寄托。

月球从一开始就影响着地球的生命，引领人类心灵在浩瀚的想象中遨游，激发出深邃的思想、探索的勇气和求知的渴望，编织出瑰丽的神话与传奇。这些引人入胜、多姿多彩、活灵活现的传说掩盖了月球的真面目。尽管我们关于月球的叙述如此生动鲜活，月球本身却静谧、荒凉、沉寂。

但情况并非亘古未变：在遥远的过去，月球也曾炽热滚烫，也曾活力四射，也曾拥有磁场，也曾有过沸腾的岩浆汪洋，或许，还曾经有过像地球一样活跃的地壳，不时扭曲隆起。但那辉煌的时代无人得见。如今，我们所知的月球，幽幽地高悬于天空，二维、寒冷而寂静。

那里除了偶尔有陨石光顾，或是航天器扑哧一声坠毁或着陆，再无任何动静。没有谁抬头仰望天空，没有谁在呼吸，没有谁怀揣希望。

## 第一章 不一样的星球 ☾

1969 年，当阿波罗 11 号宇宙飞船登月舱驾驶员巴兹·奥尔德林（Buzz Aldrin）踏上月球时，他用"壮丽的荒凉"来形容周围的环境，这一描述成为经典，至今无人超越。很难将月球与我们熟悉的任何地方相比较，因为我们熟悉的地方在地球，而月球是一颗完全不同的星球。

相比之下，即使从太空俯瞰，地球也依旧亲切如家园。宇航员们报告说，在太空中凝视我们的星球，是最令人兴奋的体验之一。我们属于这里。地球薄如蝉翼的大气层、飘逸的白云、绿意盎然的陆地和深蓝色的海洋让我们心向往之。而根据迈克尔·柯林斯的描述，月球的情况并非如此。他独自驾驶指令舱绕月球飞行，但没有在月球上行走。他在回忆录《携带火种》（*Carrying the Fire*）中写道："窗外那个烈日炙烤下的、干瘪的桃核，没有给人以丝毫慰藉。它的吸引力单调乏味，只对地质学家有意义。"

人类是依靠感官感知世界的，而在月球这个地方，找不到任何熟知的感官体验。如果你有机会去那里，可能会同时经历匮乏感和过载感。每次穿着宇航服外出，以及每次回到舱内除下装备，都是刻骨铭心的体验。孤独、酷热、冰冷、恐惧、狂喜、超人般的强大和微不足道的渺小，这些截然不同的感受会在瞬间切换，甚至同时产生。诸如地貌、内部结构、大气层——关于月球的一切都与地球截然不同。

阿波罗 11 号指令长、月球漫步者尼尔·阿姆斯特朗（Neil Armstrong）和巴兹·奥尔德林是首批体验"月球不适"（Selenic discomfort）的人类。月尘（Moon dust）沾满了他们的宇航服和靴子，很快也扩散到"鹰"号登月舱内部的大部分区域。这对搭档深受其扰，不得不戴着头盔睡觉，以免整夜吸入月尘。在后续任务中，宇航员们注意到月尘划伤了他们的遮阳板,并损坏了他们带回地球的岩石盒密封件。月尘还引发了类似花粉过敏的症状,让宇航员眼睛发涩发痒,喉咙干燥疼痛。与主要成分是有机物的地球尘埃不同,月尘纯粹是岩石粉末,也没有水或风来钝化粉尘颗粒的边缘,所以这就好比吸入砂纸的颗粒一样难受。

不过宇航员还算幸运,因为这只是一个小麻烦。美国国家航空航天局(NASA)的科学家曾经警告宇航员,月尘可能会与氧气发生剧烈反应。奥尔德林和阿姆斯特朗被告知,要小心对待他们的"不确定"样品——就是阿姆斯特朗踏出"鹰"号不久就装进口袋的一小撮月尘。回到登月舱后,奥尔德林和阿姆斯特朗在舱内加压时仔细观察月尘,如果发现闷燃,就应该打开舱门,立刻把它扔出去。但问题是,他们俩此时浑身都沾满了月尘。

"那东西似乎一旦沾上,就赖着不走了。"奥尔德林说,"根本不可能清理干净。"如果真有什么东西会被引燃,那只能是他们的宇航服。

所幸,月尘并没有在氧气中发生剧烈反应,但它闻起来确实带有那种味道。月球有一种刺激性的气味。奥尔德林经过短暂舱外活动后回到舱内,摘下头盔时闻到的就是这种气味,并将其形容为仿佛刚刚燃放完的烟花。阿姆斯特朗把它形容为"潮湿的灰烬味",就像睡前熄灭篝火后散发在露营地的气味。而人称"杰克"(Jack)的阿波罗17号宇航员哈里森·施密特(Harrison Schmitt)则将其称为"火药味"。

月球持续地受到来自太阳风以及其他宇宙射线的辐射影响,并且还遭受着小行星的撞击,小行星撞击的过程被称为"翻腾作用"(gardening)。这些活动不断地破坏着"月壤"(regolith)中的物质结构,"月壤"是指包括尘埃层在内的覆盖月球表面的松散物质。

由于月壤中大约 43% 的成分是以氧化物形式存在的氧，因此分解出的原子主要是氧原子。太阳风中的质子会与月壤中的氧原子发生反应，生成水分子（$H_2O$）或羟基（OH）。宇航员所感受到的气味，实际上是那些被小到看不见的辐射"子弹"所撕裂的物质带来的挥之不去的后果。

关于这个问题，科学家们至今仍然争论不休。其中一个原因在于，如今的月球岩石已经不再散发气味了。当今天的科学家们打开一个装有月球岩石的袋子时，无论这些样本是如何被 NASA 的月球样本实验室精心切割和打包分发的，它们都不再有任何未知的气味。没有人能够确切地解释为什么一旦月球岩石暴露于地球环境，展现在地球人面前时，其特有的气味就会消失。

在月球上，当你逐渐适应了那股持续不断的类似烟花般的气味后，你会开始留意到一种持续的干燥感。月球酷热干燥，你会非常怀念在地球上一直习以为常的无处不在的水。每当你抬头望向地球，它仿佛一直在用一汪清水逗弄你。尽管我们对大陆及其山脉无比熟悉和热爱，但陆地并不是地球最显眼的特征；从远处看，水才是最引人注目的。水汪汪的地球高悬天际，像一颗宁静而温暖的蓝色宝石。

在人类历史的大部分时间里，人们普遍以为月球上也有海洋。几个世纪以来，天文学家认为月球表面上的暗斑就是海洋。17 世纪至 18 世纪期间，痴迷于月球的科学家们对此深信不疑，以至于他们将月球表面的特征列表命名为海洋、湖泊和海湾。阿波罗 11 号登陆的地点被称为"宁静海"（Sea of Tranquility），这个名字来源于 17 世纪的耶稣会神父乔瓦尼·巴蒂斯塔·里希奥利（Giovanni Battista Riccioli），他在 1651 年为我们编制了现代月球表面的命名体系。总体而言，这些暗斑被称为"maria"，在拉丁语中意为"海洋"。实际上，正如阿波罗计划带回的月球岩石所证实的那样，这些"海洋"实际上是由冷却熔岩构成的漫漫石漠。

尽管你在月球上体验到的是一片空旷之地，粉笔般干燥，但实际上月球确实存在水。经不同的科学仪器测定，水的含量还不低。[a]问题在于，这些水以水合矿物质的形式被锁定在月壤中，或者可能以冰的形式深埋于永远不见天日的陨石坑中。月球上不可能存在液态水。由于缺乏大气层来保持水的液态状态，水会迅速蒸发、分解，水分子中的氢也会逃逸到太空中。对于未来月球的访客来说，要想获取月球上的水，必须是真正的化学高手，擅长从石头中提取水分。

地球上很少有地方像月球一样荒凉，其中一个关键原因是地球上有如此浩瀚的水。地球上的水会软化并侵蚀岩石。水与风相结合，是地球表面演变的驱动力。在水的作用下，整座山脉起伏变迁。水还可以抹平陨石坑。尽管关于撞击的时机和持续时间仍有争论，但我们确信，洪荒时代地球曾遭受过小行星的轰炸，但现在已经看不到任何"战场"的痕迹了。然而，没有水和风的月球，保留了其原始撞击的记录。这些陨石坑诱发了人类许多奇妙的想象。

2019年，中国的"嫦娥四号"小型机器人在月球远侧（背面）实现了软着陆，这是人类有史以来首次实现的壮举。几个月后，一位名叫肖龙的中国科学家分享了一段嫦娥四号接近月球表面的视频。这就像是在看一段分形动画。在登月舱的视野中，每个陨石坑都变得越来越大，然后较小的陨石坑在大陨石坑中分解，而那些较小的陨石坑也越来越大，直到它们内部出现更多的小陨石坑，如此循环

---

[a] 嫦娥五号采集的月壤样品显示，月球表面的水含量非常低。具体来说，嫦娥五号采样区的水含量在 120 ppm（百万分之一）以下，而岩石中的水含量约为 180 ppm。这意味着月球表面的土壤中每吨土壤大约含有 120 克水。——译者注

## 第一章　不一样的星球

往复。随着时间的流逝，月球上的访客会逐渐辨认出这些陨石坑特有的形状和凹陷，就像我认出我最喜欢的山脉一样。但你会因为它们而难以四处走动，不仅仅是因为陨石坑是绊脚石，更是因为你的大脑很难解释你眼睛所看到的景象。

月球上的陨石坑投下的阴影十分奇怪，像哈哈镜一样扭曲了地貌。太空的黑暗与月球明亮白色的极端对比欺骗了宇航员的视觉。在阿波罗12号任务期间，皮特·康拉德（Pete Conrad）和艾伦·比恩（Alan Bean）注意到，陨石坑似乎呈现出相同的颜色，近距离观察时尤其如此。

艾伦·比恩在离开NASA后成为一名画家，他在谈到登月后所目睹的景象时回忆道："这些颜色具有欺骗性。我还记得在第一次舱外活动（月球漫步）时，我观察登月舱周围的材料，可称为灰褐色或灰白色。第二次舱外活动，在同一个地方，虽然我当时并没有真正意识到这一点，但我可能会将它们描述为浅褐色。我一直以为所有的岩石都覆盖着浅棕褐色，而第一天我以为它们覆盖着浅灰色。现在我的感觉是，尽管这些岩石在纹理、形状等方面有着微小差异，但是内部都是深灰色的玄武岩。此外，我们两次进入登月舱时，我们的太空服看起来都是同样的灰色。我只看到了深灰色，从来没有在外面看到过任何褐色。"

光线以其他方式愚弄了宇航员。阿波罗计划在太阳位于月球天空较低位置时着陆，这有助于宇航员更清楚地看到陨石坑的阴影。皮特·康拉德和艾伦·比恩在"日界线"（即月球白天变为黑夜的界线）附近着陆，此时月球时间正值日出，太阳仅高出地平线约5度。想象一下，当阿波罗12号宇航员着陆时，你朝地平线方向挥手，太阳离月面的高度大约只有你的指关节那么高。

艾伦·比恩和皮特·康拉德着陆的位置距离一个名为"勘测者3号"的小型登月舱仅有538英尺,该登月舱于1968年在月球上着陆。这次近距离着陆是有意为之的,因为地球上的科学家们想要了解恶劣的月球环境对早期航天器的影响。宇航员们前去查看,但他们担心途中的陨石坑可能会带来危险。

"我们在到达方块陨石坑时可能会遇到一些小麻烦。我不确定这是否是视觉错觉,但'勘测者'所在的那面坡看起来比14度陡峭得多。"比恩通过无线电向休斯敦报告。

有一次,两位月球漫步者想要更好地感知尺寸,康拉德抓起一块葡萄柚大小的岩石,让它滚下山坡。后来,休斯敦的指挥官要求康拉德爬进一个陨石坑(也莫名其妙地被称为"勘测者")收集一些基岩。"这太陡了。"康拉德断然拒绝了这个要求,回答道,"我从旁边给你弄些基岩。"

"勘测者"陨石坑是一个直径650英尺的撞击坑,斜坡的坡度不过21度,是一个漂亮而轻松的下坡步行道。但阴影使坡面看起来比实际更危险。

即使在陡峭的环形山之外,月球表面也像波涛汹涌的海洋一样起伏不定,熔岩平原也因此而得名。事实上,它可能正在经历波浪。月球在冷却成固态球体数亿年后,仍有一些地质活动在进行。

艾伦·比恩和皮特·康拉德留下了一个地震测量站,他们的继任者在阿波罗14号、15号和16号任务中也重复了这个操作。这些仪器可以探测月球深处的震动(月震)。地质学家哈里森·施密特在阿波罗17号登月期间的月球漫步时注意到了月球地质变化,为月震活动提供了进一步的证据。1972年12月13日,他和吉恩·塞尔南(Gene Cernan)将他们的月球车停在一个名为金牛座-利特罗

## 第一章 不一样的星球

（Taurus-Littrow）的山谷中，山谷位于月球宁静海，他们正在探索一座叫作"北中央脊"（North Massif）的灰色山丘。

施密特首先注意到了这一点。他说："嘿，看看那个陡坡是怎么从那里冒出来的？质地发生了明显的变化。"

塞尔南回应："好的。哦，兄弟。是的，我看到你说的是什么了。看起来像是陡坡覆盖了北中央脊，是不是？"

"是的。"施密特说。他向休斯敦描述了眼前的景象："你们看到的陡坡与北中央脊接触面的外观，陡坡质地更光滑，坑洼更少，当然纹路也更少。真如吉恩所说的那样，它更年轻，我也不会惊讶。"

他的意思是，陡坡是在山已经形成之后形成的，月球的表面发生了改变。他是对的。在2019年的一项研究中，科学家们首次将阿波罗地震站的震动数据与更新的月球景观图像联系起来，证实月球在地质上仍然活跃。月球巨石崩裂，形成岩石堆；经历山体滑坡，形成了像"李-林肯"（Lee-Lincoln）这样的陡坡，看起来就像是耸肩的样子。月球有地质断层，会定期经历月震，月震的能量足以威胁到宇航员或未来月球基地的安全。

和地球不同，月球有活跃的地壳。月球内部的震动是月球和地球之间潮汐作用的结果，也是其原始热量的余威。即使在今天，月球已然形成45亿年，它仍然在冷却、收缩。它的外壳起皱并坍塌，和葡萄变成葡萄干的过程一样。

地震似乎是家常便饭。在1969年到1977年间，4个阿波罗地震站共录到1.2万次地震事件，其中包括28次浅层地震。浅层地震与我们在地球上感受到的地震类型相似。放到8年的时间里看，这相当于每几天就有一次地震。这里说的"每几天"是地球日，至于月球上的一天，那又是另外一回事。

月球上的"一天",需从两个层面加以理解。倘若以月球自转一周视作一天,此时这一时间恰好与月球绕地球公转一周的时长相等,为 27.322 个地球日,我们将其称作"恒星月",即月球相对于某一颗恒星而言的自转周期。而若以月球上两次日出的间隔定义为一天,由于地—月系统围绕太阳运转,故而太阳回归到月球同一子午线所需的时间比月球自转一周的时间更长,其平均长度为 29.53 天,我们称之为"朔望月"。从地球的视角来看,朔望月与一个完整的月相周期相对应;从月球的角度而言,朔望月标志着月球上同一地点连续两次日出之间的时间跨度。*

换句话说,如果你站在月球上,太阳升起、落下并再次升起需要整整一个地球月。这就是说,白天、夜晚将各持续两周。这意味着你需要特殊装备才能在这种情况下生存。因为,月球的夜晚,温度会降至零下 180 多摄氏度,即使我们能建造的最复杂的宇宙飞船也难耐如此酷寒;白天,月球又是酷热之地,赤道的白天最高温度平均达 119 摄氏度。在一些太阳从未照耀过的深陷石坑中,可能藏有你生存所需的冰。

在阿波罗 11 号任务期间,阿姆斯特朗和奥尔德林在登月舱中难以入眠。月球尘埃很烦人,但如果他们穿上月球服防尘,就会被冻得瑟瑟发抖。宇航服中的空调系统旨在让他们在炎热的白天保持舒适,但在登月舱内,却让他们感到冰冷彻骨。任何造访月球的人都需要一个生命支持系统,以维持他们在月球极端的温度条件下生存。

好消息是,你可以轻松穿戴本质上是一座房子的宇航服走来走去。月球的引力只有地球的六分之一,你的体重只有你在地球上体

---

\* 原注:您可能已经猜到,英语单词"month"来自月球。它源自古英语单词"mōnath",并在荷兰语(maand)、德语(Monat)、拉丁语(mensis)甚至希腊语(μήν 或 mén)中有许多同源词。

## 第一章 不一样的星球

重的 16.6%，一切都会感觉更轻，所以宇航服不会成为负担。然而，你可能会感觉要站得稳稳当当有些吃力。许多阿波罗宇航员在踏上月球表面时都摔了个四脚朝天。

现代研究解释了发生这种情况的原因。2014 年，在加拿大多伦多进行了一项研究，志愿者在一个巨大的旋转臂上旋转，以模拟不同的重力环境。当他们感到天旋地转，努力克制呕吐时，实验人员向志愿者展示了字母 p。他们显然凭自己感觉的上下方位，将字母读作 p 或 d。实验用的离心机并没有倾斜；只是重力的变化让他们失去了判断力。数据证明，人类需要感觉到大约 15% 的地球引力才能辨别方位。月球的引力约为地球引力的 16.6%，仅略高于这个数值。低重力导致的方向感迷失，可以解释为何在月球上行走如此困难。

更糟糕的是，时间似乎就这样停止了——只能靠你心跳的节奏，以及你宇航服生命支持系统的哔哔声感受到时间还在行进，但如果你静静地在那里肃立一两个小时，你就不会感受到时间的流逝。正午的太阳没有投下长长的影子，光线的角度或风速丝毫没有变化（因为没风）。虽然你不会意识到时间的流逝，但你的身体会感觉到它。

通常，你不会像注意气味或触感那样注意到时间，但时间感知仍然是一种知觉，它贯穿于你身体的每一个细胞，以及所有其他生物的每一个细胞。我们所知道的每一种生命形式都表现出某种随时间变化的节奏。这种昼夜节律是由光与暗之间可靠的变化周期驱动的。月球上的特殊情况例外——因为这是地球日的长度，自多细胞生物诞生以来，昼夜节律一直以它为参照。当光照持续两周以上时，人的生物钟无论如何也会扛不住，变得混乱。

不过月球上有些时间元素比较为我们所熟悉。月球像地球一样有至点和分点，[a]但只有在月球的两极才有类似季节的现象。月球自转轴倾斜度仅为1.5度，相比之下，地球自转轴的倾斜度为23.4度，这就是我们四季分明的原因。月球北极和南极的太阳角度总是极端的，因此温度确实会季节性地上升和下降。尽管月球的自转轴倾斜度非常小，但它相对于太阳和行星所在的平面是倾斜的。和地球上一样，当太阳位于月球赤道上方时，月球北半球就是夏天。当太阳低于月球赤道时，北半球就进入冬季。月球也会经历夏至和冬至，那时太阳似乎静止不动并反转方向。地球上的文明学会了测量这些太阳事件，并用它们来标记时间。也许未来的月球定居者会编制至日日历，或者像一些新石器时代的人类编制月相日历一样，编制地球相位日历，用以指导月球生活。

在月球南半球的"冬季"，月球南极的大部分地区寒冷到足以结冰，这些冰的成分可能由水构成，也可能是二氧化碳（也就是我们所知的干冰）。当月球接近其自身的春分或秋分时，其中一些水会被释放到轨道上。

尽管月球也有类似水循环的过程，但没有轻柔的雨或雪。月球上完全没有声音，如果你登上月球，雷声可能是你最怀念的地球体验之一。月球安静得不能再安静了，只有你自己能听到你宇航服里的声音。即使你试图制造噪音，比如用铝片敲击你的宇宙飞船，你也不会听到任何响动。月球几乎没有大气，只有一些带电分子和悬浮尘埃的短暂"外逸层"。它太稀薄了，无法传播声音。

每一次阿波罗计划，登月舱上的宇航员都使用火箭来实现着陆和升空。每次登月和起飞的动作都会掀起巨大的尘埃云。我们之所

---

a 相当于地球上的夏至和春分。——译者注

以知道这一点,部分是源于阿波罗 12 号的比恩的描述。当他走近早期遗留下的登月舱"勘测者"时,他注意到在月球表面待了两年后,"勘测者"表面已经变成了棕色。这是由于来自太阳和宇宙源的辐射而导致的。但是,阿波罗 12 号登月舱"无畏号"(Intrepid)在月球上着陆时,产生的沙尘暴冲刷了几百英尺外的勘测者号,一些棕色物质被吹走了,就像有人用喷砂枪清洗了一遍。中佛罗里达大学(University of Central Florida)的行星物理学家菲尔·梅茨格(Phil Metzger)发现,登月舱每次着陆,都会将月面风化层吹向周围,其速度在每秒 400 米到每秒 3 公里之间。最后一个数字很重要:每秒 2.4 公里是月球的逃逸速度,即逃离月球引力,飞离月球表面的速度。这意味着每一次阿波罗计划都会扬起足够多的尘埃,并推动它达到足够快的速度,将其送入轨道,其中一些尘埃仍在月球上盘旋,而另一些正在围绕太阳旋转,有些甚至可能已经飞到地球,回到它 45 亿年前的故乡。

你在月球上的最后一种——也许是最普遍的感觉——是空灵的感觉。在你的生活中,偶尔你感觉到某种第六感的存在,它是无法定义的,但明白无误,你只知道当旁边车道上的汽车即将会合时,你可以感觉到身后有一只动物或你头顶有一只鸟的存在;安静的图书馆里,你能感觉到你不是唯一的人。

这种感觉是你在月球上不会体验到的。相反,你会产生一种刻骨铭心的意识,即空无一物,阒无一人。你生命中存在过的每一个人都在地球上。每一个曾经活着、死去、同呼吸共命运的人都远离月球,像太阳和星星一样在你的天穹航行,围着你转。阿波罗 11 号上的柯林斯是第一个经历过这种位移的人。当他在月球背面航行时,与巴兹·奥尔德林、尼尔·阿姆斯特朗以及地球中断了联系,他体验到了一种深深的孤独感。他写道:"我现在是独自一人,真的独自一人,与任何已知的生命绝对隔离。我就是唯一。如果数数的话,月球的另一侧是三十亿加二,这边是一加上帝才有数。我强烈地感受到一种力量,不是恐惧或孤独,而是意识、期待、满足、信心,接近于欢欣鼓舞。我喜欢这种感觉。"

月球没有类似人类的感情,但如果说有一个天体可以被描述为孤独的,那月球就是。它当然是空荡荡的,注定要永远面对它的"母星",以及可能因为月球而拥有空气、水和生命的星球。月球将永远陪伴我们,但如果我们冷淡它,它将永远孤独。

## 第二章　月球的诞生

> 愿居住在天堂和冥府的神祇不断地赞美月神的宫殿，他们的创造者，父神。
>
> ——《纳波尼都斯圆柱》(阿布哈巴，西帕尔)，II.26-43a

起初，鸿蒙未开，天地混沌。除了在无形的虚空中旋转的水，什么也没有。但接着发生了一些事情，水分开了。翻滚的混合物分成了淡水以及咸水，淡水由脾气暴躁的神祇阿普苏（Apsu）所象征，咸水由女神提亚马特（Tiamat）所象征。在他们神圣的结合后，提亚马特生下了所有其他创造之神。

年轻的神祇们吵闹且令人讨厌，让阿普苏难以入睡，于是他决定杀死他们。但提亚马特不容忍他这样做，向她的大儿子智慧之神恩基（Enki）通风报信。于是恩基杀死了阿普苏，并用他的遗骸建造了一座宫殿。在随后的一场大战中，提亚马特本人也被撕成两半，一半被用来创造了天堂，另一半被用来创造了地球。

这个故事来自苏美尔《创世七章》（*Seven Tablets of Creation*），这是人类最古老的创世神话之一，其片段可以在乌尔（Ur）的石板上找到。乌尔是一个古老城市的遗址，位于现代伊拉克。不过这段神话与太阳系的诞生、月球及其地球的形成过程倒是不谋而合，因为它们也差不多充满暴力和混乱。科学版本是这样的：

起初，大约在 46 亿年前，地球还没有成形，所有的东西都是一片混沌，只有一团由上一代恒星留下的星云。除了在虚空中旋转的尘埃和气体分子，其余什么也没有。星云从一开始就自转，因为自身的引力，星云的物质相互靠近，物质开始在自身的重力作用下坍缩。最终，太阳被点燃了。后来的创世故事说："要有光。"风从初生的太阳向外呼啸喷发，比现在通过太阳风流动的带电粒子要强大得多，狂风推动着剩余的尘埃和气体四处移动。翻滚的混合物最终凝聚成团块，又通过相互吸引而聚集，最终变成了行星。

我们的太阳系今天拥有的行星是 8 个。太阳的一些原始行星可能注定会消亡。引力相互作用导致行星和小行星（基本上是行星胚胎）像台球一样相互撞击，一些可能已经被撞离了太阳系，在漫漫宇宙中孤独地航行。我们永远不知道有多少星球遭受了这种命运。但我们知道，其中一颗原始行星被完全摧毁，它与水星、金星、地球和火星在同一个星带诞生，现在已然不复存在。它大约有火星那么大，是今天地球质量的 45%，以希腊神话中的光明女神忒伊亚（Theia）的名字命名，忒伊亚是月亮女神塞勒涅（Selene）之母。

直到阿波罗宇航员登上月球，在月球上安放了科学仪器，并带回了一些岩石，我们才对忒伊亚有所了解。我们对月球是如何形成现在的样子一无所知，只有一系列的基于科学理论的猜测。阿波罗计划彻底重写了月球起源的故事。与此同时，地球科学家也开始重写地球自身的形成和独特的地质演变史，他们开始意识到，月球也有许多关于地球的故事。毕竟，月球和我们母星有着共同的历史。阿波罗的岩石仍在提供新的线索。对月球的探访收获了如此多的新

## 第二章 月球的诞生

材料,引出了如此多意想不到的问题,以至于迫使科学家们不止一次地完全重写了我们与太阳系的故事。就像月球反射地球的光一样,月球在现代科学中的主要作用是向我们讲述我们过去的故事。这个故事不仅仅是一种科学好奇心,月球的起源可以揭示我们所有人是如何成为现在这个样子的,甚至可能是为什么会在这里。

这确实很美妙吧?为什么是我们,为什么会在这里?为什么不在其他任何地方?

太阳系还有其他的岩石行星,但没有一颗像地球。火星也是一个慢慢旋转的陆地天体,自转轴倾斜的程度和地球几乎完全一样,但它失去了水和大气。它没有"月球",只有被捕获的小行星。金星是一个快速旋转的岩石天体,有一层密集的大气层,但随着时间的推移,它的云层变得太厚了,令这颗星球窒息。如果金星曾经有水,现在也已经消失了。水星离太阳太近,不知何故,在它最深的陨石坑的黑暗阴影中仍然含有微量的水分,而且它还受到高强度的太阳射线轰击。金星和水星都没有卫星。

我们为什么有?忒伊亚、原始地球以及它们相互毁灭,是什么原因导致了这个星球的诞生?我们为什么最终得到一个巨大的月球,其质量达到地球自身的四分之一?[a]在那场灾难中发生了什么,最终形成了一个配对系统,其中的两个成员,一个干燥且一片死寂,一个充盈着水和生命?

与太阳相比,月球看起来差不多大小,加上我们有日食这个事实,导致许多古代人类认为月球与太阳被一起放置在天空中是有原因的。美国西南部的纳瓦霍人(Navajo)相信,两者是同时创造的,出于类似的目的:一个照亮白天,一个照亮夜晚。许多文化都有相同的

---

a 原文如此。但事实上,月球的质量只有地球的八十一点三分之一。——编者注

传说，许多宗教也都这么认为。人们还开始假设月球是作为时钟赋予我们的。柏拉图（Plato）甚至断言，白天和黑夜的更替，由太阳和月亮照亮，教会了我们如何计数，以及如何思考。

随着时间的推移，月球是出于某种目的和美妙意图而制造出来的观点，变成了科学理论。哲学家和科学家推断，月球是与地球一起形成的，由构成太阳和其他行星的原始物质熔融而成。月球一定是与地球同时同地形成的，并且由于它们之间的相互吸引而留在了这里。科学家们一直推广这个学说的不同版本，直到20世纪初，一位名叫乔治·霍华德·达尔文（George Howard Darwin）的开创性天文学家提出了另一种解释。

乔治是著名的生物学家[a]查理·达尔文（Charles Darwin）和他的妻子艾玛（Emma）的儿子，他通过对潮汐的思考，得出了理论的雏形。他的父亲写道，月球对潮汐的控制可能是生命起源的原因，生命"在温暖的池塘中"冒泡。但乔治想知道潮汐是否与月球本身的存有关。由于早期科学家的工作，他知道地球的自转正在通过与月球的潮汐相互作用而缓慢减速。地球的自转减慢意味着地球正在失去角动量。角动量总是守恒的，这就是说，必须有其他因素参与进来，它才会增加或减少。乔治·达尔文明白，由于角动量守恒，那么地球自转减速，就意味着月球正在远离我们。如果月球现在一直在后退，那么在过去它应该离我们更近。

乔治·达尔文进行了一些计算，发现在不太遥远的过去，地球和月球曾离得很近，几乎快要牵手，那时，地球的一天可能是四个小时。不知何故，月球被抛了出去。在1899年，他提出了关于月球的"裂变起源"的理论，即月球是在地球仍处于熔融阶段的时候被

---

[a] 原文确实为"生物学家"（biologist），但确切地说，查理·达尔文是"博物学家"（naturalist）。——编者注

## 第二章　月球的诞生

太阳引力从地球中分裂出去的。乔治·达尔文还推测，月球脱离地球的地方就是现在太平洋的洋底，他称之为太平洋的"海坑"，这就是为什么那片海域这么深的缘故。

这不是可靠的事实，但乔治值得赞扬，因为他提出了理论的大纲，现在被认为基本正确：月球不是单独形成的，也不是与地球一起烘焙出品的某种奇怪孪生物。月球来自地球，有着共同的起源史。

阿波罗计划的成果对乔治·达尔文故事提供了事实支持，它基于尼尔·阿姆斯特朗在月球上的第一时间抓取的几颗石子，也基于后来更著名的阿波罗岩石。[*]它仍然在通过特别美丽、奇特的地外星球岩石得到佐证，比如被命名为 troctolite 76535 的带有珠光、绿色雀斑的月球岩石样本。[a]

许多月球岩石是白色和灰色的块状物，称为斜长岩，是一种奇怪的低密度材料，是矿物在熔岩中结晶时形成的。尼尔·阿姆斯特朗在月球收集了第一批样本岩石，因为它们非常不寻常，阿波罗计划继续寻找更多。这些闪闪发光的月球碎片非同寻常，因为它们如此纯净。特别是与普通的地球岩石相比，它们的纯度令 20 世纪 70 年代的地质学家感到惊讶。地球上的典型岩石有三种类型：火成岩，当熔岩冷却时形成；沉积岩，是水和风经过数亿年沉积的；变质岩，是其他两种岩石在岁月的熔炉中转化的。所有这些岩石都包含着大量的矿物，但月球斜长岩并不是这样，它几乎完全由一种叫作长石的矿物构成。

岩石这东西可以说一文不值，无论在字面意义上和比喻意义上都是如此。长石在地球上非常常见，经常被用于厨房清洁粉，而且

---

[*] 原注：阿波罗岩石是指在 1969 年至 1972 年间，美国宇航局（NASA）在阿波罗计划期间从月球表面采集回来的岩石和土壤样本。

[a] troctolite 意思是橄长岩，主要矿物成分为富钙斜长石和橄榄石，有时含少量辉石。——译者注

它质地松散、密度低。后者是重要的特征，意味着它会漂浮在月球岩浆的表面，就像地球上海洋中的冰山一样。较重的成分沉入流动的岩浆中，形成了月球的核心，而斜长岩晶体浮到表面，就像在一只硕大的布丁杯上形成了皮肤一样的薄壳。当新烤制的月球冷却时，岩石被固定在原地，在后来的小行星撞击中才被敲碎。

为了让斜长岩从月球其他部分脱离，然后形成白色的纯净外壳，必须有一个海洋来承载它。整个月球的岩浆就构成了这个海洋。然而，要形成这样一个遍布月球的岩浆海洋，必然伴随着难以想象的剧烈事件，例如与忒伊亚的碰撞。

据我们所知，故事始于大约 43.5 亿年前，可能早或晚几亿年。而且它并不是从地球开始的，实际上是从地球 1.0 版本开始的。

假设你可以观察这个外星天体，你必定啥也认不出。地球 1.0 像芭蕾舞者一样旋转，每几个小时就完成一次昼夜交替。这个婴儿行星滚烫的岩石不断地被强风所推搡。那里有陆地，或许还有一些水。夜空看起来会有所不同，星座以略微不同的排列出现，有灿灿星河横跨头顶，木星在南方天空闪耀。你会看到一个闪闪发光的天体：在碰撞前几天，忒伊亚在地球 1.0 的天空中看起来和我们的月球一样大。

碰撞是不可避免的，由命运和重力决定。地球绕太阳运行的距离大约是 9300 万英里，大致就是现在的位置。忒伊亚也很靠近太阳，就在所谓的金发姑娘（Goldilocks）带 [a]，那里的条件既不热也不冷，正好适合水保持液态。但这个区域不够宽，容不下两个岩石星球。

围绕初生太阳形成的物体那时运动得更快。随着撞击时刻的临

---

[a] 也称为宜居带或适居带，是围绕恒星的一个特定区域，其中的温度条件使得液态水能够在行星表面存在。宜居带是科学家寻找外星生命的重要目标之一，因为它提供了最有可能支持液态水和潜在生命的环境。——译者注

## 第二章 月球的诞生

近,忒伊亚以每小时8900英里至2万英里的速度冲向地球。在慢速端,这大约是点三〇口径猎枪出膛子弹速度的四倍。这个类比对于一个完整的星球来说稍有瑕疵,但讨论速度充其量是用来传达灾难的规模的一种学术方式,不必苛求。

此时如果你看向外面,你可以尝试想象世界末日的景象。看看周围,你的视野中有摩天大楼,或者邻居的房子,也许有一棵树?巡视天空,它是蓝色的吗?也许你看到了一条飞机航迹,甚至有一架飞机在阳光下飞过,尾部闪闪发光。现在想象:忒伊亚来了。首先飞机消失了,然后是航迹。树和建筑物在愤怒的红色山峰——不,是一个倒立的天体降临时燃起了熊熊大火,从东到西遮蔽了天空。太阳仍然照耀,所以当倒立的天体接近时,你可以清晰地看到它的细节:淌着熔岩的溪流和被陡峭的山峰屏蔽的深谷。

然后整个地平线闪耀着生动的红色光芒,因为冲击波穿过地壳深入地幔,地球开始呻吟和颤抖。忒伊亚的引力拉动着地球,地球的引力也拉动着忒伊亚,忒伊亚的地壳撞到了地球的地壳,天空被彻底遮蔽。毁灭性的地震波在地球1.0和忒伊亚的地幔中荡漾开来,两个星球都分崩离析。

阿波罗计划结束后的两年,月球地质学家举行了一次会议,并最终完善了这一故事的全面理论。早在1946年,一位名叫雷金纳德·戴利(Reginald Daly)的哈佛大学教授提出了大撞击理论(Giant Impact theory)[a],但这个理论直到阿波罗宇航员带回来大把的斜长岩,证明月球确实曾经存在过液态岩浆时,才获得了很大的关注。

在1974年的会议召开时,加州理工学院的行星学家戴夫·史蒂

---

[a] 雷金纳德·戴利是一位著名的地质学家,在20世纪中叶对地球和月球的地质学做出了重要贡献。不过,他最著名的理论是关于地球的板块构造理论,大撞击理论通常被认为是由地质学家威廉·K.哈特曼和唐纳德·R.戴维斯在1975年提出的。——译者注

文森（Dave Stevenson）还是康奈尔大学的本科生，大撞击假说深深地印在他的脑海中。十年后，他参加了在夏威夷科纳举行的月球起源会议，那时他和大多数月球地质学家都认为，他们已经解开了月球起源的谜团。

"我们很多人在没有通气的情况下来到这次会议，纷纷说：'嘿，这是真实的故事；一次巨大的撞击。'从物理学的角度来看，这个说法很有吸引力，这是一个一目了然的计算。"史蒂文森告诉我。两个天体相互撞击，彻底摧毁了对方，它们的残骸最终平静下来，冷却成我们现在拥有的两个新天体。这很有意义。但岩石不是简单的东西，忒伊亚和地球 1.0 的故事是复杂的。即使在他们建立理论的时候，一些地球化学家也不满意。从巨大的撞击假说流传之日起，岩石的故事和物理学带来的叙述就没有完全匹配。

起初，万物混沌之时，岩石天体不断地诞生、碰撞和彼此摧毁。

这种原始混乱的基本轮廓来自伟大的德国哲学家伊曼努尔·康德（Immanuel Kant）。在康德的形而上学中，理性是道德的源泉，在他的天体物理学中，混沌是创造的源泉。1754 年，柏林科学院授予他一项论文奖，获奖论文题名《对一个问题的研究，地球是否由于绕轴旋转时发生过变化》（*Examination of the Question Whether the Earth Has Undergone an Alteration of Its Axial Rotation*）。他在其中探讨了是否曾经有外部力量作用于旋转的地球。他考虑了潮汐，并认为水的运动会减缓地球的自转。最终，康德推断，地球的自转会减缓到这样一个程度，即它的旋转速度与月球绕着它公转的速度相等，这就导致地球总是向月球展示同一副面孔——就像月球总是向我们展示相同的面孔一样。他是对的，尽管这一理论的数学基础直到乔治·达尔文才得到清晰的阐释。在他的月球论文一年后，康德提出了一个不仅仅是月球，而是关乎整个太阳系如何形成的理

## 第二章 月球的诞生

论,题为《自然通史和天体理论,或根据牛顿定理试论整个宇宙的结构及其力学起源》(*Universal Natural History and Theory of the Heavens, or an Essay on the Constitution and Mechanical Origin of the Whole Universe, Treated According to Newton's Principles*)。这位哲学家大约与法国的皮埃尔-西蒙·拉普拉斯(Pierre-Simon Laplace)和英国的威廉·赫歇尔(Wilhelm Herschel)同时写作,三人都讲述了地球和月球共同起源的故事,情节各有不同,但康德的故事版本最接近真相。

他认为,原始的混沌将自己分裂成孤立的团块——就像淡水和咸水,就像阿普苏和提亚马特一样。他想象着大量的粒子围绕着重心周围游动。他写道:"引力的中心物体是太阳……起初它还没有燃烧的火焰,只是在它完全成形以后火焰才在它的表面上突然产生出来的。"

康德的"星云假说"基本上是正确的:太阳和行星起源于一团混乱的尘埃和气体,这些物质慢慢坍缩并在自己的重力下成长。

自阿波罗以来,科学家们更新了这个故事的一些具体版本。今天,许多科学家认为太阳系起源于一种叫作"流不稳定性"(streaming instability)的宇宙凝固过程。气体和尘埃像雪花一样围绕太阳飘动,在压力和温度等因素的配合下,集中在某些区域,然后在自己的重力下坍缩成密实的物体。随着时间的推移,日积月累,这些尘埃团最终长成了几公里大的原行星(protoplanets)。一些科学家现在认为,在第一批尘埃团形成后,它们迅速积累了更多的碎石和尘埃,这些物质在它们周围旋转,并且非常迅速地膨胀,最终演化为我们现在所知的行星。

这是一个沸腾的时代。尘埃团和其他行星碎片相互碰撞、熔融,逐渐形成了更大的球体。最终,这些球体长到足够大,能够通过引力清除它们的邻近区域，这意味着它们吞噬了附近所有的碎片，或者用它们的重力改变了碎片的轨道——将这些碎片推开，让它们最终成为小行星或者彗星。随着未成年的行星逐渐变大，它们的内部变热，岩石中的金属开始液化，随后，较重的元素（如铁和镍）向核心沉降，而较轻的成分（如硅酸盐）则上浮形成地幔和地壳。

这个婴儿星系中的一些星球，有些在短时间内停止了生长，成为岩石行星地球、火星、水星和金星。其他的继续吸收物质，直到变成了巨大的气态巨人，如木星、土星、天王星和海王星。围绕这些行星的更大的碎片，则聚集成为气体巨人的一系列卫星。

因此，一次伟大的宇宙排序发生了。构成行星的物质根据其在太阳周围的位置漂移和定居。这个位置反映在行星的化学成分中。

众所周知，宇宙中的一切都是由原子构成的，原子包含一个由中子和质子组成的原子核，以及一个由电子组成的外壳。但是同一元素的原子也有所不同。有时，一个原子可以黏附额外的中子，以这种方式使其变得更重。因为它的质子数相同，所以仍然是相同的元素，但它的质量更大。具有额外中子的原子称为同位素。科学家可以计算物体中不同同位素的比例，并根据这些数字了解其性质。重原子比例更高的物体，有时具有更强的放射性。对于研究化学性质的人来说，物体的重同位素与轻同位素的比例，蕴含了其有关性质的信息，甚至揭示它是如何形成的。在行星科学中，同位素有点像一个人的"口音"，泄露了它们的"籍贯"。

离太阳较近的地方更炽热，较轻的原子在太阳系形成期间更有可能因受热而逃逸；较远的地方更冷，岩石能够保留更多的水和其他较轻的物质。这种简单的化学原理，是为什么行星之间如此不同的原因之一。例如，火星在化学上与地球截然不同，你可以通过观察它们的氧同位素来识别火星陨石。

## 第二章 月球的诞生

当阿波罗宇航员把月球岩石带回家时，科学家们发现月球的成分也与地球不同。那些纯净的白色斜长岩晶体就很独特。月球岩石的氧、钛和其他元素的同位素数量似乎也与地球有所不同。基于这些化学"口音"，支持大撞击理论的科学家相信，月球是由撞击物的残骸构成的。这是忒伊亚的重生。

这是一个不错的理论。根据科学家的说法，早期太阳系中与地球相撞而被摧毁的可怜虫形成了月球。忒伊亚这个名字——月球之母——非常合适。这个猜想被称为大碰撞理论。它解释了地－月系统的许多特殊性，从其角动量到两个天体的尺寸。

但现代科学技术却开始质疑这个故事的单线条轮廓。

2001年，瑞士研究人员使用能够筛选同位素的先进设备重新测量了troctolite 76535的月球岩石和其他30个月球样本。他们发现这些岩石的氧同位素与地球岩石的差别并不显著。从那时起，世界各地的地球化学家对其他各种元素和鲜为人知的金属进行了研究。无论岩石是来自地球还是月球，钛、铬、铷、钾、钨和其他材料看起来都非常相似。当科学家测量这些元素时，他们通常寻找有额外中子的同位素，即那些略带放射性的同位素。这些同位素可以用作"时钟"。这是支撑放射性碳定年法（Radiocarbon dating）[a]的原理，考古学家通常用它来找出某物死亡时的年龄。[*]

在重新检测阿波罗样本时，钨的同位素看起来特别奇怪。钨-182是一种被叫作铪-182的元素的子代[*]。这意味着钨-182像碳-14一样，

---

[a] 又称"碳十四年代测定法"（Carbon-14 dating）。——编者注

[*] 原注：科学家研究一种名为碳-14的同位素，其核中有额外的两个中子。所有生物都吸收正常的碳-12和不稳定的碳-14，当生物体死亡时这种吸收停止。然后碳-14开始衰变，其半期期为5730年，但碳-12保持不变。某物含有的碳-14越少，它就一定越古老。

[*] 原注：放射性衰变时原来的同位素称为父母代，在放射性衰变中形成的新核素称为子代。子代可能是稳定的，也可能以与父母不同的半衰期衰变。

可以用作古老事物的计时器，这个计时器允许科学家确定某颗行星的形成时间。科学家发现，月球岩石和地球岩石中钨和铪的比例基本上一致。要让我们的地球和月球由完全相同的物质在完全相同的时间形成，需要极端的巧合。

从忒伊亚的角度来看，这没有太多意义。既然火星与地球有如此明显的差异，既然它有一个独自的化学"口音"，那么忒伊亚也应该如此。行星包含它们出生地的"指纹"，而忒伊亚在远离地球的地方诞生。一个与地球的化学"口音"完全相同的忒伊亚是一个几乎不可能的巧合。但忒伊亚已是一个幽灵，所以我们也无法提审它的岩石。

鉴于所有这些化学上的相似性，一些科学家开始怀疑忒伊亚是否真的存在。有人怀疑早期地球的环境可能更为拥挤。毕竟，所有其他有卫星的行星不止有一颗卫星，有些甚至还有环，我们为什么要假设地球亘古以来就只有一颗卫星呢？有一种理论认为，现在的月球并非最初的月球，而是至少十几个独立天体的合集。在地球年轻时，这颗炽热的星球在岩石和普罗米修斯之火的地狱景观中冷却，比忒伊亚还小的流浪岩石可能会削去地球的一部分，这些抛射物足以敲掉足够多的岩石，形成微小的地球环丝，随着时间的推移，这些环丝会结合在一起，我们知道，在土星的环内确实会发生这种情况。那些由环锻造的些小卫星，最终汇聚起来，形成了我们今天看到的月球。

尽管这个理论很有说服力，但仍然无法用模拟来验证这些众多的"月球"是如何结合成一个如此巨大的次级天体的。更重要的是，描述地球、月球、它们的旋转速度、它们的距离以及更多特性的物理定律只能通过另一个岩石天体的撞击来验证，物理定律牢靠地证明忒伊亚必定是真实存在的。

## 第二章 月球的诞生

然而，月球和地球在化学成分上几乎完全相同，它们必定是由相同的物质形成，这是毋庸置疑的。因此，科学家们一直在尝试将月球岩石传达的信息与物理定律的约束协调起来——需要一个特定大小的撞击体，以特定的速度行进。加利福尼亚大学戴维斯分校的行星科学家萨拉·斯图尔特（Sarah Stewart）正在引领这一项目。她和同事们提出了几种方法，然后通过计算机模拟这个星球历史上最可怕、最重大的日子：忒伊亚撞击地球的那一天。

斯图尔特是麦克阿瑟"天才"奖得主，一位专注于天体碰撞的计算机建模专家，她是那种能够用看似乏味的话题（比如同位素）来吸引人们注意力的魅力人物。当我在一次月球和行星科学家会议上见到她时，她穿着一套白垩色的西装，披着配套的白色披风，上面装饰着一枚闪闪发光、描绘着满月的珐琅胸针。她的实验室配备了定制的加农炮，能让小岩石以不可思议的速度相互撞击，模拟行星和小行星碰撞时的可怕情形。她的计算机仿真可以模拟忒伊亚和地球1.0天崩地裂的碰撞，以及最终成为行星和行星体的碎屑云状态。

2012年，斯图尔特和一位名叫马蒂亚·丘克（Matija Ćuk）的同事共同讲述了一个月球形成的新故事。他们的计算机仿真表明，当忒伊亚与地球1.0相撞时，我们新诞生的星球每两到三小时就会自转一周。这次猛烈的正面撞击削去了地球的一大部分，也摧毁了忒伊亚的大部分，并充分混合了残余物，足以用基本上相同的成分建造一个新的地球和一个月球。它们的核心会有所不同，月球维持了忒伊亚的内核，而地球保留了自己的。但我们能够研究的岩石，那些飘浮到表面并被其他小行星抛射出来的岩石——这些岩石的成分似乎是相同的。然而，这个版本也有问题。地球现在并不是一个旋转的舞者。正如伊曼努尔·康德和乔治·达尔文所指出的，由于与月球的相互作用，它正在减速。阿波罗宇航员留下的科学仪器记录了这种减速发生的数据。根据变化率，已花去的时间不足以将地球的节奏从 3 小时一天减速到现在的 24 小时一天。必定有其他东西将一些角动量从地球转移走。太阳有办法做到这一点，但这还远远不够，所以月球形成的故事并不严丝合缝。近几年，一些同行提出了不同的计算机模型来探讨这个话题。2018 年，斯图尔特和她的学生西蒙·洛克（Simon Lock）带着更新的代码再度卷入了这场混战。

洛克是英国布里斯托大学的行星科学家，他说："每个人都还停留在这样的想法中：是撞击形成了这个星球和这个行星盘[a]。也许撞击程度不同，产生的蒸汽有多寡之别，但基本情节是相同的。不过，我们发现不是这么回事。实际上，还存在其他未知的过程或事件。"

忒伊亚降临地球的那一天，不仅仅削去了我们星球的一部分，两个天体还都被完全撕裂了。毁灭是彻底的，在此之后没有形成环，没有裸露的行星核心飘浮在太空中，没有行星，也没有月球。相反，地球 1.0 和忒伊亚都被炸成了一片超热的尘埃云。它们蒸发的残骸变成了一个貌似甜甜圈的快速旋转的膨胀盘，这是一个在行星科学中从未理论化的结构，很快就被人遗忘。这个前所未有的地狱景观违背了我们以往的理解。云旋转得如此之快，以至于它的外边缘达到了一个叫作共转极限（corotation limit）[b]的点，这意味着它进入了轨道。这个东西太大、太分散，无法像正常行星那样旋转。与此同时，在云的外边缘，蒸发的岩石旋转得如此之快，以至于它盘绕着一个炽热的内部区域，形成了一种新的结构。不过，这个盘并不是像土

---

[a] 行星盘也称为原行星盘，是环绕在年轻恒星周围的一个扁平的、由气体和尘埃组成的圆盘。这个概念主要来源于对恒星形成过程的研究。当一个分子云坍缩并最终形成一个原初太阳时，其残余物质则围绕中心旋转形成一个扁平的圆盘，即原行星盘。——译者注

[b] 共转极限是一个在天体物理学和行星形成研究中经常出现的概念。它描述了在特定条件下，一个天体或行星无法以单一的角速度旋转的边界条件。具体来说，当一个天体的角动量与其质量、组成和热状态等参数达到一定阈值时，该天体会表现出不同的形态特征，如盘状外层区域。——译者注

## 第二章　月球的诞生

星的环,或者任何其他科学家曾经想象过的那种与中央区域分开的东西。云的每个区域都形成了熔岩雨滴,斯图尔特和洛克最初称之为连续的地幔－大气－盘结构——一个疯狂结构。地球 2.0 和月球在这个云中冷却并凝聚,就像在一锅沸水中煮熟的荷包蛋。根据洛克的说法,最终,一年后形成了月球的种子,这两个天体在地狱云的形态中保持了仅仅一个世纪,然后逐步安定成了我们今天认识的配对天体。

斯图尔特和洛克认为这个不寻常的行星巢穴需要一个新的名字,所以他们称之为辛涅西亚(synestia)。它来源于希腊女神赫斯提(Hestia),炉灶和家庭的守护神,而希腊前缀 syn- 意思是"在一起"。我们的家,在一起。

这些细节仍在行星科学会议上进行辩论,但大多数科学家都同意,月球可能形成得很快。在 2022 年的超级计算机模拟中,忒伊亚和地球以每小时两万英里的速度相撞,这两个破碎的行星将自己的一部分送入了轨道。根据这个理论,月球在撞击后的几个小时内就形成了。

为了了解月球和地球形成的细节,科学家们需要来自月球的新样本。与此同时,理论家们将继续努力理解我们地球和月球诞生的冥古宙(Hadean Eon)[a]条件。他们的工作可能不仅仅描述了月球的诞生故事。

我们仍然没有确定康德的太阳系起源故事的细节。目前没有任何行星形成和吸积理论真正能够解释我们所看到的太阳系。对于其他太阳系中的行星也是如此。没有任何一个理论能够解释我们所知

---

[a] 冥古宙是地球历史上最早的一个时期,大约从地球形成之初的 46 亿年前开始,一直持续到大约 40 亿年前。这个时期的名字来源于希腊神话中的冥王哈迪斯(Hades),象征着这个时期的地球环境极其恶劣,如同地狱一般。——译者注

的广阔多样的天体，以及它们被发现的地方。

  在我们的太阳系和遥远的恒星周围，行星似乎都凝聚得非常快。这表明它们通常不是通过核心吸积过程形成的，因为需要许多亿年的时间才能将星尘聚合成天体大小的东西。例如，木星包含了太阳诞生后留下的绝大多数物质。根据 2016 年开始绕这个巨大的气体行星运行的朱诺号（Juno）木星探测器的测量，这个星球有一个巨大的核心。构建木星的巨大核心需要很长时间——比最好的模拟过程所显示的时间还要长。恐怕不等这样一个庞大天体"烘焙"成形，围绕幼年太阳的物质在更短的时间内就会消失殆尽。更重要的是，木星的位置很奇怪。在大多数其他恒星系统中，像木星这样的巨大行星是在外围形成的，后来可能会向内迁移。但是木星，其质量是其他所有行星总和的两倍多，不知何故却混在它们中间，并且是所有气态巨行星中离太阳最近的。

  其他模型也未能解释我们所了解的行星多样性，流不稳定性的凝固机制（the curding mechanism of streaming instability）[a] 仅能在恒星周边的特定区域形成天体。然而，这些行星无处不在，有的围绕它们的主星运行一周只需要几天时间，有的则加入了遥远而寒冷的恒星系统，相比之下，木星的轨道反而显得还算紧凑。我们的理论无论如何都无法完全契合通过望远镜观测到的宇宙，无论是近在咫尺抑或难以想象的遥远。

  这种理论窘境有一些是由于观测和数学上的原因。望远镜根本无法分辨出介于尘埃颗粒和月球大小的原行星之间的物体。要理解为什么，我们必须深入了解光学定律。

---

a 是指在流体系统中，由于某些外部扰动或内部条件的变化，使得原本稳定的流动状态变得不稳定，并且这种不稳定性通过界面扰动或密度差异等因素进一步加剧，最终导致系统进入新的不稳定状态的过程。——译者注

## 第二章 月球的诞生 ☽

所有的可见光，其实都只是电磁波谱的一小部分。大部分宇宙都隐藏在可见光之外，这包括了尚未被完全理解的神秘的暗物质，以及一些普通但肉眼难以察觉的现象。先进的望远镜技术能够帮助我们捕捉肉眼看不见的大部分光，然而，地球的大气层却有些碍手碍脚。我们知道大气层吸收红外线以及紫外线、X 射线及伽马射线等高能辐射，虽然可以保护地球生物免被烤焦，防止 DNA 被损伤，但却给天文观测造成了困扰。此外，大气层还屏蔽了部分可见光，这也是哈勃太空望远镜（Hubble Space Telescope）、詹姆斯·韦伯太空望远镜（James Webb Space Telescope）等天文观测设备被置于太空的重要原因。在极端海拔与干燥环境下，如夏威夷的火山峰顶或智利的安第斯山脉主峰，大型射电望远镜得以避开大气层的干扰，成功捕获电磁谱中长波段的信号。稀薄的空气对于天文学观测而言是一种优势，但它也对观测者的生理健康构成了不容忽视的威胁。比如在我访问阿塔卡马（Atacama）大型毫米波/亚毫米波阵列（ALMA）时，医生就给我配了一个氧气罐，由随行工程师把它放在背包里，以备不时之需。

射电望远镜可以感知几乎所有来源的信息，[\*]从太阳到冷暗的不发出可见光的天体。你的智能手机打电话时的信号，也比这些微弱的宇宙辐射强到数以十亿倍计。

鉴于射电望远镜探测的是电磁谱的长波长部分，它们的集光面必须很大。[a]现代射电望远镜通过将几个不同的碟形天线组合，并使用超级计算机同步它们的数据来规避这个限制。ALMA 位于智利广阔的阿塔卡马沙漠海拔 1.6 万英尺以上的地段，使用 54 个这样的碟形

---

[\*] 原注：这就是许多天文学家青睐于在月球背面建造一个射电望远镜阵列的原因，那里不会受到来自地球的乌烟瘴气的电磁污染。

[a] 中国天眼位于中国贵州省黔南布依族苗族自治州境内，为 500 米口径球面射电望远镜，反射面相当于 30 个足球场，大幅扩宽了人类视野。——编者注

天线来"观察"毫米级和厘米级的尘埃,甚至微小的冷冰冰的碎石。

但即使 ALMA 有敏锐的"视觉",也无法看清一公里大小的胚胎天体,至少目前还不行。要看到一公里见方的物体,你需要一个一公里大小的射电望远镜阵列。南非正在建设一个这样的阵列,但即使是平方公里阵列,也可能无法看到一颗行星在从碎屑成长为天体的过程。我们可能永远无法观察到这个过程的某些阶段。总之,没有人真正知道行星中期发展的样子。

从数学上讲,计算机模拟很难将婴儿星系内部气体的运动和尘埃的运动相区别。大多数模拟都假设所有物质会同步移动,但情况可能并不如此。也许气体围绕尘埃颗粒旋转,推动尘埃聚集,就像水将洪水碎片推入旋涡和池塘一样。萨拉·斯图尔特说:"大多数模型实际上并没有计算这种碰撞混合[a]。"

现在我们回到辛涅西亚。

也许,在类似塑造了地球 2.0 和月球的大碰撞中形成的暖云,是行星形成中缺失的环节。当热蒸汽在辛涅西亚中冷却并收缩时,它提供了向内流动的坍缩气体。密集的行星碎片云在足够长的时间内免受恒星风的侵袭,从而形成更大的团块,并最终形成行星的母体。

斯图尔特说:"它们宛如安全毯或坚固的盾牌,有效地抵御了周围星云中湍流扰动的影响。"这种宇宙"拥抱"也有助于解释为何共同形成的天体在外观上展现出高度相似性。

辛涅西亚可能只是行星生命周期中的一个阶段,就像它的诞生和它不可避免的湮灭一样。也许所有的行星最初都是以辛涅西亚的形式开始的。根据斯图尔特的说法,每个被另一个天体猛烈撞击的行星都会形成辛涅西亚,我们知道很久以前有过很多这样的撞击。这些地狱般景象的结构可能很常见,特别是在恒星诞生云的早期。

---

[a] 指在分子、原子或离子之间发生碰撞时,导致物质的混合和分布不均的现象。——译者注

## 第二章 月球的诞生

如果这是真的,那么月球形成的故事就不仅仅是关于我们银色姐妹的传奇,而是一部宏伟的创世史诗。也许,月球诞生的故事可以启发我们的,不仅仅是地球,而可能是所有天体的起源。虽然我们尚不完全明了,但月球依旧如同一盏明灯,为地球乃至其他星球指引着通向这些答案的道路。

我们知道,忒伊亚的毁灭造就了月球和地球,但在忒伊亚的残骸重组成地球和月球之后,小行星的轻微轰炸仍然持续了数亿年。水星、金星、地球、月球和火星都曾被无数的小行星撞击,留下了坑坑洼洼的表面,数十亿年来,这些痕迹未曾改变,仍然显露着原始撞击的疤痕。唯独地球没有留下这场灾难的历史证据,这是因为它的地壳因板块构造的作用而充满活力。

如果你观察地球仪或者平面的世界地图的话,地球大陆的几何拼接特征非常明显,尤其是南美洲和非洲,只须将南美洲向东滑动,巴西的右肩正好嵌入非洲的左下。巴西的海滩与科特迪瓦、加纳、多哥、贝宁和尼日利亚完美对接。

自 16 世纪以来,探险家就注意到了这些形状,并提出大陆最初是完整的,后来不知怎么被撕裂开了。这种观点最早可能来自佛拉芒(Flemish)地图制作者亚伯拉罕·奥特利乌斯(Abraham Ortelius),他于 1570 年出版了第一本现代地图集。在接下来的几个世纪中,许多其他地质学家和探险家重复了这一理论,甚至(准确)提出了过去某个时候分裂的超级大陆。但是没有人能解释大陆是如何分开的。

对一些科学家而言,在乔治·达尔文提出月球裂变形成的猜想后,这一理论终于开始变得更有意义。19 世纪末至 20 世纪初,众多学者基于该理论展开了丰富的想象与推测。他们认为,一场灾难性的月球分离事件重塑了地球的地质特征，而且大陆板块的分布格局也可能是月球离开的直接后果。在20世纪初，人们提出了几种猜想。地球物理学家奥斯蒙德·费舍尔（Osmond Fisher）认为，深不可测的太平洋是月球脱离后留下的伤口。天文学家威廉·皮克林（William Pickering）在1907年提出，当月球飞走时，地球的地壳陷入了它留下的凹陷中，因此撕开了非洲和南美洲，撕裂开了大西洋。地质学家弗兰克·泰勒（Frank Taylor）则认为，月球是被地球捕获，而不是分裂出去的，并且由于月球和地球之间的引力关系产生了潮汐相互作用，大陆随时间的推移而发生了移动。

最终破解这个大陆漂移难题的人，也试图理解月球的面孔。

1916年春天，当时35岁的德国天文学家和大气物理学家阿尔弗雷德·魏格纳（Alfred Wegener），从一战西线步兵上尉的岗位上回家休假两周。1916年4月3日下午，一颗火球划过马尔堡（Marburg）西北的天空。和平时期，魏格纳在那里的大学教授气象学。他被这一壮观景象深深吸引，用休假的两周时间穿越德国中西部，采访目击者。魏格纳和他的妻子埃尔斯（Else）到特雷萨（Treysa）小镇挨家挨户敲门询问，因为他确定这是最接近陨石可能坠落的城镇。最终，在1917年1月，他们找到了陨石，距他计算的降落地点只有几百码。

魏格纳对陨石的兴趣激发了他对月球表面明显坑洞的好奇心。在魏格纳的时代，人们仍然不确定月球表面为何如此坑坑洼洼。科学家们围绕几种理论争论不休。比如所谓的气泡假说，即月球表面像许多疱疹一样爆发；火山论，这是伊曼努尔·康德和自然主义先驱亚历山大·冯·洪堡（Alexander von Humboldt）支持的理论，它假设坑洞是古老的火山口；甚至是冰河期猜想，其中坑洞都是古老的冰川终碛。许多人支持达尔文的潮汐模型，即月球内部在被锁定在面向地球

## 第二章 月球的诞生 ◗

的一面之前,被剧烈的潮汐压力*撕裂,随着每一次潮汐的上涨,月球上的裂缝会泄漏熔融物质,这些物质会凝固并形成一个坚固的圆形山脊。

1918年秋天,魏格纳从战争中回家,着手证明,以前这些所有的理论都是错误的。

正如历史学家莫特·格林(Mott Greene)所言,魏格纳比大多数地质学家都了解月面学,比任何月面学者都了解地质学。像约翰内斯·开普勒(Johannes Kepler)一样,他基于自己仔细调查过的研究领域,将其他科学家的发现整合到自己的新鲜而不正统的理论中。魏格纳有一本开普勒涉及月球的科幻小说《梦境》(*Somnium*),他详细标注了这位德国天文学家将坑洞描述为撞击结果的部分。在1919年至1920年进行的一系列实验中,他先在桌面堆上水泥,洒上水,让它凝结。然后他在表面倒上更多的松散水泥,并在那上面倒下一汤匙额外的水泥。结果就形成一个小坑洞。他一次又一次地制作并拍摄了不同大小的水泥坑洞,注意到有些形成了中央山峰,有些则没有,这取决于撞击物的数量。他将自己的迷你坑洞的照片与通过最新望远镜拍到的越来越详细的月球照片进行比较,意识到自己发现了一些重要的东西。他在1921年的报告中写道:"典型的月球坑洞最好解释为撞击坑。"

魏格纳关于月球坑洞的看法是正确的,*关于板块构造力量的看

---

\* 原注:潮汐压力是导致木星卫星木卫一上火山活动的原因,但这一点直到1979年才为人所知,当时天文学家琳达·莫拉比托(Linda Morabito)研究了旅行者号飞掠木卫一的图像,并发现了一个火山羽流向太空中喷射。

\* 原注:你可以在家尝试这个。清理厨房柜台,倒出大约一杯面粉,覆盖大约六平方英寸的区域。用茶匙从袋子里舀出更多的面粉,紧紧地装满勺子。然后,将手臂举到离撒了面粉的柜台六英寸的上方,翻转茶匙,让一个面粉陨石掉进你的假想月壤中,观察发生了什么。你的新坑里有一个中心峰吗?坑环有多高,有多宽?面粉的细丝从撞击点辐射了多长?尝试通过使表面更厚,或向陨石中添加更多或更少的面粉来改变坑的特性。即使你的厨房变得有点乱也没关系。这是科学。

法也大致正确。他推翻了所有前辈关于地球可移动表面的观点，开始推广一种假说，即地球的大陆是自主漂移的。他认为地球的地壳漂浮在地幔之上——就像尼尔·阿姆斯特朗的斜长岩漂浮在炽热的月球上一样，尽管魏格纳并不知道这一点。魏格纳提出，这是由于月球的引力引起的潮汐力造成的。他还提出，地球的赤道隆起迫使大陆远离极点。他学术上的死对头，英国地球物理学家哈罗德·杰弗里斯（Harold Jeffreys），证明了这个力并不足够，所以魏格纳的观点一度沉寂，直到二战期间，为潜艇开发的声呐技术帮助科学家发现了海底扩张现象。这是真正解释大陆漂移现象的机制，尽管很难找到一个地球物理学家能告诉你为什么会这样，或者为什么首先有板块。随着地球的地壳板块汇聚并滑过对方，岩浆在它们交界处的裂缝中上升（大洋中脊）并形成新的海床。

魏格纳没能在生前看到他的板块构造理论被世界科学界接受，但他关于月球陨石坑的理论得到了更多人的认可。在魏格纳之后，大多数科学家相信，月球表面之所以看起来像比萨，是因为它一直被小行星撞击，无论是从前、现在还是永远。

忒伊亚大碰撞是所有碰撞之母，改变了我们星球的历史进程。这次碰撞重新混合了构成地球的材料。忒伊亚可能是一个幽灵，但它并没有消失。

忒伊亚可能给地球的地幔增添了一层外衣，赋予了它额外的元素，如金、钯和铂，以及其他物质。这些元素通常会与铁结合，并下沉到地核，但它们现在遍布地幔和地壳，表明它们是在地球形成后新加入的。新的研究表明，忒伊亚的遗迹可能比分散的贵金属更为重要。

为了理解这个过程，我们需要回到魏格纳的大陆板块学说，并注意地球的地壳是一个变化莫测的实体。

当地球2.0和新形成的月球开始成形，在辛涅西亚之后的世纪里，这两个星球遵循熵增定律并开始冷却。它们保持完全熔融状态大约有5亿年，我们之所以知道这一点，是因为尼尔·阿姆斯特朗（带回的）漂浮的斜长岩。在地球的早期，像铁和镍这样的重元素与轻元素分离并下沉，形成了地球致密的内核。今天，地幔炽热而柔软，但并不完全是熔融状态。地球的外地幔的表现更像是道路沥青或蜡烛蜡，而不是熔岩或岩石。但蜡状地幔并不是均匀的，在其中有两个大陆大小的岩石团块，似乎比地球内部的其他部分密度更大，化学成分也有所不同。这些团块，有几千英里见方，深达六百英里，从地核—地幔边界延伸出来，像一对耳罩一样环绕着地核。一个在非洲下方，一个在太平洋下方。

地质学界长期以来围绕一类独特的地质构造——"大型低剪切波速省"（Large Low-Shear-Velocity Provinces，缩写为 LLSVPs）[a]的性质展开激烈的讨论，部分学者甚至对其实际存在性持怀疑态度。关于 LLSVPs 的证据来自对地震波的研究。这些波在地震发生时穿越地球内部，并在抵达 LLSVPs 区域时显著减速，地震波在到达 LLSVPs 时突然减慢，这表明它们是由与地幔其他部分不同的材料构成的。关于 LLSVPs 的成因，学界存在两种截然不同的观点。一派地质学家倾向于将其解释为板块构造的遗迹，即数百万年前地球板块运动过程中遗留下来的先前大陆板块的残余部分。这一假说试图将 LLSVPs 与地球漫长的地质历史中板块循环的过程相联系。另一派地质学家通过追踪源自 LLSVPs 并延伸至萨摩亚（Samoa）和冰岛群岛的岩浆柱，发现了这些岛屿熔岩中富含的特定同位素，这些同位素的形成时间可追溯至地球历史的前 1 亿年。这一发现对"板块墓地"假说构成了直接

---

[a] 是地球深部地幔中的热化学异常区域，其特征是宽广且厚度约 1800 公里。这些区域在地震波速度和密度上表现出显著的异常，通常被认为是由于其独特的成分和物理性质所导致的。——译者注

挑战，因为如此古老的元素同位素几乎不可能源自近期的板块构造循环碎片。

有些人在科学会议的走廊里私下里嘀咕，LLSVPs 是否完全来自其他地方。

2021 年，一位名为袁迁（Qian Yuan）[a]的地球动力学研究生提出，LLSVPs 可能来自忒伊亚。根据这个模型，大撞击发生后，忒伊亚的内核与地球的内核合并，要么在辛涅西亚内部，要么在裸露的内核合并时，如果忒伊亚的地幔比地球的更致密，它的地幔碎片就会在地球的内部保持单独存在，就像混合在面糊中的煎饼块。

为了验证这个理论，科学家们回到了同位素，研究萨摩亚和冰岛的岩石以及月球自己的地幔岩石之间有无相似之处，但阿波罗样本中没有一个来自月球的内部。宇航员尽其所能挖掘，但他们采集的主要是漂浮的岩石——斜长岩，以及在近侧[b]小行星撞击中抛射出来的岩石，如魏格纳所推测的那样。

为了深入探究月球的深层结构，必须去月球表面最大撞击盆地——南极 – 艾特肯盆地（South Pole-Aitken Basin）采样，这个独特的盆地坐落在月球远侧，毗邻南极区域，迄今尚未有人类涉足。2019 年，中国一台名为"玉兔 2 号"的灵活的月球车成功着陆在该盆地东缘，这是人类首次触及月球背面这一神秘的区域。此次任务不仅采集了月球远侧地质特征的第一批一手资料，还通过部署的高性能穿透雷达，实现了对月球内部结构的窥视。雷达探测结果显示，月球表面的风化层（月壤）厚度远超科学家们的预想，达到了约 130 英尺，这一深度是此前预估的四倍之多。此外，研究还发现，月球的玄武岩基底被厚

---

[a] 袁迁，2007 年考入中国地质大学资源学院本科，2016 年在该校博士毕业后去美国亚利桑那州立大学继续学习，后到美国加州理工学院读奖学金博士后。——编者注

[b] 月球面向地球的一面。相应地，背面就叫"远侧"。——译者注

## 第二章 月球的诞生

实的月壤层所覆盖,历经长期的小行星不断撞击而变得多姿多彩。

月球车的发现标志着人类首次能够研究月球最神秘的特征之一:月球的近侧和远侧之间的明显差异。

在科学家们看到早期苏联宇宙飞船和阿波罗 8 号的照片之前,没有人会相信月球的两个半球会彼此不同。但月球远侧表面与我们从地球看到的一面确实完全不同。*

从前,一些人认为地球起到了盾牌的作用,保护了月球面向我们的一侧,而月球的远侧则要面对太阳系可能带来的一切无妄之灾。但现在大多数科学家认为,是地球和月球相互形成时的大撞击导致了近侧和远侧之间的差异。一旦月球和地球冷却成独立的天体,也许是当它们的辛涅西亚平静下来后,月球迅速占据了潮汐锁定(tidally locked)的位置。

"潮汐锁定"是一个乏味的术语,用来描述月球如何优雅地保持着对我们相同的面孔。月球实际上确实在旋转,但它自转一周的时间等于它绕地球公转一周所需的时间,所以它看起来像是被锁定在了原地。

因为月球远侧从一开始就离地球更远,理论上说,它冷却得更快,形成了更厚的地壳。另一面,炽热的地球以超过 2500 摄氏度的温度散发热量,保持了月球近侧的温暖。这在月球上形成了温度梯度,在像蛋奶酥一样松软的内部上方形成了月壳。

月球的铝和钙首先在远侧凝结。数千年甚至数百万年后,这些元素最终与月球地幔中的硅酸盐和氧结合,形成了斜长岩,即阿波罗计划中获得的特有的白垩色岩石,但超热的近侧形成了更薄的月壳。

---

\* 原注:背面并不是它的暗面,尽管这常常被误说。正如康德所说,月球总是向地球展示相同的面孔,因为它被潮汐锁定在我们的世界。但背面也像月球的其他部分一样被太阳照亮。它对我们来说是看不见的,但它并不一直是黑夜。

随着时间的推移，陨石撞击就像用叉子穿过熔岩蛋糕，会从薄薄的月壳中抛射出大量的玄武岩。月海就是由这些流动的熔岩形成的。

来自月球内部的热量也发挥了作用。近侧充满了 KREEP 岩石。所谓 KREEP，指的是富含钾（符号 K）、稀土元素（REE，如铒、铕等元素的缩写）以及磷（P）的月球岩石。KREEP 材料的熔点较低。它可能是月球上最后凝固的物质，在辛涅西亚变成团块后，月球全部的岩浆凝固为石，斜长岩被锁定在白色月壳中，月球最终变成了我们今天所看到的珍珠般的天体。

但没有人真正知道为什么月球的面貌如此不同。没有任何理论能像魏格纳的陨石坑理论或大撞击理论那样确定地解释它。

尽管哈里森·施密特曾力主 NASA 将阿波罗 17 号任务目标设定为在月球远侧着陆，以扩大探索范围，但最终阿波罗计划的所有 6 次载人登月任务均局限于月球近侧。尽管各着陆点间的地质特征略有差异，但所采集的岩石样本在成分上却呈现出高度的相似性。这一现象暴露了一个关键性问题：阿波罗计划所获取的样本可能仅代表了我们着陆点局部的地质情况，而非整个月球乃至更广泛的地质历史的全面反映。因此，这些样本虽为我们提供了特定区域的地质演化历史，却难以直接应用于构建整个月球乃至地球的全面历史框架，无论是 1.0 版还是 2.0 版。这意味着我们基于这些岩石所讲述的故事都是不完整的。

变化无常的月球，无常的幽灵象征，仍在迫使我们面对自己的理解力局限。要解开它的整个历史，我们需要回到它的表面，将更多的碎片恢复到它来自的星球。要解开月球与地球的历史，我们需要回到过去。

## 第三章　地球的传记作家

*The Biographer of Earth*

在古代思想家眼里，地球的创造就是宇宙中的一切创造。对他们而言，天体就是宇宙的全部。在那个时代，行星的概念尚处于萌芽状态，无论是古代中国所称的"五行"，还是古希腊语中的"游荡者"（the wanderers）[a]，其真实面貌均不为世人所知。人们未曾意识到，这些星辰实则是与我们这个世界截然不同的完整天体。在望远镜发明之前，除少数特例之外，大多数人对星系的存在一无所知，更遑论星系中心潜藏的超大质量黑洞，或是将星系团紧密相连的神秘无形却强大的宇宙"胶水"——暗物质。在诸多古老的创世神话与传说中，地球始终占据着舞台中央，而天空中闪烁的星辰则大多扮演着陪衬的角色。

在早期的传统叙事中，月亮与星辰常常被指派为配角，为更高层次的追求托戏。柏拉图在其哲学著作《蒂迈欧篇》（*Timaeus*）中，赋予了月球轨道计量时间的意义，是人类把握与理解宇宙永恒性的一扇窗。柏拉图写道："……于是便有了昼夜这样一个时间单位，

---

[a] 在古希腊语中，wanderers 与 planetai 同义，指在天空中似乎游荡或移动的天体，包括太阳、月球以及水星、金星、火星、木星和土星这五颗肉眼可见的行星。——译者注

这是一个极为智慧的周期。当月亮转完一圈,并超过太阳时,是一个月。太阳转完一圈是一年。"苏美尔人的月神被尊为太阳神之父。犹太教的《创世纪》中,月球与太阳共同作为"第二光"被创造出来,月亮被赋予照亮夜晚的职责。

创造地球的科学叙事并非完全不同,但月球扮演了更为重要的角色。在炽热的辛涅西亚中与地球一同锻造的月球,与其说是从属,不如说是姐妹。地球和月球真的是忒伊亚的一奶同胞。我们这位银色的"姐妹"仍然是我们的一部分,她是《地球传》的作者,地球的首位编年史家,以及地球最尽职的会计。没有任何关于地球的故事可以排除月球的影响,也没有任何关于月球的故事能绕开地球的情节。

进化伊始,月球就参与塑造了地球上的生命。月球稳定了地球相对于太阳的倾斜度,月球是驾驭我们四季更替的船长。这种在千年间保持一致的倾斜度,保证了我们气候的稳定。从珊瑚虫到植物再到人类,所有无尽的生命形式都呼应月球的提示。这些会呼吸的有机体呼出的氧气从我们星球的大气层中溢出,伴着太阳风飞向月球,并在那里积聚,证明我们就在这里。

月球异常大的尺寸和它与地球的相伴相随,意味着地球和月球是一个系统,一起工作。月球不仅仅是一颗围绕更大星球运行的小卫星,从技术上讲,月球并不围绕地球的重心旋转,实际上,地球和月球都是围绕它们共同的重心运行。"重心"是一个可爱的概念和平淡无奇的术语,却是地-月关系的纽带。地球和月球共同的重心不在地球的核心,而是在距其中心平均3000英里的地方。这种联系就是为什么潮汐在离月球最近的一侧和与月球相对的一侧都会涨起的原因。重力将地球和月球拉在一起,但当它们围绕它们共同的重心运行时,它们也会被离心力推开。月球对地球的拖拽将水拉向自身，离心力也将水推向相反的方向，所以当地球自转时，每天都会产生两次高潮和低潮。

所有这些不仅仅是亲缘关系的标志。月球在塑造地球独特性方面，可能扮演了不可或缺的角色，尤其是其决定性特征：人类。

○·

地球在自己的轴线上自转；自转轴相对于其公转轨道平面倾斜，并且随着时间指向不同的方向。这些特征中的每一个都受到月球的影响，每一个都改变着地球及其地球上的一切。

首先是昼夜，我们之所以有昼夜，是因为地球是在绕着一根从南到北贯穿的无形轴线旋转。赤道环绕地球的中部，垂直于这根轴线。柏拉图在大约23个世纪前就弄明白了这一点，他在《蒂迈欧篇》中写道："（造物者）把地球设计成我们的养育者，她围绕那贯通的轴心旋转，作为昼夜的护卫者和度量者，是天空诸神中最受尊重的。"

任何教室的地球仪都会向你展示极地和赤道。如果你身边没有地球仪，你可以自己制作一个模型。*

我们都知道一天是24小时——至少现在是这样——因为这是地球上的一个特定地点旋转到太阳下所需的时间。但地球也经历了一个阴历日，或称为"潮汐日"，这是地球的一个特定地点在月球下完成一次旋转所需的时间。阴历日比太阳日长50分钟，因为月球围绕地球旋转的方向与地球自转的方向相同。地球上的一个特定地点几乎每天都要花上一个小时才能赶上月球。

随着地球的旋转，其中一些能量通过海水的摩擦传递给潮汐，推动海水上涨。由于地球的自转速度比月球在轨道公转速度快，涨

---

\* 原注：去拿一支铅笔、一张纸和一把剪刀。在纸上画一个圆，尽可能好地剪出来。找到它的中心，将铅笔穿过中心。现在你有了一张被铅笔刺穿的纸盘。纸代表地球的赤道，铅笔是轴线。如果假设橡皮是北极，会更有趣。用你的手指旋转铅笔，旋转在白天和黑夜之间，记住是月球负责其旋转速度的。

潮发生在月球在天空中的位置之前,而不是在它正下方。

因此,潮汐的高潮位于月球的稍微前方。通过重力以及其他力量的相互作用,荡漾的水将能量传递给月球,把月球推入更高的轨道。正如乔治·达尔文所发现的,潮汐产生了双重后果:月球逐步远离,地球的自转速度逐步减慢。这种情况发生得很慢,每百年只有1.8毫秒,但按地质年代累积起来,就不容小觑了。自从地球上出现原始生命以来,月球已经将我们一天的长度改变了12个小时。珊瑚化石表明,大约4.3亿年前的志留纪时期,进化出第一种硬骨鱼时,地球每21小时绕自己的轴线旋转一周,也就是说一天是21小时。这意味着一年是420天。在距今4.19亿至3.59亿年的泥盆纪时期,也就是鱼类进化出肺,陆生动物开始出现的时候,一天的时间又长了几个小时。*从现在起再过2亿年,一天将是25个小时,更像是火星上的一天,而一年将只有350天。

月球不仅改变了我们的一天的长度,它在决定外界的感知方面也起着重要作用。它的引力帮助保护我们倾斜的星球免受气候混乱的影响。

当混沌的早期星云演化成太阳和行星时,大多数天体都分布在一个以太阳为中心的平面上。这个看不见的平面被称为黄道面。行星围绕太阳在黄道面上运行,就好像是唱机的唱头在追踪黑胶唱片上的凹槽。有时你可以用肉眼看到这种现象。在一年中的某些日子,如果夜空晴朗,你可以看到金星、火星、木星和土星排列成对角线。偶尔,行星甚至似乎紧挨在一起。这是幸运或者不幸,取决于你信

---

* 原注:在4亿年前的下泥盆纪,一天持续21.4小时。到了上泥盆纪和陆生脊椎动物出现的时候,一天的时间延长到了22小时。

奉的占星术和你所读的历史。*

然而,地球相对于这个看不见的平面倾斜了大约23.4度。每个小学生都学过,我们星球的这一基本特征给我们带来四季。拿起你的铅笔,像你要写你的名字一样握住它。笔杆靠在你的拇指和食指之间,当笔尖接触到纸面时,北极倾斜了,就像地球一样。

在北半球,当地球的北半部倾斜远离太阳时,冬天就来临了,太阳看起来更弱,天空更低。当北方是冬天时,南半球更接近太阳,那里是夏天。反之亦然:在北半球的春天,地球绕太阳的旅程使北半部更接近太阳,北美和欧洲的气温就变暖了。

大多数行星的轴线都有不同程度的倾斜,有些略微倾斜,有些倾斜很多。金星倾斜3度,并没有真正的季节,它的自转方向是反向的,即从西向东,这意味着在金星上,太阳从西边升起,在东边落下。天王星几乎被撞击到躺平,倾斜97.7度。火星倾斜大约25度。尽管火星和地球非常相似——类似的轴向倾斜,一天(称为一个太阳日)只比我们的长39分钟——但它没有月球这样的卫星,它的两个卫星——火卫一和火卫二,可能是被捕获的小行星,或者是像月球从地球诞生那样从火星诞生的,但无论它们的起源如何,它们都是微不足道的小土豆,在火星的故事中没有扮演重要角色。缺乏一颗帮得上忙的卫星,可能是火星气候如此暴烈的原因之一。

在过去的1000万到2000万年里,由于木星和土星的影响,加

---

\* 原注:公元前1059年5月,岐山方向的天空出现了极其罕见的景象:水星、金星、火星、木星和土星聚集到了大约7度的天空内。相比之下,你伸出的拳头与手臂保持一定的距离,覆盖了大约10度的天空。从地球上的任何地方看,这都是一个壮观的景象。再加上几乎整整七年前的日食,在周文王看来,似乎是夺取天下的明确昭示。他制定了新的日历,并在公元前1058年举事,宣布接受天命 [ 关于周文王"接受天命"(称王)时间,中国国内学术界历来说法不一,但1996年至2000年的"夏商周断代工程"提出了比较可信的最新观点,认为周文王正式称王应该在公元前1073年。——编者注 ]。在接下来的三千年里,天命一直指导着中国政治。

上没有大卫星提供稳定性，火星的轴线在 14～48 度之间剧烈摆动。当它大幅度倾斜时，火星极地的二氧化碳冰帽离太阳更近，并可以完全融化或升华，直接从冰变成蒸汽，将二氧化碳注入火星大气层，引起极端的气候变化。

地球的轴线也会摆动，但幅度不会太大。由于月球的维持，它在数百万年中明显保持稳定。在过去的 1000 万年中，地球的轴向倾斜仅偏移了两度。

1993 年，雅克·拉斯卡尔（Jacques Laskar）及其研究团队在巴黎天文台的一项研究中发现，月球在稳定地球自转轴方面发挥了关键作用。如果没有月球的引力，地球将受到木星强大引力的显著干扰，它就会像操场上的恶霸一样，将地球推来推去，地球自转轴将在几乎完全直立（0 度）与极端倾斜（约 85 度）之间摇摆。在这种情况下，每隔约千年，地球的极点就会几乎直接指向太阳，而赤道将变得寒冷；再过几百万年，一切又都会逆转。想象一下现在的南极雪地在赤道上，而热带地区与太阳成直角，寒冷而黑暗，对地球将会是什么样的后果：如此剧烈的折腾将使任何生命都很难长时间生存，特别是像人类这样大型、生活在陆地而又贪得无厌的生物。

随后几年里，天体生物学家重新审视了拉斯卡尔的预测，部分学者提出了一个较为缓和的观点，认为地球的轴线摆动范围可能在 10～50 度之间，这并没有拉斯卡尔预测的那么极端，但仍足以引发地球难以想象的气候灾难。通过对古气候记录的研究，科学家们能够窥见这些潜在变化对地球环境的深远影响及其戏剧性的后果。尽管地球的倾斜度并非决定冰河期兴衰的唯一因素，但阳光照射角度和强度的变化无疑是触发全球气候反馈机制、导致温度波动的重要因素之一，即使只是地球轴线角度的微小变化。一个例子是间

## 第三章 地球的传记作家

冰期（interglacial）的寒冷期，被称为"新仙女木"事件（Younger Dryas）。当它大约在 1.15 万年前结束时，全球气温急剧上升——根据冰芯研究，在格陵兰岛，气温在短短几十年内上升了 18 华氏度[a]。气温回暖后不久，生活在肥沃新月地带\*（Fertile Crescent）的人类结束了以狩猎群体的形式迁徙，开始定居，进而孕育了文明。关于新仙女木期寒冷期结束的具体原因，学术界还在争论，一些古气候学家认为，冰盖的快速融化可能改变海洋的热传输机制，进而对北大西洋的温盐环流产生影响，促进了全球气候的变暖。此外，地球极点对太阳的倾斜角度的微小变化，也可能在加速极地冰层融化过程中起到了关键作用。可以肯定的是，如果不是月球充当地球自转轴的稳定器，地球的气候变化肯定会更加极端。当前，地球的倾斜度约为 23.4 度，但月球的引力作用使这一角度正逐渐减小，预计大约 9800 年后，地球的倾斜度将达到最小值——22.1 度。

尽管随着时间的推移，月球使地球的倾斜的角度变得平缓，但它确实使地球在其轴上产生轻微的摆动。这是由于月球和太阳引起的潮汐力所导致的。

第一个发现这一点的，是希腊天文学家尼西亚的希帕克斯（Hipparchus of Nicaea）。当他还是一个小男孩时，就在现在的土耳其西北部地区记录当地的天气，成年后，着手研究月食，以测量地球和月球之间的距离。他的测量数据非常接近真实的距离，对于生活在公元前 190 年至公元前 120 年之间的人来说，这是一个了不

---

[a] 一个华氏底大约等于 5/9 摄氏度。——编者注
\* 原注：这个区域的名字并非源于月亮，而只是一个巧合。肥沃的新月地带是人类文明的摇篮。它一个弧形的沼泽地带，从埃及的尼罗河三角洲一直延伸到黎凡特（Levant），也就是现在的以色列和巴勒斯坦，然后进入土耳其南部，最后抵达现在的伊拉克和伊朗西部。

起的壮举。\* 希帕克斯被奉为三角学的发明者，他把这个理念纳入了星盘，这是用来计算天文位置的工具，在全世界使用了超过1700年。希帕克斯的原作已随着时间的流逝而失传，我们只能通过后来的天文学家特别是托勒密（Ptolemy），了解他的工作。2022年，学者们在研究一张被擦除后重复使用的古希腊羊皮纸时，意外发现了他的一段被基督教法典覆盖的原始星表。它显示了希帕克斯试图绘制整个星空的部分努力。他率先整合了古美索不达米亚天文学家庞大的天文遗产和他的希腊祖先开发出的几何模型。在希帕克斯之前，西方主流的古代观星者有两种主要类型：迷信的、追踪月球的巴比伦人和理智的、追求完美的希腊人。宇宙就像一堆没有图像的空白拼图，没有人知道如何把它们拼到一起。

希帕克斯拿起了这些拼图块——希腊关于移动球体和完美领域的思想——在上面画上巴比伦的星星。学者们认为他是第一个使用类似于纬度和经度的两个坐标来定义星星在天空中的位置的人，这样就可以独立于星座来定位星星的位置。他著名的星表大约完成于公元前129年，使用了希腊人对恒星、行星、太阳和月球运行的知识来计算这些天体现在和未来的位置。然后，他将自己的观测结果与美索不达米亚观星僧侣的长期记录进行比照。他意识到，他观测到的星星与早期巴比伦人的测量结果相比，已经发生了变化。星星的背景在变化，并不是因为星星本身随着时间的推移而变化，而是因为地球相对于它们在移动。这种运动现在被称为"岁差"，是因

---

\* 原注：希帕克斯测量了日食和月食期间地球的阴影，利用三角学计算出地球和月球之间的平均距离是地球半径的63倍。实际上，这个距离大约是地球半径的60倍，或者大约23.8万英里。相当准确。

## 第三章 地球的传记作家

为地球在其旋转轴上摆动,像是陀螺一样。[*]

为了理解为什么这很重要,我们必须谈谈"年"这个概念。

地球自转365圈后才会回到围绕太阳公转轨道的同一位置,这叫作一个回归年。西方人将这个周期的开始标记在1月1日,但回归年实际上是从二分点[a]开始的,这是一年中地球轴既不向太阳倾斜也不远离太阳、白天和黑夜几乎等长的两天之一。天文学家——以及现代之前的地球上的每个人——还在测量"恒星年",这是特定恒星返回天空完全相同位置所需的时间。

由于月球使地球的轴摆动,在几个世纪后,这些特定的恒星实际上并没有返回到完全相同的位置。随着时间的推移,地球的轴指向空间中略微不同的方向。最终,即使是像北极星这样可靠的导航星的位置也会看起来有所变化。北极星是一颗似乎不随季节变动而变换位置的恒星,因此被用来导航。但在新仙女木时期,北半球的人们看到的是另外一颗"北极星",而不是我们现在称之为北极星的那颗恒星。再过大约1.2万年,织女星将成为我们新的"北极星"。

其他星星看起来移动得更快。这意味着每年的同一时间,天空看起来有些微妙的差别。与几个世纪以前相比,夜空看起来可能非常不同。这让古代天文学家头疼不已,他们使用恒星在一年中的首次出现,或者某些恒星相对于太阳和月球的位置来标记一年中的事件。例如,明亮的天狼星的首次黎明出现,标志着古埃及日历年的开始,因为在公元前3000年,天狼星在7月初的黎明升起,那时尼

---

[*] 原注:铅笔和纸张的技巧可以大致展示轴向转动的样子。拿起铅笔画一个圆,观察北极——橡皮擦描绘出的路径。如果你能在2.6万年的时间里画你的圆,这个演示地球轴向变化将更准确,但幸运的是,你我都不必这么做就能理解这一点。地球的轴线每25772年完成一次完整的旋转,画出一个圆。

[a] 即春分和秋分点。——译者注

罗河开始一年一度的洪水季节。当计时系统本身总是在变化时，一个文明如何长时间地计时呢？

更重要的是，太阳在天空中运行的轨迹也与月球不同步。一个太阴月代表了月球返回到与地球、太阳和月球同一条直线（朔望）所需的时间，即29.53天。太阴月从新月日开始，那时它是看不见的。罗马人将这一天称为"Calends"（朔日），是"日历"（calendar）这个词的起源。第八天是上弦月，一个增长的半月。第十五天，罗马人称之为Ides（月中），是满月的日子。[a] 以此类推。

经过这样的12个周期，月球重新回到天空中的同一位置，几乎与上个周期时它所在的位置相同。这加起来是太阴年的12个月，称为一个会合年（synodic year）。但这一年只有354天。如果你在地球上，太阳将在365天后才会返回天空中的同一位置，这是一个太阳年。朔望年和太阳年这11天的时间差带来了一个困扰：仅仅3年后，朔望年与太阳年的同步就会出现大约一个月的偏移。

历法编制者想出了许多创造性的方法来同步这两种时间。

玛雅文明诞生于现今墨西哥和中美洲地区，拥有一种高度复杂且精细的历法体系。他们创造了三个独立又相互参照的日历：他们的卓尔金历（Tzolk'in）有260天，结合了13个数字周期与20个命名日；哈布历（Haab）有365天，一年有18个月，每个月20天，加上一个5天的闰月。最后，他们的长纪年（Long Count）历则用于年份的记录，标注了自玛雅神话传说中的创世之初——公元前3114年8月11日——以来所流逝的岁月。月球，作为地球上时间之船的舵手，赋予了我们日历的概念；这也意味着每一个日历都有局限，

---

a 古罗马历法中，Ides是3、5、7、10月的第15日；其他各月的第13日，并不固定。——译者注

## 第三章 地球的传记作家

因为月球对地球的影响如此巨大而全面。

地球轴线的摆动，干扰的不仅是我们的计时系统。虽然月球稳定了轴线，使地球的气候在千年间保持温和，但即使是微妙的摆动也能很快导致戏剧性的气候变化。首先，它有助于我们理解导致塔拉瓦海军陆战队队员陷入困境问题：地球和月球都不是在圆形轨道而是在椭圆形路径上运行。它们各自有离它们所围绕公转的星球最近和最远的点。月球在塔拉瓦的 D 日处于远地点，即它离地球最远的点。每年，地球也会移动到离太阳最近和最远的点，分别称为近日点和远日点。但木星和土星会拉动地球的轨道，使其有时几乎呈圆形，有时又是明显的椭圆形。目前，地球正接近其最圆的轨道，并缓慢变得更椭圆，遵循一个大约为 10 万年的循环周期。

月球没有足够的力量改变地球轨道的形状，但它确实改变了地球经历近日点和远日点时的季节。在 21 世纪 20 年代，地球每年 1 月最接近太阳，但 1 万年前，近日点发生在北半球的夏季。在这个被称为"非洲湿润期"（African Humid Period）的时段，雨水淹没了撒哈拉。雨停之后，北非的迁徙模式随之改变，播下了文明的第一批种子。

地－月系统轨道的奇特之处——地球倾斜的轴线、分点[a]岁差和地球的椭圆形轨道——累积起来，随着时间的推移，照射到我们星球上的阳光量就会有所不同。这些变化被称为轨道周期或天文周期，也有人以阐明这一周期的塞尔维亚科学家米卢廷·米兰科维奇（Milutin Milkanković）的名字，称其为米兰科维奇周期（Milankovitch

---

[a] 指春分和秋分的时间点。——译者注

cycles）。它们导致了地球气候的周期性变化——这也成为那些坚称人类没有导致全球变暖的人最喜欢的说辞。

在这些周期中扮演最重要角色的是月球。它相对于地球而言如此之大,并且承载了地-月系统如此多的角动量,因而保护了我们免于陷入混乱。而且它的尺寸大小也恰到好处:如果月球大 10%,也会导致地球的轴线变得不稳定。如果忒伊亚和地球 1.0 被重造成一个稍大的月球和一个稍小的地球,这里可能就不会有我们存在了。

基于所有的这些特殊性,不少科学家已经在推测"人择原理"(the anthropic principle),即宇宙之所以可观测,是因为其组织方式让我们能够出现并安全地观测它。宇宙中有很多行星和很多卫星,但只有恰到好处的系统,才会孕育能够观测现实的生物。我们之所以存在,并且能够作为宇宙的观察者,是因为地球拥有那些适宜生命存在的特殊条件,尽管这些条件可能相当罕见。目前,我们所发现的类似太阳的恒星中,只有大约一半位于所谓的"宜居带",这是一个水可以保持液态,并且能够支持一个类似地球质量的行星存在的区域。然而,尽管我们已经对这些区域进行了探索,但至今尚未在其中任何一个行星上发现生命迹象。

月球的引力还可以解释地球的另一个奇怪的方面:我们的磁场。

当月球在其椭圆形轨道运行时,它对地球的引力在不同的时间点有所变化。就像月球操纵海洋的潮汐,它也拉扯并伸展地球的地幔,地幔把地球液态外核包裹起来,就像蛋清包裹着铁质"蛋黄"。岩石看起来坚固,但它们实际上包含微小的缺陷和裂缝,赋予了它们一定的弹性。岩石在受到外部应力,如温度变化、水分作用或潮汐力的影响时,会发生微小的变形。这种变形可以通过测量应变来捕捉,从而帮助科学家了解岩石的强度和刚度。在 2019 年的一项研究中,

## 第三章 地球的传记作家

德国研究人员使用智利的地震监测站观察到了穿过岩石的地壳震动，类似于地震波。其半周期为 12.42 和 12.56 小时。12.42 小时的周期与月球潮汐完全匹配，而较长的振荡则与月球的椭圆轨道相匹配。在塔拉瓦困住海军陆战队队员的现象，在地球的岩石中也可以看到。

地球－月球－太阳的旋转潮汐发动机，向地球注入了超过 3700 亿瓦的能量。其中一些在大气中损失，一些在深海中消散，一些在潮汐中消耗，帮助月球逃离地球。但其中一些能量下落不明。地球物理学家认为，多余的能量可能不断地被注入地球的外核，为神秘的磁力发电机提供能量，从而产生地球的磁场。如果你幸运的话，在极地晴朗的夜晚，可以亲眼见到极光，其光谱中独特的电绿色带，便是地球磁场与太阳风相互作用的结果。不仅如此，鸟类等生物亦能感知到磁场的存在，而指南针的精准指向更是磁场无处不在的直接证明。地球磁场如同一条无形的飘带，环绕并保护着我们的星球，它随着太阳风在空间中轻盈舞动，宛如微风中轻轻摇曳的窗帘。磁场来自地球的外核，它像流体一样旋转，产生电流。来自热放射性岩石的热量上升和地球自身的旋转，都有助于加热和搅拌熔融的铁（别忘了，月球也控制着自转），进一步增强了地磁场的强度和稳定性。

地球不断地向太空散发热量，月球也是。但地核的温度仍然高达 1.08 万华氏度，和太阳表面一样热。地核－地幔边界约为 6900 华氏度（4100 开尔文度）。长期以来，科学家们认为地球内部应随着时间的推移而逐渐冷却，但 2016 年的一项研究却提出了颠覆性的见解。地球物理学家认为，地球保持着忒伊亚和地球 1.0 合并成月球和地球 2.0 时留下的余热。这一理论认为，地球当前的温暖状态，实际上是放射性同位素衰变释放的能量与月球共同作用的结果，堪称一份持久的礼物。月球的潮汐作用搅动了地核和地幔以及海洋，可能提供了保持地球内部炽热所需的能量。

月球可能从创造之初就塑造了地球的磁场。即使忒伊亚的残骸今天没有残存在地球内部，该天体那次毁灭性撞击仍可能将地球 1.0 的地幔结构重新洗牌，改变其对流过程，推动形成阿尔弗雷德·魏格纳所发现的板块构造。一些地球物理学家据此推测，月球及其独特的形成过程——这一宇宙间的暴力事件——赋予了地球独特的动态特性。地球因此成了一个活跃且翻腾、受力场保护的岩石星球。魏格纳关于板块构造的理论或许在更深层次上与月球紧密相连。

○·

我们所居住的这个快速旋转、轴心倾斜的星球，经历了无数次的涅槃重生。通过板块构造的作用，地球抹去了它沧海桑田的印记，但我们可以通过观察月球来了解早期的地球，以及在这些变故之前，整个太阳系可能是什么样子。月球记录了一次古老的重击，它肯定与地球分享了这次重击。在讲述这个故事时，它为我们提供了整个太阳系的传记。了解早期月球的性质对于科学中的一些重大问题有着深刻的影响：早期的地球是什么样子？其他岩石行星呢？地球上的生命是如何起源、又是何时起源的？

阿波罗计划不仅让我们对月球和地球共同的创世故事有了新的理解，而且也让我们懂得了之后发生的一些事情。当科学家们研究月球岩石的同位素时，他们注意到月球表面温度灾难性地上升，在大约 39 亿年前几乎融化了整个月球。那时月球大约才 5 亿岁。主要基于对月球岩石样本的同位素定年结果，科学家们相信，在辛涅西亚形成地球和月球后的 5 亿年，月球曾经遭到一场大面积的小行星雨的猛烈撞击，被炸得几乎粉身碎骨。它们本来可以液化月球——而且还包括地球，因为它就在隔壁。1973 年，行星科学家福阿德·泰拉（Fouad Tera）和他的同事将这次史诗般的轰炸称为"终端月球大灾变"（Terminal Lunar Cataclysm），也被称为"晚期重轰炸"（Late

## 第三章 地球的传记作家

Heavy Bombardment）。

"无论如何，从地球看上去，肯定是一场相当壮观的烟火秀。"他们写道，"假设你有一个非常好的掩体适于观看的话。"

"晚期重轰炸"的故事情节非常合理。多亏了魏格纳，科学家们知道月球经常遭受小行星的撞击。他们还知道，阿波罗岩石中的一些分子特征只能在最恐怖的条件下产生，就好像月球的整个"地幔"被液化并翻转了过来。毫无疑问，月球蒙受了一场堪称天崩地裂的灾难。

地球比月球大，应该是这次重轰炸的重灾区。半个世纪以来，科学家们相信这场晚期重轰炸使地球保持了或多或少有几亿年的熔融和无菌状态。直到38亿年前，当轰炸停止时，生命才可能诞生。因为板块构造的原因，我们今天已然看不到这次轰炸的伤痕，但这并不意味着它没有发生。自从阿波罗计划以来，人们需要探讨的问题只是它何时发生，以及持续了多久。

但是，在2009年，情况发生了变化。一颗名为月球勘测轨道飞行器（Lunar Reconnaissance Orbiter，简称LRO）的新卫星抵达月球，并开始拍摄月球斑驳面孔的详细照片。2013年3月17日，研究卫星图像的NASA科学家在月球最大的盆地之一的雨海（Mare Imbrium）看到了一道明亮的闪光。闪光之后，LRO发现了一个全新的直径有60英尺的撞击坑。亚利桑那州立大学的艾默生·施皮雷尔（Emerson Speyerer）和他的同事们联手开始寻找更多这些新的撞击盆地，并比较了LRO在不同时间拍摄的相同月球区域的1.5万份图像。这些前后对比的图像显示了222个新坑和超过4.7万个新的斑点，这些斑点是在陨石撞击形成坑并在月球尘埃周围飞溅时产生的，就像魏格纳的水泥粉末一样。NASA的探测器不仅发现，月球的坑比任何人想象的都要新，而且雨海这个标志性的盆地，可能比任何人想象的都要大得多。

LRO相机团队发现，从雨海延伸出的碎片射线散落在附近的盆地中。这是一个令人不安的迹象。这表明，无论撞击月球并形成雨海的是什么，都可能把月球的碎片散落在附近的撞击区域。这意味着我们无法确定这些月球岩石的确切来源，以及它是在哪次灾难中被带到月球表面的。

影响是巨大的。阿波罗样本被锁在NASA无尘的月球样本室中，这些月球碎片是无价之宝，它们全部可能都偏向于一次特别可怕的撞击。雨海可能在欺骗我们。其中一个最棘手的样本是troctolite 76535号斜长岩，这是从月球带回地球的最古老也最有趣的月球岩石。

在阿波罗17号任务期间，宇航员哈里森·施密特在月球的雕塑山（Sculptured Hills）地区发现了一块后来被命名为troctolite 76535的斜长岩。地质学家最初预期该地区会包含来自宁静海的岩石样本。然而，新的研究表明，这块岩石可能实际上来源于雨海撞击事件，甚至可能来自形成月球南极－艾特肯盆地的那次巨大的撞击事件。艾特肯盆地是太阳系已知最大的撞击坑之一。troctolite 76535斜长岩因其来源的不确定性，成为从月球带回的岩石中最具争议的样品。化学分析显示，这块岩石形成于月球的早期，当时月球内部较为炽热，其形成年代大约在42.5亿年前，这表明它是月球原始地壳的一部分。最新的研究还指出，只有一次极其强烈的撞击事件，才能从月球深处将这块岩石挖出来。无论troctolite 76535号斜长岩的具体来源如何，许多阿波罗计划带回的样本很可能是在一次或多次巨大的撞击事件中从月球内部抛射到表面的。这些发现暗示月球可能没有经历过特别晚近的小行星撞击事件。如果这一假设成立，那么地球也可能没有遭受过类似的撞击。

## 第三章　地球的传记作家

今天,晚期重轰炸的故事受到质疑,许多行星科学家怀疑它是否真的发生过。如果没有,如果早期地球是温暖、平静和伊甸园般的,那么生命也许立刻就出现了,没有理由再等 10 亿年。只是在演变成蕨类、恐龙和我们之前,它需要打发比我们想象的更长的无聊时间。或者,年轻的太阳在地球生命的早期发挥了某种作用。月球或许也能回答这个问题。

地球诞生之初的 10 亿年平淡无聊。太阳的自转速度会影响太阳活动,如耀斑和日冕物质抛射等。这些太阳活动随机向地球释放辐射云,可能对生命进化产生重要影响。它们可能在达尔文所描述的"在温暖的池塘中"激发了生命的火花,或者将最终编码蛋白质的 DNA 撕裂后重新编织在一起,甚至可能对早期细胞的构建和复制过程进行了系列化。了解太阳的自转历史,对于了解地球上生命的起源非常重要,而月球尘埃记录了这段历史。

如果婴儿期的太阳自转速度比同龄的恒星慢,它从容的步伐和宁静的能量勉强可能维持早期生命。但如果婴儿期的太阳像大多数同类恒星一样高速自转,它每天可能会爆发 10 次太阳耀斑,会烧焦地球,甚至可能将其大气层一扫而空。月球尘埃为前一种理论提供了证据。月球上钠和钾等元素的丰度比地球上要低。2019 年的一项研究表明,一个慢速旋转的年轻太阳会以恰到好处的速度旋转,从而剥离月球物质中缺失的部分。年轻的太阳旋转较慢,而地球足够大,其引力能够保持其物质不致大量流失,这正是现在我们能够在这里的原因。

阿波罗 14 号采回的样本中,一块被称为"大贝莎"(Big Bertha)的岩石引起了争议,因为它的化学特征看起来更像地球物质而非月球物质。月球是否藏有来自我们星球的碎片,这些碎片由某些巨大的撞击所抛射——比如导致大多数恐龙灭绝的那一次,或者是其他已经因板块构造或者业已埋没在时间长河中的碰撞？科学家已经在地球发现了数十块月球岩石，它们作为陨石坠落在南极洲、撒哈拉沙漠和其他荒凉的地方。以此类推，在月球上发现类似的地球陨石也不足为奇。即使大贝莎不是来自地球，而是月球的亲生，它仍然告诉了我们一些有趣的事情，就像现在有争议的晚期重轰炸一样。月球岩石并非单一的，它们还埋藏了很多我们未知的秘密。

○·

大贝莎可能来自地球，也可能不是，但科学家们一致认为，月球上有另一个地球纪念品：氧气。月球是氧气的"宿主"，这种生命必需的呼吸元素之所以能在月球上累积，其背后的原因与地球上观察到的满月、新月及日食现象有着相似的天文学基础，即地球、月球与太阳三者之间偶尔会排成一线。

可以说，氧是生命活动的关键元素，氧气是我们所呼吸的空气中最重要的成分。氧气是一种具有较高密度的气体，可以在地球的大气层中稳定保持，而不是像氢气那样比较容易逸散至外太空。氧气具有较高的化学活性，这一点通过篝火燃烧就可以看出，它能够与地球岩石中的甲烷（$CH_4$）、其他大气气体以及矿物质发生化学反应。如果顺其自然，地球会从大气中吸收氧气，并将其埋藏在地壳，最终将其永远锁在地幔中。地球的空气中含有如此多的氧气，但是它没有被地球吸干，这是植物生命赐予的永恒礼物。植物通过光合作用，消耗二氧化碳并释放氧气，将其补充到大气层。大气中氧气的含量大约占21%。然而，太阳风——太阳自转时持续释放的带电粒子流——会从地球大气层中剥离一部分气体分子。在地球和月球处于直线排列的时期，每月大约有5天的时间，太阳风更为强烈，它能够将大气中的氧原子吹走，并一路带到月球。在月球，大部分氧被锁定在月壤中，而一部分则残留在月球的光环，即月球的薄弱

## 第三章　地球的传记作家

大气层中。

氧气给我们讲了重要的一课。因为我们对其他星球上生命迹象的搜索变得越来越精细。强大的望远镜如果能够在遥远的系外卫星的光晕中发现氧的痕迹，暗示着其他恒星系中某些行星上的生命迹象。

天文学家仍然不确定他们是否真的看到了系外卫星，也就是说，一个围绕不属于这个太阳系的行星运行的卫星。系外行星数量不菲，这一点已经得到普遍认可，但不久前还是不可想象的。开普勒太空望远镜（Kepler Space Telescope）以 17 世纪的天文学家约翰内斯·开普勒命名，在 2009 年至 2018 年间对一小片天区进行了深入观测，发现了大量系外行星。天文学家现在认为，几乎每颗恒星都拥有行星，这一点，开普勒本人生前根本无法想象。

如果系外行星和太阳系中的卫星并不鲜见，那么说系外卫星也不稀罕，就并非空穴来风。2018 年，天文学家宣布了第一个可能存在系外卫星的证据，证明有一颗卫星围绕名为开普勒 1625-b 的系外行星运行。纽约哥伦比亚大学的大卫·基平（David Kipping）和亚历克斯·蒂奇（Alex Teachey）使用哈勃太空望远镜仔细观察了恒星开普勒 1625、行星开普勒 1625-b 以及假定的卫星，认为其存在还不足以值得地球人为其赋名。轨道动力学表明，该行星是个庞然大物，质量是木星的好几倍，其卫星大约有海王星的大小。这个外星系统在某种意义上是大号的地－月系统。他们甚至没有为这一发现撰写论文，只是发布了一份简报。自从基平和蒂奇的简报发布后，许多天文学家都把自己的注意力转向了其他系外行星。截至本书撰稿，还没有人确认过一颗系外卫星。但今后，系外卫星很可能会像系外行星一样被普遍认识，让人见惯不惊，宛如散布在寒冷而空旷的宇宙中的一粒尘埃。它们的存在将扩展我们的思维，就像 400 年前的木星卫星，就像 20 世纪 60 年代的阿波罗计划，以及就像 21 世纪 10 年代初的系外行星。如果还有其他像地球一样的星球，拥有跨越大陆的花园、充满生命的海洋和能够反思这一切的有思想的生物，我们可能会发现这些星球有它们自己的传记作者与它们并肩前行，从它们的起源开始，就一直影响着它们。

○·

月球岩石是阿波罗计划最著名的遗物，现在已经回到了地球，但宇航员们还在月面留下了一些重要的东西。除了一面美国国旗、一块标牌、他们的脚印和一些垃圾，尼尔·阿姆斯特朗和巴兹·奥尔德林还留下了一些科学实验器材。其中之一是一个两英尺宽、镶有一百面镜子的面板，计划用来将所有光线按原路反射回去。

其他阿波罗实验最终都淡出了历史，从最初的岩石样本到测量月震和其他地质活动的地震仪。但是历经 50 年沧桑，这个角反射器实验仍然在运行。得克萨斯州和法国的天文望远镜仍然每天利用这些角反射器。位于法国南部卡伦高原（Calern Plateau）的天文望远镜已经观测了它们长达半个世纪。这台 1.5 米口径的望远镜在反射镜上也装有激光器，每秒向月球发射 10 个光子脉冲。只有少数光子会走完旅程，而反射折回的光子更少。一趟往返大约需要 2.4 秒，通过返回的光波，天文学家可以测算出月球和地球之间的距离，精确到毫米级。尽管这看起来非常精确，但由于地球大气层的干扰，仍然略低于科学家希望的精度。

天文学家就是通过这种方式得知，月球正在以每年约 3.8 厘米或 1.5 英寸的速度远离地球。这种分离速度大致相当于你的指甲生长的速度。年复一年，大约 6 亿年后，月球将离开我们如此遥远，以至于再也不能够遮挡太阳。

从现在起到大约 20 亿年后，人类很可能已经不复在地球上存在，

## 第三章 地球的传记作家

月球也将太过遥远，无法稳定地球倾斜的角度，地球的轴线将偏向太阳，拉斯卡尔预测的狂暴的地狱星球将成为现实。地球的气候将经历定期的、可能是剧烈的变化。它的潮汐将变幻莫测，它的岩潮——与月球相关的地球内部的压力和应变——也将如此。如果有任何形式的生命仍然存在，月球的缓慢撤退很可能也会对其生存构成威胁。

但至少现在，月球将继续引导我们的生活。忒伊亚制造了月球和它的伴侣，可能在地球上留下了自己的部分。月球的母星也可能向我们捐赠了它的氮，更关键的是它的碳，这是使我们存在成为可能的元素。月球和地球携手之后，月球潮汐对我们星球的地质和进化历史产生了深远的影响。月球驱动的极端潮汐像勺子搅拌锅里的汤一样，拌匀了原始海洋，从洋底激荡出营养物质来维持我们远古祖先所依赖的食物链。如果没有潮汐及其受其影响的洋流，营养物质可能仍然留在海底，永远无法被庞大的海洋生物链所利用。混合海洋所需的能量有一半是由海底潮汐的消散提供的。当第一批有机体出现后，月球也许就开始为生命交响乐计时，它至今可能仍然以许多现代科学家感到惊讶和不解的方式，影响着我们的生育能力、生理和行为。

潮汐，以及海岸线的变化、被困的攻击军队这些大尺度上的现象，对于习惯于以图像和故事形式思考的人而言，是显而易见的。但是地球和月球之间几乎无法察觉的现象对生命的节奏可能同样至关重要，而且可能从一开始就是如此。没有它，我们就不会在这里。

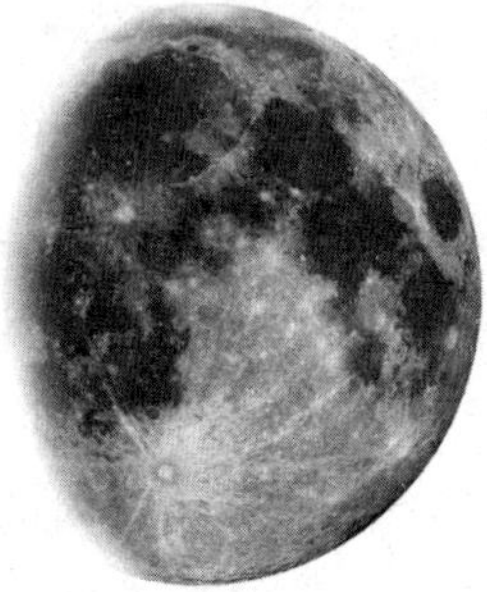

# 第二部分
# 月球如何成就我们
HOW THE MOON MADE US

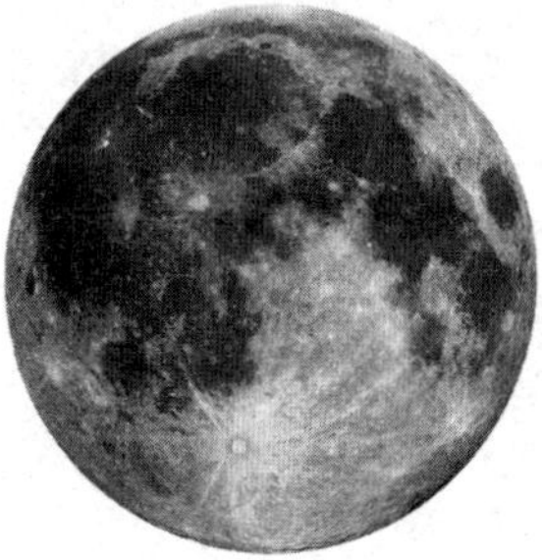

# 第四章　月球与物种起源

> 自然的发展由无生命界进达于有生命的动物界是积微而渐进的。
>
> ——亚里士多德,《动物志》第 8 卷,第一章

在进入辛涅西亚数亿年后,地球和月球在它们原始的星云中缓缓凝聚,逐渐成形。它们在混沌中演进,最终成为固态的球体,然后开始活成真正的自己。如果以地质时间的尺度来衡量,地球成为行星的过程快得出奇。即便是在 40 亿年前的冥古宙时期,我们的蓝色星球看起来也和我们现在的家园别无二致。

想象一下,当时的地球,表面覆盖着广阔的海洋和连绵的陆地,或许在某些地方,已经开始显现大陆的雏形。天空中飘浮着由水蒸气凝结而成的云朵,它们带来了雨水,这些水分子可能源自彗星的赠礼,也可能是在伊曼努尔·康德所描述的旋转星云中,随着原行星盘的诞生而遗留下来的。

而那珍珠般晶莹的月亮,悬挂在天际,距离地球仅 8.3 万英里,看起来比现在大了近三倍。地球的自转周期只需要 12 小时,意味着

昼夜各占 6 小时，潮汐以疯狂的速度扑面而来，倏然而去，雕琢着海岸线。除此之外，那时的地球与今日的地球，在外观上惊人地相似。

想象一下：你沿着海岸线上漫步，脚下是刚从火山口出炉不久的岩石。这里还没有沙子，因为生命尚未出现，而岩石的风化成沙，需要生命的参与。阳光炽烈，热浪扑面。没有臭氧层的保护，太阳的辐射直接穿透大气，打在你的脸上，而含硫的空气中则弥漫着一股臭鸡蛋的刺鼻气味。泡沫般的海浪涌来，你低头看去，发现岩石间有一个缺口，形成了一个潮汐池，里面充满了浑浊的褐色液体。你好奇地用手指蘸了一点，尝了尝。它的味道复杂而独特，有点像酱油那种带着圆润、苦涩、泥土味、酸味的鲜味——那是氨基酸的味道，如赖氨酸、甘氨酸和谷氨酸。我们现在已经知道，这些化合物，生命的基石，遍布整个太阳系，甚至在彗星冰冷的尾巴中也能找到它们的踪影。但据我们所知，它们只有一次偶然地成了生命的原材料。

生命起源的完整故事，就像这汪浑浊的咸水一样模糊，然而，月球在这一宏大叙事中扮演的角色，正逐渐变得清晰。

在原始地球浩瀚、翻滚的海洋中，脆弱的氨基酸链不太可能连接起来形成生命，或者即使形成了，也不太可能在黑暗的海洋深处或炽热的海滩上存活多长时间。但潮汐池却成为它们温馨的庇护所。每当月球从头顶缓缓掠过，潮水涌来，为我们的酱油池注满了温暖的咸水，随着潮水退去，又逐渐干涸，恢复到湿润状态。在月升月降、潮起潮落的循环中，更大的、更复杂的分子逐渐形成，这个过程，化学家称之为聚合反应——工厂制造塑料的过程，也是聚合反应。

生命或许在地球的深海或浅海环境中悄然萌发。在这里，丰富的化学物质与地球裂缝中涌出的热流相遇，月球则像一位药剂师，用引力搅拌着海洋，为生命的诞生提供了理想的培养基。经过数亿

## 第四章 月球与物种起源

年的演化,氨基酸链终于折叠成复杂的蛋白质,生命从泥泞中艰难渗出。自查理·达尔文时代以来,许多科学家认为,第一批生物可能正是在潮汐池中诞生的。*

在潮汐的律动中,这些原始生命形式不断地流动、沉浮、交融、进化。第一批细胞学会了自我复制,生命的曙光初现。它们的后代又制造出更多的后代,并且逐渐分化,演进成多样的形态——从单细胞生物到复杂的多细胞生物,从微生物到植物和动物。最终,我们的脊椎动物祖先在海边的潮汐中学会了行走,开启了陆地生活的新篇章。经过亿万年的自然选择和进化,造就了今天地球上丰富多彩的生命景象。

我们的自然史,绝无仅有。据我们所知,没有其他星球能够孕育出如此多样的生命形态,它们以食物为生,以睡眠为息,以呼吸为续,以繁殖为继,赋予这个星球以活力和资源,更不用说一个能够利用这些资源的人类社会了。

生命可能在地球历史的早期就已经悄然出现,就在地球和它的炽热、熔融的月球冷却下来之后。但在地球-月球系统诞生后的绝大多数时间里,生命的存在似乎显得格外宁静。微生物在地球的海洋中爆发,并在那里繁衍生息,它们复制自己,但除此之外,它们无所事事。在地球存在的最近10%的时间里,陆地生命才逐渐进化出来。

---

\* 原注:达尔文在1871年给朋友的一封信中写道,生命可能起源于"一些温暖的小池塘,里面有各种各样的氨和磷酸盐"。1953年,美国化学家斯坦利·米勒和哈罗德·尤里证明了这个想法的价值。两人将火花撒在氨和甲烷的混合物上,调制出一种富含氨基酸的棕色肉汤。这些活泼的小分子含有碳、氢、氮和氧。当它们以长链连接在一起时,就形成了蛋白质,为生命提供了基础。2007年,化学家们重复了著名的米勒-尤里实验,添加了一些已知存在于早期地球上的其他化学物质,并复制了氨基酸的产生。虽然我们仍然不知道生命的配方,但基本的成分可能是从零开始,利用大气以及至关重要的月球的潮汐。

在生命的漫长、激越、奇妙的历史长河中，动物只有一次大规模地离开水，踏上了陆地。它们中的许多又回到了水中——我们的一些脊椎动物亲戚重返海洋，进化出了更为复杂和优雅的形态。更晚些时候，一些哺乳动物也回到了水中，从陆地上的小型哺乳动物演化成了迷人的海豚和巨大的鲸鱼。但据我们所知，鱼类只离开过一次水域，就进化成了从恐龙到大象，以及曾经在地球上行走的一切动物，直到我们人类。那些鱼类祖先可能随着潮水的涨落而上岸，这或许意味着是月球的引力将我们还是鱼类的祖先带到了陆地上。

这一切都发生在泥盆纪。在地球的生命史册中，泥盆纪是一个充满变革的时期，复杂生命在这里绽放出新的光彩。泥盆纪从大约 4.19 亿年前延伸至 3.59 亿年前，这听起来像是一个遥远的时代，但在地球和月球的时间尺度上，它只是一瞬间。从辛涅西亚和冥古宙算起，时间已经过去了 40 多亿年。

在那个时代，一天大约只有 21 小时。而月球，这颗我们夜空中最亮的天体，由于距离地球更近，看起来比现在大约大 5%。它对地球的潮汐力影响更为显著，潮汐的涨落比今天更加壮观，为生命的演化提供了独特的舞台。

植物，可能是被潮水带上了陆地，它们在岸边搁浅，却又幸运地在陆地上扎根。泥盆纪见证了第一批树木的萌芽和森林的开端，这个时期也因鱼类的繁盛而被称为"鱼类时代"。尽管像栉水母（comb jelly）这样的简单动物已经存在了约 1.4 亿年，但随着海洋孕育出一系列新的生命，新形式鱼类刚刚开始涌现，其中一些甚至开始呼吸空气。

今天的鱼类通过鳃在水中交换氧气和二氧化碳，而我们人类则通过肺泡在空气中进行气体交换。但许多现代鱼类也拥有类似肺的

## 第四章 月球与物种起源 ☾

器官——鱼鳔，它像一个充满空气的气囊，帮助鱼类控制浮力，防止它们沉得太深或浮得太高。一些鱼类，比如肺鱼（lungfish），甚至能够利用这些器官直接呼吸空气。

这些空气呼吸器官的存在，证明了肺的进化远比我们想象的要早，它一定是在我们早期祖先分化成不同鱼类群体之前就已经出现。这一分化大约发生在 4.43 亿至 4.2 亿年前。肺，作为进化工具箱中的一件古老工具，它的出现为生命提供了新的可能。那么，既然海洋动物可以从水中获得所需的氧气，它们为什么还会进化出肺来呢？

在低潮时，潮汐带的浅水池可能会变暖并失去氧气。如果一条鱼被潮水搁浅，无法及时返回水中，它可能会在几分钟内窒息而死。在这样的环境中，鱼类进化出呼吸空气的器官显得尤为重要。正如瑞典乌普萨拉大学（Uppsala University in Sweden）的古生物学家佩尔·阿尔伯格（Per Ahlberg）所指出的，如果鱼类的祖先在还不能行走的时候，至少能够呼吸一点空气，那么它们就有机会生存下来，将基因传递给后代。

在泥盆纪的某个时刻，原始的有肺鱼类在进化之路上分道扬镳，演化成两个主要种群，从源头定义了地球动物王国。一个群体演化成了辐鳍鱼（ray-finned fish）类，它们是大多数常见鱼类的祖先，从优雅的金鱼到奇特的海马，再到壮硕的鲑鱼。而另一个群体，肉鳍鱼（lobe-finned fish）类，它们则成为这个星球上所有其他有脊椎动物的祖先，包括我们人类。

在进化出肺几百万年后，一些幸运的肉鳍鱼类开始展现出新的适应性。它们有了壮硕、鱼雷形状的身体，可能还带有绿灰色的保护色，以更好地隐藏在海藻浅滩中。当潮水退去，水位变化高达 50 英尺时，这些鱼可能会被困在浅潮汐池中，但它们找到了一种逃脱的方法。

一天两次,随着月球的引力减弱使潮水退去,辐鳍鱼类在干燥的沙滩上挣扎,无望地张开它们的鳃。在你的家谱中,没有肉鳍鱼的记载,它们以辐鳍鱼为食,比辐鳍鱼更壮、更大,但它们却是你血统的关键部分。它们的前鳍丰满强壮,足以支撑体重。在这些鳍内,有类似于肱骨、尺骨和桡骨的骨头——正是构成我们手臂的骨骼。这些类似手臂的骨头通过每侧的一个关节连接到身体上,类似于我们的肩膀将肱骨连接到躯干的方式。有了这些先进的鳍,我们的壮硕祖先不需要水也可以随意移动,它们可以把自己拖过沙滩,向另一个浅的、有淤泥的避难所移动,然后回到水中。通过呼吸空气和移动它们的四肢,它们不会搁浅在沙滩上窒息或饿死,直到月球再次把潮水推回岸边,让它们重获自由。

进化青睐那些能够在陆地走得更远的形式:更扁平、更粗短,形状更均匀的鳍可以帮助鱼在浅海岸线的边缘推进自己。想象一下,穿着鞋子在沙子上行走与赤脚行走的区别——这一切都与牵引力有关。经过亿万年的演化,鳍逐渐变成了肉质的肢体,帮助我们远古的亲属抬起头来爬行。

月球把最强壮的生物引导到了那个区域。这不仅是一场生存的竞赛,也是一场适应性的磨炼,生命在潮汐的律动中不断演化,最终塑造了今天我们所见的生物多样性。脊椎动物多样性的摇篮是潮汐区,更强壮的生物留在了这个区域。在辐鳍鱼类中,最小、最脆弱的鱼远离陆地,走向深海的安全地带,在那里,它们远离了鳍状食肉动物的攻击,而月球也更难控制它们的命运。

经过许多代,肉质的肉鳍鱼发生了随机的变化,帮助它们行走得更快,这个过程循环往复:月球控制潮汐,鱼离开水,开始行走……

物换星移,又过了几亿年。终于从鱼类中进化出双足哺乳动物。在加拿大北极圈附近的埃尔斯米尔岛(Ellesmere Island)寒冷的岩

## 第四章　月球与物种起源 ☾

石中，古生物学家发现了一些古老的骨骼化石，他们把其中的一种鱼命名为提克塔利克（Tiktaalik），并在其化石遗骸中看到了人类的影子以及我们的水生历史。提克塔利克是第一种拥有脖子和原始手腕的鱼类，可能同时拥有肺和鳃。像提克塔利克这样的鱼类及其亲属是四足动物的先驱，这些是第一批在陆地上行走的四足生物。[a] 那些被潮汐困住的幸运的第一批行走鱼类的后代，成为了恐龙、鸟类、爬行动物、哺乳动物，也包括你和我的共同祖先。

尽管在直觉上，月球成就生命进化的作用似乎合理，但直到最近，古生物学家才获得了确凿的证据。2014年，牛津的天体物理学家史蒂文·巴尔布斯（Steven Balbus）分析了潮汐对泥盆纪鱼类生命的影响。他利用月球后退的速度，推算出大约4亿年前——正是四足动物开始从海洋走向陆地的时期——月球距离地球比现在近了5%左右。由于更近的月球引力更强，朔望潮也更为猛烈，这反复将潮间带的鱼类搁浅。

由于海岸线的形状或者水的深度等差异，海岸边缘的陆地会存在褶皱，这些地貌特征会导致更极端的潮汐，使得鱼类搁浅事件更容易发生。塔拉瓦岛（Tarawa）的"躲潮"（dodging tide）[b] 也是由类似的海岸特点形成的。

潮汐可能是推动我们的鱼类亲属行走的转折点，爱尔兰海洋学研究生汉娜·伯恩（Hannah Byrne）对这一想法产生了浓厚的兴趣。伯恩耐心地向我介绍了她利用超级计算机做的潮汐物理模型，结果

---

[a] 2022年，发现提克塔利克的古生物学家又发现了该物种的一个"亲戚"，被称为Qikiqtania wakei，它离开了陆地回到了开阔的水域生活。它的桨状上臂似乎是从早期在陆地上行走的形式进化而来的，这表明它最近的祖先已经回到了海洋。——译者注

[b] "躲潮"是一种特殊的潮汐现象，表现为潮汐变化极小，水位几乎保持不变。这种现象在夏季炎热的月份尤为显著，可能导致上层海岸的生物和藻类因缺水而死亡。——译者注

发现情况远不止水进水退这么简单。"你所听到的都是谎言。"她半开玩笑地说。

水是我们这颗星球上最强大的侵蚀力量。日复一日地冲刷，潮汐会侵蚀大陆。它们雕刻大陆架并建造海滩。它们改变海洋盆地的形状，这会产生一种称为共振的效应。让我们重新来审视潮汐的机制，这是自然界中一个引人入胜的现象。当地球在它的轴线上优雅地旋转时，月球用引力轻轻地拉扯着地球，将水体拉向月球的方向（同时，由于离心力的作用，地球的另一侧水面也会抬高）。这种引力的魔术，使海洋每天经历两次涨潮，大多数海岸线也会相应地迎来两次高潮和两次低潮，它们大约每隔 12.4 小时交替出现。*

随着水体的起伏，在风和潮汐的力量的共同推动下，海浪也不停地移动。当一个水体的尺寸ᵃ与潮汐波长的四分之一或二分之一相匹配时，就会发生潮汐共振，或者我们可以说，水体与潮汐波同步了。这就像是潮汐隆起进入一个盆地所需的时间，与两次高潮和低潮之间的时间完美同步。在这种对齐的情况下，月球引力的能量与下面的地理环境相互匹配。这种对齐，类似于满月时太阳、月球和地球的对齐，能够进一步放大潮汐能量，导致潮汐变化的幅度增大。想象一下，一个人在秋千上，每次摆动腿时都努力上升和下降到相同的高度。现在，如果有人在他们上升时轻轻推一把，那么下一次秋千就会荡得更高、更快。在潮汐共振的盆地中，地球的地形为海洋潮汐提供了额外的推动力，使得高潮时水位急剧上升，而在低潮时水位又急剧下降。

---

\* 原注：如果你能把一天的时间缩短一半，这就更容易理解了，但要记住，潮水每天大约上涨 50 分钟。月球沿着它的轨道快速移动，这就是为什么它每天晚上看起来都不一样。因此，地球上任何一个特定的地点每天都要花大约 50 分钟的时间才能赶上前一天的位置，也就是月球正对面的位置。

a 这里的"水体尺寸"指一个水体单元的长度或宽度，例如海湾或海峡的长度。——译者注

## 第四章 月球与物种起源

这就是为什么在北大西洋的一些纬度地区，比如加拿大新斯科舍省的芬迪湾，会经历如此剧烈的潮汐变化。在那里，潮水从高潮到低潮的落差可以达到惊人的 43 英尺。法国诺曼底海岸也展现了类似的高潮放大效应，这一点在第二次世界大战中发挥了关键作用，成为历史上的一个重要注脚。

随着潮汐的涨落，海岸线上的水位不断变化，带来了水温、盐度和化学成分的微妙转变。潮间带的生态环境随之变化，海岸线在不断地暴露与淹没中变化，这一切对生命产生了深远的影响。伯恩想知道，潮汐的力量是否在无形中推动着生命向岸边的迁徙与回归。

在 2014 年的一次会议中，她首次遇见了巴尔布斯（Balbus），当时她专注于研究潮汐对太平洋珊瑚的营养和温度的影响。巴尔布斯的演讲启发了她，使她将研究方向转向了潮汐模型，特别是为了量化研究巴尔布斯关于月球如何影响四足动物进化的理论。

与巴尔布斯和其他科学家的合作揭示了一个有趣的历史现象：大约 4.25 亿年前，当有些动物开始进化出肺，以适应呼吸空气时，现今中国南方的某些地区经历了世界上最高的潮汐。这一时期恰好是鱼类开始适应陆地生活的时候。这些剧烈的潮汐变化为海洋生物向陆地的迁移提供了理想的条件。

根据伯恩的研究，这些潮汐之所以如此极端，是因为当时的地球上还没有形成盘古大陆（Pangea）。盘古大陆是地球古代的一个超级大陆，由所有陆地聚集而成，这一概念最初由阿尔弗雷德·魏格纳提出，并已被广泛接受。在那个时期，地球的海洋盆地比现在更多，这增加了发生极端潮汐的地点数量。伯恩指出，在原始盘古大陆最狭窄的地方，岸边的潮汐将是巨大的。这片大陆的遗迹如今横跨中欧，从西班牙西部的山脉延伸到英格兰诺森伯兰（Northumberland）的岩石露头。古老的海洋入口的形状、月球的潮汐力和地理环境共同创造了理想的条件，使得搁浅的鱼类开始尝试行走。

随着这些深邃而古老的海洋逐渐闭合，超级大陆盘古大陆开始汇聚成形。这些海洋的地壳大部分已经被破坏，但它们消逝的痕迹依然可见。大西洋祖先莱西大洋的闭合，引发了古生代最壮观的造山运动，我们称它们为阿巴拉契亚山脉。

伯恩利用地质学的证据，发展了一种古代测深学（ancient bathymetry）的方法，重建了原始盘古大陆大陆架的深度，以揭示潮水能够上升的高度。在某些地区，潮汐区仅在超级高潮时才会被淹没，这与塔拉瓦的效果相反。拥有这些超高潮区的陆地，如今分布在中国、加拿大东北部、美国、立陶宛、拉脱维亚、爱沙尼亚和伊朗。

伯恩的古潮汐数据与化石记录非常吻合。在这些极端潮汐区从数亿年的沉睡中浮现出来的鱼类形态都反映了肉鳍鱼类和真正的陆地行走者之间的过渡时期。"这里发生了一些特别的事情。"伯恩告诉我。在鱼类时代晚期，像我们一样的陆地行走者和空气呼吸者开始成为主导地球的生物。

○·

所有生命形式，以及地球上所有地方的所有生命，都根据昼夜之间的日常循环进化。月球不稳定的光在这个循环中起着关键作用，科学家们最近才开始理解这是如何发生的。

大多数生物遵循着地球的日月轮回，展现出昼行性的生活节奏。时间生物学家（chronobiologists）致力于研究生物节律如何与这昼夜循环相同步，他们专注于昼夜节律——这一概念源自拉丁语，意为"大约一天"。每个人的细胞内都嵌有一个分子钟，它调控着我们生活

## 第四章 月球与物种起源

的节奏,从新陈代谢到呼吸,再到疲倦的时刻。这样的时钟在每个生命体的细胞中都有其变体。对于众多生物,包括鱼类、树木、青蛙,以及我们人类,太阳的光辉是我们内部时钟的设定者。我们的身体不仅对黎明或黄昏做出响应,内部时钟还能预测这些光暗变化,并做出相应的调整。

我们的时钟能够调整到不同的节律,但这需要一定的时间。想象一下,清晨,阳光洒满大地,万物生机勃勃;夜晚,黑暗笼罩,天地万籁俱静。这种自然的节律,对于任何经历过时差的人来说,都是一次昼夜节律失调的亲身体验。时间生物学家们深入探索了细胞的计时机制,研究生物体是如何适应时间的律动的,以及我们的现代生活方式——从跨越时区的旅行到人造的夜间照明,再到不规律的饮食习惯——是如何干扰这些自然信号,进而打乱我们的生物钟的。

时间生物学家们最近将研究的触角伸向了一种节律——天空中不止一盏灯,我们生物钟的设定方式也不止一种。生命中还有一种月相钟(circalunar clock)。科学家们认为,这种月相钟在动物王国中可能极为普遍,它最初在海洋生物中被发现,而它们,正是我们人类的祖先。

通过阳光和月光来报时,和通过手表和日历来报时没什么两样。正如史前人类所发现的,这两种光源在不同层面上都发挥着它们独特的作用。太阳指挥着我们的日常节奏和季节性的韵律,而月亮,夜空中的银盘,不仅用它的光芒,还通过与地球的磁场和引力的微妙互动,为我们勾勒出月份的轮廓。当生物体巧妙地将这两者融合使用时,它们便能够将自己的生物节律——比如生殖周期——与季节的循环、昼夜的交替甚至小时的变换完美同步。这种同步不仅在动物界中显现，植物界也同样遵循这一规律。无论是在地球的怀抱里、国际空间站的微重力环境中，还是在完全的黑暗的条件下，植物叶片的运动都与太阳和月球的节奏保持一致。

在古代，人类就已经注意到了生命与月球周期之间的联系。亚里士多德，这位古希腊的博学之士，在公元前 350 年撰写的《论动物部分》（On the Parts of Animals）中，便提到了海胆的可食用卵，并观察到这些卵在月球月份中的大小变化。他指出："海胆的习性便可表明这一点：它们一出生就有'卵'，满月时体积增大。并非像有些人想象的那样，这是因为它们此时的食量增多，而是因为夜晚在月光的作用下变得较为温暖。"

他对温度的看法是错误的，但他关于海胆对月光做出反应的看法是正确的。而且海胆远非唯一的例子。在北极的冬天，当太阳不会升起在地平线以上，但满月可见 4 天或更长时间时，浮游动物会根据月光集体下沉和上升到海洋表面。从鱼类到珊瑚，无数其他海洋物种的交配、进食和产卵，都会与月球的相位同步。

在世界各地的珊瑚礁上，从大堡礁到红海中部，珊瑚会根据满月的出现来安排它们的交配舞会。只有在满月照耀它们之后，它们才会在午夜的幻影中，释放出珍珠般的精子和卵子，生物学家奥伦·利维（Oren Levy）将其描述为"地球上最伟大的狂欢"。

利维是一位以色列珊瑚研究人员，他在巴伊兰大学（Bar-Ilan University）的实验室里用水箱培育珊瑚，以研究它们的产卵行为以及它们如何应对光污染而变化，光污染会干扰月球的信号。当他不亲手培育珊瑚时，利维会去一个位于以色列 – 约旦边境的以色列度假小镇埃拉特（Eilat），戴上潜水用具潜到红海的珊瑚礁旁。这是

## 第四章　月球与物种起源

世界上最北端的热带珊瑚礁,那里的珊瑚已经暴露在开发、污染和人造光源下数千年。然而,它们的生命韵律仍然以月球为指南。

"我们谈论的是一种没有眼睛的生物。它仍然可以将这种行为与月球的周期同步。"他告诉我。

珊瑚虫,这些微小的动物,在繁殖季节,会在体内生成精卵苞,当精卵苞成熟时,珊瑚虫会将这些苞排出体外,附着在体表,就像快递包裹一样,等待投递。然后在某一刻,每一个珊瑚虫都会瞬间同时释放出它的精子和卵子,这是地球上最壮观的同步事件之一。无数种子朝着月球的光芒漂浮而上,犹如一场粉红色的风暴。许多种子将在旅途中迷失,成为鱼类和其他大型动物的食物。但是一些珊瑚精子和卵子会结合,孵化成新的珊瑚幼虫,它们会随着潮汐漂浮,直到找到一个坚硬的表面,然后附着在那里,并建立一个新的城市。

海洋的温度、风和阳光强度设定了产卵的月份。但是月球及其光芒设定了日子和时间。珊瑚虫必须在同一时间释放它们的"包裹",才有形成新珊瑚的机会。随着全球珊瑚遭遇大规模白化事件[a]和气候变化的其他破坏,这种由月球主导的交配舞蹈可能比以往任何时候都更加重要。新一代的珊瑚将需要月球的帮助重新在它们祖先建造的珊瑚礁上生存和繁殖。当你下一次漫步在满月下,目睹那乳白色的光辉洒落在树木、草地和建筑之上时,请想象在这颗星球的海洋深处,同样的夜晚正上演着怎样的生命奇迹。无数生物在银色月光的指引下,悄然诞生,它们的生命故事,随着月球的周期而展开。

对于许多生物来说,月球和太阳一样,是一个至关重要的"授时因子"(zeitgeber,这个词是从德语借来的,因为英语中没有类似

---

[a] 珊瑚白化事件是指珊瑚在受到环境压力时,排出体内共生的藻类,导致珊瑚失去颜色,变成白色的现象。——译者注

"时间给予者"意思的词汇）。不过，直到最近，时间生物学家才开始解开它是如何运作的。通过月球来判断时间的能力有遗传基础，这可能可以追溯到基因的起源，也就是生命的起源。

2013年，时间生物学家在一种海洋蠕虫和一种海虱中发现了第一个与昼夜节律钟不同的遗传"月相钟"的证据。斑点海虱（Eurydice pulchra）是一种三分之一英寸大小的小型甲壳动物，与螃蟹和龙虾同属于节肢动物门软甲纲。它生活在潮间带，潮水退去时会钻入沙子中，并变黑以保护自己免受太阳辐射的伤害。它使用一种特殊类型的细胞——色素细胞来产生颜色，就像章鱼等头足类动物用来产生伪装的细胞一样。海虱能够感知光，包括月球提供的光谱照明，就像你的眼睛一样容易。已知海虱有两种内部时间表，一种由太阳控制，另一种显然与潮汐有关。但直到最近，科学家们还不确定潮汐钟是否源自昼夜节律钟——例如，简单地将其切成两半，形成一个每12.4小时运行一次的潮汐"钟"。但事实证明，海虱有一个独特的潮汐钟，它与任何源自太阳的节律分开运行。它比简单地将一天切成两半要复杂得多。

在威尔士岛屿的海滩上，英国科学家们采集了海虱，并在实验室的水箱中对它们进行了细致的观察。这些水箱模拟了自然界的明暗变化，让海虱在恒定的黑暗或持续的光照条件下生活。科学家们特别关注了那些在昼夜节律中起着关键作用的基因，他们通过敲除或抑制这些基因，来探究海虱的行为变化。实验结果显示，即使在抑制了昼夜节律基因的情况下，海虱仍然保持着每12.4小时游泳一次的模式，这表明月球节律是一个独立于昼夜节律的系统。在随后的研究中，海洋生物学家们在牡蛎、蜷曲甲壳类动物逗号虾（comma shrimp）以及红树林蟋蟀（mangrove cricket）等多种海洋生物中发现了类似的分子潮汐钟。

## 第四章 月球与物种起源

使用新的测序技术,像克里斯汀·特斯玛-雷布尔(Kristin Tessmar-Raible)这样的生物学家开始了解动物是如何做到这一点的。特斯玛-雷布尔研究一种叫作杜氏阔沙蚕(Platynereis dumerilii)的海洋环节动物,它可能拥有迄今为止研究过的最先进的月球钟之一。这种蠕虫根据太阳的节奏,晚上出来觅食。但它的产卵周期只跟随月球。这种蠕虫使用两种方法来调节月球钟。它们的"大脑"中有对光敏感的神经元,以及一组时钟基因,与在包括你在内的脊椎动物中发现的基因相关。但是蠕虫的遗传钟按照月球时间运行。

"当我们预约去做某件事时,我们不仅告诉他人时间,我们还需要告诉他们日期。我们混合了两个计时系统,这些生物基本上也在做这样的事情。"特斯玛-雷布尔告诉我,"这背后没有巫术。我们有一个内部的昼夜节律钟。为什么动物或其他生物不应该也有一个日历系统呢?"

在特斯玛-雷布尔职业生涯的早期,她曾阅读过从前德国生物学家关于生物节律的文献,那份震撼至今犹存——任何人都能感知到动物生活中月球节奏的奇妙,而且,这种节奏竟然能在实验室里得以模拟与控制。随后,在一次海洋生态学的学术会议上,她向在场的海洋生物学家们提及了这一发现。她回忆道,他们只是用一种意味深长的目光回应她:"他们说,'是的,当然。你难道没听说过著名的珊瑚案例吗?这样的现象无处不在'。"

古人也知道这一点,尽管出于不同的原因。亚里士多德知道海胆会随着月球而膨胀,因为渔民们已经了解到贻贝、海胆和一些甲壳动物在它们的生殖腺肿胀、准备繁殖时会更大,也更值钱。如果你切开一只新鲜捕获的螃蟹,它的生殖器官会根据月球的相位而变大或变小。

这些动物确实有它们保持这种日历的实际原因。例如,一种名为海滨摇蚊（Clunio marinus）的海洋蚋，它生活在欧洲大西洋沿岸，科学家们已经对其时间生物学进行了多年的研究。这种蚋像其他昆虫一样进行交配，雄性使雌性之前产下的卵受精。由于它们需要等待极低的潮汐来确保卵的安全，它们进化出了能够注意月球相位的能力，以预测潮汐的涨落。雌性会在新月或满月时，在潮间带的最低水平产卵，那时潮汐最弱。珊瑚也有类似的同步行为，它们通过感知月光的神经元来同步它们的繁殖周期，它们甚至拥有与月亮盈亏周期同步激活的基因。

月光的轻柔照耀包含着古老的节律，对于陆地上的生物也有重要的意义，动物和植物王国的活动模式与月球的周期息息相关。在满月的夜晚，一些猫头鹰会变得更加健谈，它们的捕猎成功率也有所提高。特别是那些身着白色羽毛的仓鸮，当它在满月下带着一道白光猛扑下来的时候，会把它们的猎物吓呆，从而被轻易抓走。

蚁蛉幼虫被称为蚁狮（Antlion），因其在土壤中"创作"旋涡状图案而被戏称为"涂鸦虫"，它们精心构建漏斗形陷阱来捕食昆虫。这些小小的工程师每天都会重建它们的陷阱，而在满月和新月期间，它们的工程会变得更加宏伟。即使在没有自然月光指引的实验室条件下，蚁狮依然能够根据月球周期辛勤建设，尽管一段时间后这种模式会逐渐消失。

这甚至可能适用于植物王国。

一位名叫彼得·巴洛（Peter Barlow）的苏格兰科学家在他的职业生涯中大部分时间都在研究温室、国际空间站、完全黑暗和其他非常环境中植物叶片的运动模式。他研究了薄荷幼苗的运动，发现叶片会受到月光的影响，还会被月球引力所左右。植物知道月球在它的上空周游。

## 第四章 月球与物种起源

2008年，巴洛首次证明，豆芽幼苗叶片的运动与振荡的月球潮汐相关。比如说，在早上，豆芽幼苗的叶片可能直指上方；在晚上，它们可能水平放置。巴洛展示了豆芽幼苗叶片运动、昼夜之间的24小时周期和6.2小时的潮汐周期之间的关系。正如巴洛自己所写的，这不是黑魔法；相反，植物和月球一定处于某种形式的持续交流中，当月球绕地球旋转时，植物会对引力变化的情况做出反应。

在这项发现之后，巴洛致力于研究月球影响植物生命的多种方式。他发现植物根系的生长速度与潮汐现象有关——植物根系的生长速度呈现出大约24.8小时的变化周期，这与月球潮汐周期相吻合。此外，他还观察到树木茎直径和电位的日变化，这些变化与植物光合作用的能力息息相关。巴洛的研究表明，这些日变化同样受到月球潮汐的影响，暗示着树木内部可能存在着对潮汐力的敏感性。

巴洛将他的实验扩展至了太空。在他2015年发表的研究论文中，巴洛和他的同事指出，拟南芥这种模式植物的幼苗在国际空间站生长时，竟然对月球的潮汐力有所反应。国际空间站以大约90分钟的周期绕地球一周，这意味着植物每90分钟就会经历两次月球潮汐的高低变化。在光照条件下，宇航员观察到植物叶片的运动呈现出45分钟和90分钟的变化周期。而在黑暗环境中，排除了光周期的影响，植物依然展现出45分钟、90分钟和135分钟的运动变化，其精确度堪比时钟。这表明，即使在地球之外，植物依然能够感知月球的引力影响，这一发现对于未来在月球或其他星球上种植植物提供了新的视角和可能性。尽管如此，植物如何在月球上生长，以及这对未来的太空探索和定居点建设意味着什么，目前还不太清楚。

笨重的、有肩的鱼；被月光迷住的珊瑚；斑点海虱；甚至薄荷叶都进化到在不断变化的月球影响下生活，它们的进化受到潮汐的涨落和天空中光芒的塑造。不过，月球的影响并不止于此。月相钟在如此多物种中的存在表明，这些钟可能在行走的鱼之前进化，即在动物和植物征服陆地之前。观察月球可能是进化工具包中最古老的工具之一。

☽

在我们穿越时间的旅程中，我们观察了忒伊亚的撞击、由此产生的辛涅西亚、地球的冥古宙以及泥盆纪一个阳光明媚的下午。现在快进到那之后的4亿年的一个星期二。我们仍然靠近地球的赤道。天气晴朗温暖，冰川已经开始消退。这是我们的30万年前。

在这个时候，智人（Homo sapiens），一种喜欢用两条可用的肢体行走的灵长类动物，已经出现在了赤道非洲的更新世草原[a]。这种新进化的、能力很强的动物，群居并共同劳动，并注意到月球的节律。就像我们之前的鱼类亲属一样，古代人类知道潮汐会在一天中改变海岸线的外观。他们知道这将帮助他们狩猎，并且他们在亚里士多德写下关于海胆的任何文字之前很久，就掌握了他们猎物的习性。早期人类发现月球及其潮汐将帮助他们穿越海洋，到达遥远的海岸。

已知的最古老的人类定居点留下的一些文物，散布在非洲、印度尼西亚和欧洲。在许多图腾和护身符中，早期人类显然开始将月球和地球置于同样位置，他们把月亮的相位刻在骨头和石头上，并描绘在洞穴的墙壁上作为装饰。

在20世纪60年代初的阿波罗计划期间，一位名叫亚历山大·马沙克（Alexander Marshack）的记者开始寻找关于月球的最早肖像，试图理解人类文化是如何在登月计划中达到高潮的。他在满是灰尘

---

[a] 更新世，地质学术语，是指第四纪的第一个世，时间跨度约为180万年至1万年。——译者注

## 第四章 月球与物种起源

的文件柜中翻查,里面装满了陈旧的考古档案,包括史前人类刻蚀的骨头和岩石。这项工程是巨大的,他不知道从哪里入手,所以有一天,在法国圣日耳曼昂莱(Saint-Germain-en-Laye)的法国国家古物博物馆筛选收藏品时,马沙克决定只限于一个柜子。

他走到主展厅的第一个柜子前,打开了抽屉。柜子的左上角始于奥瑞纳文化(Aurignacian culture)时期[a],代表了大约3.2万年前在欧洲兴起的一种文化,右下角在马格德林(Magdalenian)文化时期[b]达到高潮,大约在1.2万年前结束。"那么,这是人类近2万年标记的一个公平样本。"马沙克在他的书《文明的根源》(The Roots of Civilization)中写道。他从左上角开始,轻轻地拿起骨头碎片和岩石。他很快就拿到了一小块光滑的卵形鹿角。它于1912年在法国多尔多涅地区(Dordogne region)的一个名为阿布利布朗夏尔(Abri Blanchard)的史前定居点出土。

马沙克戴上一个1.5美元买来的珠宝商用的放大镜,眯着眼看那块骨头。它的主要表面有一些坑洞,有些像逗号或撇号一样呈弧形,有些是圆形的。坑洞沿着表面延续出一条漫长而蜿蜒的图案,像一条蜿蜒的溪流或一条盘绕的蛇。马沙克转动手中的骨头碎片,敏锐地感觉到一些逗号是从右到左弧形,另一些是从左到右弧形,并意识到它们是连续的——他看到了月球的相位。

"长久以来我都在思考盈亏月(waxing and waning Moon),一直在观察天空中月亮的相位变化。"他写道,"所以我现在对这个奇怪的、蜿蜒的图形一点儿也不陌生。"

他认为这块骨头是记录月相的一种形式,始于新月附近,止于

---

[a] 是旧石器时代晚期的重要文化阶段,这一时期以先进的工具制作技术著称。——译者注
[b] 是欧洲旧石器时代晚期的一个重要文化阶段,这一时期的文化以其独特的艺术和武器技术而闻名。主要分布在法国南部、西班牙北部以及向北延伸至英国和向东扩展到瑞士等地区。——译者注

下一轮新月重新出现。在马沙克看来，作品的目的是明确的：这是一个便携日历，是猎人在路上跟随野牛、猛犸象或鹿群时记录时间的一种方式。它是在 3.2 万年前雕刻的。

布朗夏尔骨头仍然存在争议，部分原因是马沙克，正如他自己欣然承认的那样，在他的分析中做了很多假设。更重要的是，由于当时粗糙的工具和骨头雕刻者在多云的夜晚可能错过几个月亮的可能性，逗号标记是不完美的。但马沙克继续发现了许多其他所谓的月球日历，并发表了若干关于早期人类天文思维的学术论文和书籍。

在马沙克眼里，月球记录保存系统的想法不仅仅是一个人类学的奇迹。它成了一个更广泛的关于史前人类及其原始人类亲属认知能力的争论的基础。他认为，冰河时代的人类比科学家们想象的要先进得多。逗号形状的骨头蚀刻和洞穴墙壁上的石刻不仅代表了月球及其周期，而且表明月球使古代人类能够推断时间。记录时间的流逝使人们能够将自然世界的周期与他们生活的周期联系起来。

法国多尔多涅地区发现的洞穴艺术强调了这一点。浮雕劳塞尔的维纳斯（The Venus of Laussel），被认为代表了人类生育能力与月球周期之间的联系。这个人物大约雕刻于 2.7 万年前，描绘了一个长发的丰满女人。她的左手放在腹部，右臂抬起，握着一个刻有十三个缺口的野牛角。她的脸似乎转向了牛角。这个牛角可能代表太阳年中恒星月或月球周期的数量——碰巧与一个太阳年中女性的月经周期次数大致相同。

人类女性体内化学物质的盛衰决定了她是否会怀孕，尽管生育产业综合体进行了半个世纪的研究，但人们对这些化学物质，尤其是与其他生化过程相关的化学物质的盛衰机制仍然知之甚少。月球可能曾经引导过这个周期，尤其是在很久以前，当我们像猿一样的祖先开始群居并跟随猎物时。在当今这个夜间普遍存在有害的人造

## 第四章 月球与物种起源

光源的时代,月球对我们的影响还不太清楚。但即使是最新的证据也表明,创造新人类的过程与月球的力量存在关联。

我们知道普通女性的月经周期平均为 28 天,而连满月之间的时间间隔为 29.5 天。而且这种同步性不仅限于我们,猩猩和大猩猩也遵循 28 天至 30 天的周期,其雌激素的产生、体温的变化和排卵的时间与月相周期相同。

尽管机制尚不清楚,但这种联系可能并非巧合。想象一个原始智人部落生活在草原上的洞穴和简陋的庇护所中,女性,尤其是那些哺乳期的女性,会待在家附近,就近寻找坚果和浆果,男性会外出几天去狩猎。在满月时,太阳落山后的许多小时内,开阔的乡村都很明亮——这是旅行或狩猎夜间猎物的好时机。"我们的史前祖先需要他们能得到的所有光照时间。"科尔盖特大学(Colgate University)人类学和天文学荣誉退休教授安东尼·阿韦尼(Anthony Aveni)告诉我。

另外,在新月时,夜晚非常黑暗,所以男性可能会待在家里,也许会和女性在床上。因此,在新月阶段排卵的女性更有可能怀孕。在进化过程中,我们身体的起搏器可能确实与月球的周期同步,但现代研究才刚刚开始阐明这是如何发生的。

2020 年,德国维尔茨堡尤利乌斯-马克西米利安大学(Julius-Maximilians Universität Würzburg in Germany)的夏洛特·赫尔弗里希-福斯特(Charlotte Helfrich-Förster)和她的同事研究了 22 名女性长达 32 年的月经周期。她告诉我,如果有的话,她预计会发现与月球周期的弱相关性,但她发现了相反的结果。月球周期强烈影响月经,一些女性在满月的时候开始月经。这意味着对一些女性来说,她们最容易受孕的时间，也就是接近排卵期的时间，是在两周后，也就是新月。在新月时也有一个高峰。

有两名参与者经常报告月经周期比较短暂，比阴历 29 天的周期短几天。不过在她们即将怀孕的时候，月经周期有所延长，且与月亮周期一致。赫尔弗里希－福斯特表示，她目前还不能解释其中原因，但似乎与朔望月同步可能会给她们的生育带来一些好处。她还认为这也可能是引力的作用，因为当月球离地球更近时，一些女性的月经周期与月球的契合度更强。

这项研究也面临通常的质疑，包括它的样本只有几十个人。但仔细研究赫尔弗里希－福斯特的数据集，我发现月球信号是明确无误的。

"当你考虑到所有涉及的因素时，你能发现的一个事实是这里有某种东西存在的信号。"布朗大学（Brown University）的睡眠科学家凯瑟琳·夏基（Katherine Sharkey）告诉我，"为什么我们不会受到这些节奏的影响？这是非常基本的原理：如果你是一条变形虫，不要在中午繁殖，因为你会干枯。你必须能够调整你的生殖行为。"

追溯到 2 万年前的洞穴艺术作品表明，当时的人们可能甚至已经弄清楚了月球周期与生育能力之间的联系。根据德国科学史学家和天文学家迈克尔·拉彭格鲁克（Michael Rappenglück）的分析，当时的人们已经可以使用月球和星星来计划他们的怀孕。这将是一种比赫尔弗里希－福斯特观察到的纯生物学更有益的生育意识。自史前时代以来，星星在黎明时的升起和落下，称为偕日升（Heliacal rise）[a]，一直被用来标记季节。根据拉彭格鲁克的说法，结合月球的周期，观星可能是一种有效的计划生育形式。一个女人可能会记

---

[a] 指某个天体（如恒星或行星）在一段时间内被太阳的光芒遮蔽后，首次在黎明前的东方地平线上出现的现象。——译者注

## 第四章 月球与物种起源

录她的月经，以便识别最接近猎户座肩部明亮的参宿四星黎明升起的满月周期。如果她在那个时期后怀孕，她将于星星在黎明落下时分娩。这意味着她的分娩将发生在春天——在严酷的冬天之后——那时哺乳期的母亲和她的婴儿有更丰富的食物。

我们无法回到马格德林时代去问母亲们是否使用这种形式计划生育，但我们确切地知道，对于许多动物来说，包括进行地球上最大规模迁徙的动物来说，这种刻意的季节性同步是真实的。

每年在毗邻坦桑尼亚和肯尼亚的古老草原塞伦盖蒂(Serengeti)，大约有170万头角马顺时针从北向南移动，然后再返回。单寻觅水草的兽群就绵延了500多英里，途中有近25万头死亡。1月和2月，这些动物在塞伦盖蒂南部的南半球夏季短促的3周时间内，产下将近50万头幼崽。在这个窗口之外出生的新角马，几乎无一幸存——它们将成为鳄鱼和狮子等捕食者的盘中餐，这些捕食者跟随兽群进行壮观的迁徙。在合适的时间出生的幼崽会长得足够强壮，在三个月大的时候就能完成艰难的旅程。

为了使幼角马大量出生，它们的母亲也必须成群交配，确保在同一时间受孕。科学家们一直在努力确定这些日期的准确窗口，不过估计的受孕时间显然总是在4月和5月之间——在由两个连续的满月确定的时间窗口内，紧随南半球的秋分之后。

值得注意的是，在塞伦盖蒂所在的赤道附近，盈亏的月亮将是一个强大的光源。角马似乎就像人类一样，与天空中可靠的时钟同步它们的生活。

☽

月球在生命起源与进化中扮演了重要角色，其引力作用可能影响了我们的早期生物学习性及生存节律。它的定期出现和消失肯定主导了我们开始计时的方式，而且月球肯定主宰了早期人类的心灵。

人类长期以来一直认为月球会影响我们。"lunacy"（疯狂）和"lunatic"（疯子）这两个词就源于此。[a] 几千年来，医生们声称月球会影响生物学习性，希波克拉底（Hippocrates）本人写道："任何不了解天文学科学的医生都不应被委托治疗疾病。"在20世纪90年代，一项调查显示，大约81%的心理健康专业人士认为满月会改变行为。人们通常与满月相关联的许多变化——古怪的行为、犯罪增加、普遍的"疯狂"——都无法被证明。但是，尽管流行病学很难，但实际上在月球相位和人类活动之间存在一些相关性，从失眠到躁狂。众所周知，满月会减少成人和儿童的睡眠，这会使一些古怪的行为更有可能发生。谁在睡眠不足后不会脾气暴躁呢？出于没有人能完全弄清楚的原因，在某些月相时，心血管问题和一些出血情况的住院治疗会增加。2017年的一项研究显示，尽管月球引力的变化会非常小，但即使对脑动脉瘤薄壁的微小影响也可能改变破裂模式。月球可能在人体血液流动中发挥作用，尽管作用很小。关于这个主题的传闻比同行评审的研究更广泛。在满月前后走进任何一家医院，你都会注意到这种相关性。

除了影响身体健康外，也可以见得月球对心理健康的影响。

自从所谓的疯人院时代[b]以来，心理学已经取得了很大的进步。满月会使一些人行为乖张，或在满月期间不宜从事某些活动的观点，被大多数科学家所嗤之以鼻。但是有一些新的证据表明，月球的相位和人类行为之间实际上存在关系。2018年，有德国科学家指出，

---

[a] 前缀"lun-"源自拉丁语名词"luna"，意为"月亮"。在英语中，这个词根被广泛用于表示与月亮相关的概念。——译者注

[b] "疯人院时代"主要是指17世纪欧洲包括心理疾病患者、残疾人、罪犯和游民等，被禁闭在疯人院等机构中的时期。这一时期，社会对精神疾病和社会异常行为的认知主要通过医疗和社会制度来解决，而非通过现代社会更为理解和人文的方法。当时，精神疾病被视作生理疾病，医师主要通过药物治疗来处理，而对精神疾病的理解主要受限于当时的社会认知和人际关系等社会脉络。——译者注

在一些双相情感障碍患者中，从抑郁到躁狂的转变与朔望月 29.5 天的周期相吻合。一名患者的躁狂发作激增是因为患者的觉醒和睡眠周期与潮汐节律同步，而不是与昼夜节律同步。

祸首可能是睡眠中断。我们已经知道月球周期会通过光和一种明显的引力效应影响睡眠，科学家仍然不确定如何解释这种引力效应。在 2013 年的一项重要研究中，研究人员在一个睡眠实验室对志愿者进行研究，把他们在夜间与人工光源隔离。志愿者没有被告知这项研究的目的是寻找任何与月球相关的影响。研究人员发现，在满月前后，与深度睡眠相关的大脑活动减少了 30%，总睡眠减少了 20 分钟，人们平均需要多花 5 分钟才能入睡。这项研究是第一个可靠的实验室证据，表明即使不考虑月光，月球引力也可以调节人类的睡眠。

月球对人类有许多潜在的影响，在早期史前时代和现在都是如此。但它对人类意识的影响可以说更为深远。

考古天文学家（archaeoastronomer）认为，月球在早期人类思维复杂化过程中起到了重要作用。在旧石器时代及青铜时代，月亮的象征意义可能使人类能够理解或至少与那些神秘的概念产生联系，如生成、出生、消失、死亡、复活、更新和永恒。新月的银色弯月象征着可能性和生育力，而清晨的琥珀色残月则可以代表结束或逐渐归于虚无。

古人跟随太阳和季节，但他们也注意到了月球的相位和更长期的运动。它作为每日、每月甚至季节性计时器的效用是无与伦比的。

"你想用太阳来计时，如果超过一天，你的手指就不够用了。"考古天文学家阿韦尼（Aveni）说，"但是如果我告诉你，'我们在下一个上弦月会面'，这是用几周来标记时间的一种简单方法。我们可以说当我们看到西边的第一个新月时，我们可以说当月亮消失时，我们可以说满月，而且不会相差超过一天。"

考古学家们争论以古代夜空为主题的雕刻和图像是为了计时目的而创建的，还是为了艺术的缘故，或者是为了我们只能猜测的更高级的仪式用途。但很明显的是，这些主题无论在时间上还是在空间上的跨度都相当大，而且反复出现。

旧石器时代的欧洲和地中海，许多人崇拜（或至少经常描绘）公牛，在后来的世界各地的文化中，公牛的角代表了月亮。拉斯科洞穴（Lascaux Cave）的绘画可以追溯到1.7万年前，以其对马和公牛的动人描绘而闻名。弯曲的动物覆盖了洞穴的墙壁和天花板，还有可能代表星星和月亮的点。在洞穴入口之外，经过一个叫作公牛大厅的区域，游客进入一个死胡同通道，称为轴向画廊。一群红色的原牛——一种灭绝的牛——头靠头站在一起。一只巨大的黑色公牛站在它们对面。在画廊的对面，一匹怀孕的马在一排26个黑点上方飞奔。母马正朝着一只巨大的雄鹿跑去，雄鹿的前腿被另外13个均匀间隔的点遮住了。点和破折号伴随着拉斯科和其他洞穴中的动物，从法国的肖维岩洞（Chauvet）到西班牙的阿尔塔米拉洞穴（Altamira）。

一些人类学家认为，动物和它们伴随的符号可能是在代表季节。在欧洲，牛在春天产犊，马在春末产驹和交配。鹿的发情期在初秋，野生山羊的一种——羱羊——在冬至前后交配。一些考古学家认为，在拉斯科，13个点描绘了月球周期的满月，26个点可能代表恒星月，大约是月球相对于星星绕地球运行所需的时间。

总的来说，动物和点可能代表了迈向原始日历系统的第一步，也许是为了传达关于猎物的季节性信息。

但这些早期的月球计时联想仍然缺乏对月球的明确表达。它们只是从生物计时系统向文明计时系统迈出的第一步。直到更新世的

## 第四章 月球与物种起源

冰河时代之后,早期人类才开始将月球在用作时间标记的同时,也用作描述。要做到这一点,他们需要一些更人性化的东西,也许比他们细胞里的月球节律更神秘。他们需要的不仅仅是一块刻着逗号的骨头碎片。

我们的祖先,从那些在低潮时被搁浅的漫步鱼类起步,已经走过了漫长的进化之路。如今,我们不仅需要工具来捕猎那些在海洋中游弋的鱼类表亲,以维持我们日益壮大的社群,更需要一种方法来管理我们的时间,让我们能够有序地规划和征服每一个瞬间,真正接管世界。

我们的先人们发现,通过将时间划分为周和月,而非仅仅按天计算,他们能够更有效地提前规划。这种基于自然规律的时间管理方式,使得人们能够精确地商定收获、狩猎、举行仪式、盛宴、屠宰牲畜乃至发动战争的最佳时机。正是这种对时间的精准把握,催生了第一个社会结构和第一个有文字记载的文明。而这一切的实现,都离不开我们夜空中那明亮的向导——月球。它以它那不变的周期性,指引着我们的祖先,帮助他们标记时间,规划未来。

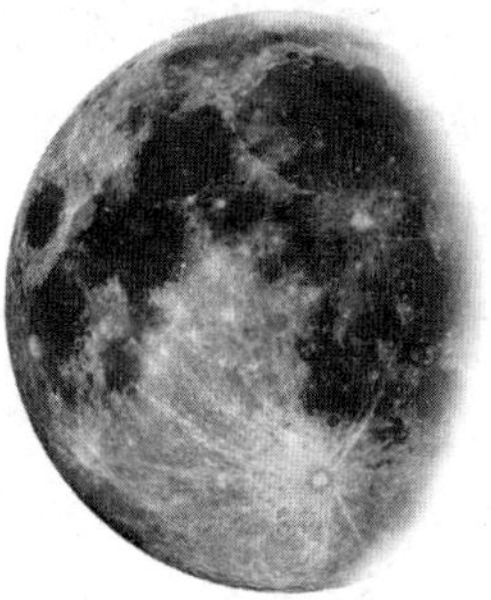

## The Beginning of Time

# 第五章　在时间的起点

　　希拉里·默里（Hilary Murray）俯身在厨房的桌子上，用一支绿色的荧光笔在她展开的地图上仔细地勾勒出我们那天的路线。她特别标记了那些古老的石圈，这些史前遗迹在地图上或许只是微小的点，但对于希拉里和查理·默里（Charles Murray）来说，它们却是无价之宝。她用铅笔轻轻地在地图上标注了克拉瑟斯堡（Crathes Castle）的位置。这座城堡建于16世纪，土地是罗伯特·布鲁斯（Robert Bruce）在1323年捐赠的。在地图上，它可能只是一个不起眼的小点，但对于这两位对苏格兰历史充满热情的考古学家来说，城堡及其周边地区无疑是该国最重要的历史遗址之一。根据不同的解读，这里甚至可能是世界上最具意义的遗址之一。

　　在棕褐色的城堡建筑旁边，越过精心修剪的树篱和优雅的花园，有一片平凡的草地，边缘是柳树和桤木。在草地下，有12个沉没的坑，是1万年前由石器时代的狩猎采集者挖掘的。它们被时间和草掩埋，直到1976年的干旱夏季才使它们从土壤中显露出来——考古学家戈登·马克斯韦尔（Gordon Maxwell）从一架小型飞机上发现了它们。

马克斯韦尔和其他人正在承担苏格兰古代和历史遗迹皇家委员会（Ancient and Historical Monuments of Scotland）的一项调查，目的在于查看阿伯丁郡（Aberdeenshire）干旱的土地上有没有什么情况发生。马克斯韦尔注意到了迪河（River Dee）河谷的一个奇怪褶皱，在一片靠近克拉瑟斯堡的冰川雕刻过的田野里，他拍了几张黑白照片。

冲洗出来的照片显示，被称为沃伦菲尔德（Warren Field）的空地上有现代犁沟，而在它们下面，是一组醒目的神秘形状：两个厚厚的矩形阴影，似乎是被埋在地下的山脊，更奇怪的是，有一长串坑，从西南向东北延伸。马克斯韦尔和他的同事们在一本名为《航空考古学》（Aerial Archaeology）的杂志上披露了他们的发现。在成熟的作物下面的"山脊"被解释为一个大的木质建筑大厅的遗迹，在一个遍布新石器时代人类遗迹的国家，这虽然有趣，但并不引人注目。不过，坑的排列无法解释。

同年，查理·默里开始在阿伯丁市（city of Aberdeen）担任专职考古学家4年后，希拉里也加入了这个部门。在接下来的几十年里，这对夫妇努力记录该地区旧石器时代和新石器时代文物和废墟，经常在开发商宣布新建筑和道路计划时被召去服务。当他们开着蓝色的标致车带我穿过阿伯丁时，希拉里不停地指出过去的发掘地点。但直到2006年，这对夫妇才发掘了沃伦菲尔德奇怪的坑队列。

默里夫妇出生在爱尔兰，现在在他们的牧羊场处于半退休状态，他们偶尔去格拉斯哥（Glasgow）和澳大利亚与孙辈见面，此外则利用间歇时间承担新的发掘工作。希拉里有着一头橙色的头发，纯正的爱尔兰口音和犀利的目光，但在表面之下是一颗善良又丰盈的内心。查理头发灰白，有点关节炎，因而脚步缓慢，他和我所见过的

## 第五章 在时间的起点

所有人一样,脸上常挂笑容。他们厨房桌子后面的墙上贴满了家庭照片:查理和一个可能当时一岁的孙子开心地笑着;希拉里怀里抱着一个婴儿微笑;一片开满金色的花的田野和羊;家人在查理生日那天在意大利托斯卡纳(Tuscany)的阳台上摆姿势。

即使在半退休状态下,默里夫妇也坚持辛勤劳作,从不懈怠。他们黎明即起,巡查羊舍,打理羔羊,这是他们祖先和我自己的祖先几个世纪以来从事的劳动;他们把土豆捣碎,然后和上黄油和面粉,烤出喷香金黄的土豆饼;他们上山,进入树林,只是为了散步。希拉里带我穿过他们的房子,来到一个山顶,那里有和沃伦菲尔德一样的柳树和桤木丛。她扔出一根棍子,让她的边牧班卓(Banjo)叼回来,在和牧羊犬逗乐的同时,顺便检查一下獾的窝。默里夫妇邀请我去看迪河河口和那里的海豹群,所以我们开车去了附近的一个游客中心,然后直接穿过一片金雀花丛。这是一种带刺的常绿灌木,开有黄色的花朵,散发着椰子香味,娇艳欲滴。金雀花粘在我的外套和头发上,希拉里和查理双双抢先我一步到达海滩。

默里夫妇勤劳、幽默、热情、敏锐,经过整整一个周末同游阿伯丁郡平缓的山丘,我感觉自己成了他们的家人。回到厨房,希拉里把头发从脸上撩开,凝视着地图,向我展示了我们穿过阿伯丁,回到过去的路线。

○·

2004年,希拉里和查理被雇来挖掘沃伦菲尔德被埋藏的历史,以便苏格兰国家信托当局决定如何保护这个遗址。希拉里的博士的研究方向是维京时代的木结构建筑,所以她习惯于处理复杂的挖掘工作,这些挖掘工作涉及多种用途的结构。正如航拍照片所示,默里夫妇和他们的团队发现了大约对应于公元前3800年的80英尺长、30英尺宽的新石器时代的一座木质建筑大厅的遗迹。这座建筑包含谷物的痕迹，这意味着它在畜牧业和农业的初期被使用。默里夫妇仔细挖掘了这些建筑的遗迹，包括墙壁柱子和屋顶支撑的碎片。他们收集了灰烬和烧焦的木片，以检查其中残留多少碳-14。默里夫妇通过比较木片中的碳-14含量来确定样本的年龄；某物越老，可检测到的碳-14就越少。就像氧同位素告诉我们关于地球、月球和其他岩石星球的形成一样。默里夫妇的碳定年方法考证出了大厅的年龄和使用时间。

然后他们转向附近的坑队列，两者之间的联系尚不清楚。但正如默里夫妇告诉我的，建造木质建筑大厅的人，肯定知道他们的祖先几个世纪前挖掘的一系列被埋没的洞穴。

遥想当年，成群的人们同心协力，把巨大的木梁抬到位，也一定对附近挖掘出的坑有一些想法。他们肯定知道这片田野是一个重要的地方，尽管他们可能不知其所以然。随着岁月的流逝，坑队列的起源故事可能已经被纳入创世神话、祖先的故事和迷失在时间中的神话生物的故事中。

在苏格兰，几乎不可能不想起这些消失的人和他们的故事。这是一个充满传奇的国家。国家动物吉祥物是独角兽。风吹过的阿伯丁郡似乎到处是鬼魂在游荡。参观克拉瑟斯堡的游客对头顶上巨大的、精心修剪的18世纪紫杉树篱感到惊讶，他们喜欢参观城堡、乘坐滑索和其他旅游活动。但在修剪整齐的花园和来访的士绅中间，一种对古道古物的粗浅认识像影子一样跟随着我。它也跟随查理，无论他和希拉里走到哪里。"我觉得城堡很无聊。它对我来说太新了。我喜欢更古老的。"他说，半开玩笑。这座城堡建于公元16世纪，木质建筑大厅的时代比这远三倍，就像X世代与基督时代一样遥远。

正如默里夫妇所认定的，这些坑非常的古老，可以追溯到公元前8200至公元前1.02万年前。它们被使用的时间也比大厅长得多。

## 第五章　在时间的起点 ☽

这些坑称得上巨大，其中许多坑宽 8 英尺，深 5 英尺。人们用鹿角、肩胛骨和木头制成的铲子挖掘它们，这可不是轻松活儿。尽管建造者工作很细心，但偶尔坑还是会塌陷，泥土会覆盖灰烬和花粉的沉积物。过了一段时间，人们会再次挖掘这些坑，直到更多的废土落入其中。这种模式持续了 2000 年。

这是一个了不起的时间跨度。很少有建筑能延续这么长时间——想想中国的长城，大约有着 2300 年的历史；罗马斗兽场大约有 1950 年的历史；巴黎圣母院有 860 年的历史——在我去苏格兰的那一周，在一场毁灭性的大火中失去了它的尖顶。现在想象一下，一个纪念碑比巴黎著名的教堂还要长十倍以上的时间。沃伦菲尔德的坑甚至比巨石阵还要早 5000 年，巨石阵是一个更著名的天文纪念碑，耸立在阿伯丁以南 500 英里的英格兰索尔兹伯里平原（Salisbury Plain）上。*

希拉里告诉我，这些坑被挖掘和重新挖掘了这么长时间，证明了它们的重要性。她和查理都是谨慎的科学家，关于坑的意义的结论他们犹豫不决——这将留给另一位景观考古学家——但他们都同意这些坑意味着一些重要的事情，可能与天文学有关，甚至指向时间的流逝。它们不仅仅是动物陷阱或普通的火坑。

在一顿羊排和爱尔兰式土豆泥的晚餐后，希拉里这样对我说："用消极有害的方式创造纪念碑是非常奇怪的，我个人非常确定这些坑是代表时间。但是，人们是否意识到他们是以年为单位，或者以代为单位来记录时间的呢？难道他们考虑的是跨代的时间吗？"

---

\* 原注：长期以来，学者们一直想知道，巨石阵最初是否建在别的地方，比如威尔士，后来搬到了现在位于英格兰中南部的家。据历史学家蒙茅斯的杰弗里（Geoffrey of Monmouth）在公元 1136 年撰写的《英国国王的历史》(the History of Kings of Britain) 所述，大巫师梅林（Merlin）的德鲁伊（Druid）军队从一个名为巨人之舞的神秘爱尔兰石圈中偷走了巨石阵的巨石。2020 年，一位英国考古学家和他的同事发表了证据，证明这可能是真的，巨石阵是在公元前 3000 年之前的某个时候在威尔士一个名叫沃恩·毛恩的地方建造的。但后来在 2022 年的研究表明，沃恩·毛恩和巨石阵之间没有联系。

默里夫妇和他们的合作者在 2009 年出版了一本关于他们发掘工作的书，推测这些圆形坑可能与天文学有关。他们认为它是一个线性纪念碑（linear monument）[a]，这意味着他们想象着，当它的使用者站在一个坑附近，就会看见其他的坑在前面展开。他们把这种排列比作巨石阵。这引起了文斯·加夫尼（Vince Gaffney）的注意。

加夫尼是英国北部布拉德福德大学（University of Bradford）的一位教授，他的职业生涯致力于研究从北海到克罗地亚的古代土方工程。他说话谨慎，带着北方英语的口音，就像学术界的保罗·麦卡特尼（Paul McCartney）[b]。他乐于沉思中石器时代苏格兰生活方式的日常细节，也同样乐于大胆宣称：时间的概念本身，以及我们在其中的位置，起源于他的家乡。

标志性的巨石阵纪念碑经过了异常深入的研究，但像任何无法形容的古老文物一样，它也是一个亘古之谜。在它的岩石柱子附近，巨石阵有一个长矩形的沟渠，被称为石碑道（Cursus），要比纪念碑的其余部分更古老。2011 年，建筑工人在为旅游巴士挖掘一个新的停车场时，在石碑道内发现了一些坑。在夏至那天，东侧的坑与升起的太阳对齐，西侧的坑与落山的太阳对齐。加夫尼开始解释这些坑，并寻找具有类似特征的其他石器时代的纪念碑。他的同事，布拉德福德大学的地震绘图专家西蒙·菲奇（Simon Fitch）给他看了默里夫妇的书。

加夫尼对古代木质建筑大厅那幽灵般的矩形进行了检查，接着又查看了那些坑。他仔细研究了希拉里和查理手工绘制的每一个坑

---

[a] 指的是一种沿着一条直线排列的纪念性建筑或物体，不一定是狭义的"碑"。在这种设计中，纪念碑的各个部分是依次排列的，形成一条线。——译者注
[b] 全名詹姆斯·保罗·麦卡特尼爵士（Sir James Paul McCartney），英国著名的摇滚音乐家、创作歌手。是英国 20 世纪最具影响力的音乐人物之一。——译者注

## 第五章 在时间的起点

的图样,这些图清晰地描绘出了坑的位置,比起马克斯韦尔那粗糙的航拍照片,它们更容易辨认。在印刷页面上,坑呈垂直排列,粗糙的圆圈从北到南勾勒出一条锯齿状的线条。加夫尼凝视着它,微微眯起眼睛,伸长了脖子。

"西蒙。"加夫尼说道,"把图转过来。"

他说自己立刻就看出了端倪:"这是月亮的相位!"

正如他后来回忆时所说,加夫尼意识到这些坑是一座结构化的纪念碑。在他看来,这种排列并非线性的,不像默里夫妇所看到的那样从上到下形成一条直线。相反,这些坑从右至左形成了一条明显的曲线,一直弯曲至地平线。他觉得有 12 个坑至关重要。它们起初很小,逐渐变大,直至达到中间那个最大的坑。随后又逐渐变小,最小的坑也是最浅的。加夫尼被深深吸引住了。他为 2013 年的第二次挖掘召集了一支考古学家团队。他们带来了地面穿透雷达、用于研究电磁感应的设备、磁力计以及其他一系列地球物理工具。然而,研究团队并没有发现任何新的特征,但他们重新审视了坑的大小,并在地形图上仔细地绘出了它们的位置。

这种排列对加夫尼来说是有意义的,但其定位却不同寻常。他怎么也想不出为什么建造者会选择这个地点、做出这种奇特的安排,在地球上刻画出月亮的模样。他站在中心坑附近,抬头望去。从这个地方可以清晰地看到格兰扁山脉(Grampian Mountains)上方的 V 形山口,它被称为"鼻涕虫之路"(Slug Road)。

1 万年前,这个地区被榛树和桤木所覆盖,然而在深冬时节,树叶落尽,通道便会显露出来。此时正值冬至,太阳在天空中的轨迹掉头,开始向北移动,白昼也逐渐变长。加夫尼告诉我,当他意识到这一点的时候,他感觉仿佛天空在向他呼喊:"这片田野不仅模仿了月亮的相位,它更是一种天文排列。"

凭借着复杂的地形图和三维计算机渲染，加夫尼和他的同事们决定将时钟倒回，以确定冬至是否真的与沃伦菲尔德的坑队列有所关联。他们不得不重写天文建模软件，因为该软件只能向后回溯到大约公元前4000年。部分原因在于，没有人认为人类在公元前4000年前会对宇宙的运行给予过多关注。大约公元前4000年，也就是距今约6000年前，对应着世界历史上最古老的天文记录，即美索不达米亚最早出现文字的社会时期。借助更新后的软件，加夫尼的同事们将太阳的运动状态追溯到了公元前8000年，也就是1万年前，那时沃伦菲尔德的坑正在使用，身披毛皮、手持石器的史前人类会围在公共篝火旁取暖。

果然，任何站在沃伦菲尔德坑中心的人都能够直接看到冬至的日出。随着黎明将雪山染成粉红色，聚集在一起的史前苏格兰人会等待那赐予生命的太阳现身。

在经历最长的夜晚之后，太阳的到来本身就是一份礼物。而坑的排列呼唤着月亮，这使得这些坑所关乎的不仅仅是季节的变化。古代阿伯丁郡的人们用它来开启新的一年。就如同翻开新日历上的1月1日一样，沃伦菲尔德的坑是一个时间标记，告诉使用者们何时开始为新的四季循环做准备。

在当时的苏格兰这个地区，季节对于狩猎和采集食物起着至关重要的作用。对于从事狩猎和采集的氏族而言，在冬季，食物会变得稀缺。冬至离早春有两到三个月时间，那时肥美的鹿、水獭和野兔会冒险出现在相对温暖的绿色山坡觅食，那是狩猎的好时机。但最为重要的食物来源是附近的迪河（River Dee），那里是鲑鱼的家园。

在2月，即冬至后的两个月，潮水会将鱼带向岸边。就像它们的祖先在无数个时代以前所做的那样，鱼从海里向着陆地游——鲑鱼来此并非散步，而是为了繁殖下一代。

## 第五章 在时间的起点

随着潮水而来的鱼向上游游去，经过海豹群和会勾住人外套的金雀花，经过克拉瑟斯堡（Crathes Castle）的庭院，继续向上游前行，回到它们出生的水域产卵。在月色皎洁的夜晚，它们会以夜晚的光源作为向导，游近水面。对于捕猎这些鱼的人来说，这时的月亮至关重要，它提供了一个月中最长的夜间光线，提供了在太阳下山后在乡村行走的最佳机会，并且温柔的月光能够尽可能多地覆盖地面。河里会有如此多的鱼，多到人们拿都拿不过来。但他们需要为这个事件做好准备——或许在这期间要分配食物，或许要制作一张网，或者削制一支矛，又或许在鲑鱼洄游高峰期要组织公共庆祝活动。

然而，这些人还未曾发明文字，两个月的月亮周期，要用很多根手指来计数才够用。他们可以在一根棍子或骨头上刻下一些划痕，就如同他们在大陆上的远祖曾经做过的那样。但正如亚历山大·马沙克所指出的，这些做法更适合标记已经过去的日子，而非未来的日子。而且，一根棍子或骨头护套有可能会丢失。最好是以永久的方式标记每个月亮周期，计算过去的月亮，这样你就能知道是哪个月亮带来了鲑鱼。加夫尼相信，这些坑所代表的正是这个。这 12 个坑是一个日历装置，代表着太阳年中的月亮。

毫无疑问，狩猎采集者完全有能力进行这样的观察。尽管长期以来，他们一直被刻板地描绘成原始的粗人，如加夫尼所说，"他们倾向于在风景中徘徊，挠着自己的屁股"，但马沙克和其他人的研究表明，早在沃伦菲尔德这些坑被挖掘之前的几个世纪，早期人类就已经在进行月亮标记了。沃伦菲尔德的不同之处在于日历的永久性以及它与冬至的对应，这两点使它真正独一无二。但沃伦菲尔德还提供了别的东西。冬至的对应表明，人类在思考上产生了巨大的飞跃。

虽然月亮的相位是把时间分割成小块的简单方法，但将这个大约 30 天的周期与地球的季节相匹配并非易事。一个太阳年，即太阳返回到天空中完全相同位置的时间，通常有 12 个或 13 个月亮周期。这意味着，仅靠月亮计算的日历很快就会与我们这颗倾斜行星的季节产生偏差，让你错过鲑鱼洄游好几周甚至更久。

为了使太阳和月亮保持同步——为了使用月亮作为你的日历，按照你度过生活的日程安排时间，同时仍然与季节保持一致——你需要在日历中添加几天。

这可以像在冬至前后增加几天那样简单。圣诞节的 12 天[a]是这一传统的遗留，但中石器时代的族群并没有想出这个。古代的苏格兰人想出了别的。早期的月亮日历基本上会按下重置按钮，在冬至后重新开始月亮年。这样，月亮计数就会与自然的周期保持同步。

这就是加夫尼认为沃伦菲尔德特别的地方。这是一个年度的纠正，一个时钟的重置，让人们能够继续通过月亮——他们可靠的夜间伴侣——来追踪时间，且不会落后于太阳驱动的季节年。通过在沃伦菲尔德观察冬至，史前的人们可以使用坑作为计时器。

这是一个了不起的成就，它非常实用，也代表了思考方式的巨大转变。加夫尼相信，月亮坑标志着人类第一次弄清楚如何预测未来的时间。这是几个世纪前就开始的向天空思考的演变，之前是画在拉斯科洞穴和肖维岩洞的墙上，以及在中欧发现的骨头和石头护身符上的凹坑。尽管洞穴绘画是月亮标记，马沙克的骨头是时间计数器，但这些文物可能不是以任何一致性生产的。它们没有普遍认可的开始、结束或任何顺序。它们没有连续性，也没有办法将它们彼此连接，或与季节连接。坑是不同的。它们可以做到这一切。它们是月亮时间计算器。它们及时地引导用户。

---

[a] 圣诞节的 12 天是从 12 月 25 日庆祝耶稣基督的诞生，到 1 月 6 日庆祝主显节，这一天是基督荣耀的显现实现。——编者注

## 第五章　在时间的起点

考古学家长期以来一直认为，对时间流逝的理解和感受，不应等同于时间记录或日历系统。但即使不是通过日历，时间定位也是一个飞跃，超越了黑夜之后是白天的简单认识。

这种视角转变的重要性无论怎样强调都不为过。今天，我们生活在时间之中，似乎永远都没有足够的时间——不去管月亮周期；甚至忘记自己心跳的节奏。如今我们如此精细地计算时间，我们把一秒钟测量为铯原子的 9192631770 次振荡。巴比伦人留给我们的六十进制系统，一分钟 60 秒，一小时 60 分钟，一天 24 小时，对于今天的世界来说太过不精确了。金融市场在几分之一秒内运行，这意味着财富的涨跌是根据随机选择的量子现象的节拍而来。时间是社会的支柱。我们生活在时间里，它是典型的人类构造。据我们所知，只有人类能够在时间中定位自己，并在其中自由移动，从过去到现在再到未来。我们只能推测这种认知能力是何时在我们的类人猿祖先中出现的，但如果加夫尼的解释是正确的，沃伦菲尔德就是我们所发现的第一个证明这种推测的地点。如果这是真的，那么人类在时间中自我定位的起点，就要比考古学家们认为的起点要早得多。

正如前面提到的，默里夫妇推测坑可能用于某种时间的记录，以及他们无法理解的古老意图。虽然他们没有说沃伦菲尔德坑构成了第一个月亮日历，但他们说加夫尼不一定是错。

"我们把它看作是一个线性纪念碑。他是第一个想到它横向站立的人。"希拉里说，作为一条弧线伸展在地平线上，而不是直线延伸。

在冬至，当赤杨和榛树光秃时，从中心坑可以看到太阳在格兰扁山脉上升起。这种排列在夏至时也有意义。在夏至前后，月亮会在南地平线上升起，由于苏格兰北部的极端纬度，它会保持在低空，似乎在山丘顶部滚动，然后消失。人们可能使用坑来标记时间的流逝，因为季节循环向前。也许每个坑代表月亮的一个阶段，或者每个坑代表一个朔望月（一个完整的月球周期；即一个月）。或者两者都是真的。

一个狩猎采集者的族群可能会在冬至时派遣使者到这个大会场。也许他们会在那里遇到新朋友或看到老亲戚。也许他们会进行仪式或庆典，其意义被时间的面纱隐藏。毕竟，北半球的冬至，一年中阳光最短的日子，几千年来一直是庆祝的时候。这也是许多信仰传统在冬至前后举行节日的原因之一，包括圣诞节。

"事实上，有这么多人在季节性地沿着河流上下走动，他们很可能在一年中的某些时候聚集在这里。"希拉里若有所思地说。

虽然我们只能猜测人们在坑队列前时在做什么，但有一件事我们可以肯定。经过两千多年的连续使用，这些坑已年久失修。这些坑后来被填平了，这个神秘的选择让查理感到不安。"这对我来说是真正可怕的事情。"他告诉我，"他们是不是在试图掩盖一些事情？"

大约在同一时间，木厅被故意烧毁了。考古学家普遍认为，整个欧洲的新石器时代的建筑曾普遍被故意破坏。希拉里和查理研究了坑里的木炭模式和木样，以表明沃伦菲尔德木厅一定是被故意放火烧毁的。用来建造大厅的橡木很难直接点燃，这表明首先点燃的是其他更易燃的材料。

确切的日期很难确定，部分原因是沃伦菲尔德是由冰川蚀刻的。对于考古学家来说，侵蚀是一个严厉而棘手的敌人。但默里夫妇有一个想法。大约公元前 2300 年，位于冰岛南部的赫克拉（Hekla）火山爆发了。后来的火山喷发使全球气温在 20 年内降低。爱尔兰沼泽中保存的橡树年轮记录了这个事件。在灰烬笼罩的天空下，树木几乎 18 年没有生长。研究人员提出，条件类似于冬天，使得在苏格兰北部的农业生活几乎不可能维持。也许人们把多云的天空视为不

## 第五章 在时间的起点

祥的预兆,也许他们认为他们因为观天而被惩罚,或者他们可能再也看不到雾气后面的月亮,以为它已经走了,所以他们放弃了他们的土制纪念碑。这种放弃和破坏的主题在苏格兰的其他月亮纪念碑中反复出现,也在整个古代欧洲的许多地方反复出现。

今天,坑和木厅已经看不见了。它们的确切位置只有默里夫妇、加夫尼和少数几个人知道。参观克拉瑟斯堡精美的围墙花园的人们在开车上山时,不知道他们错过了什么。坑和木厅的遗迹被仔细地填平并围起来,以防止好奇的游客、兔子和其他访客靠近古老的纪念碑,并防止有人掉入。

"这是我唯一一次在遗址被回填时哭泣。它一直困扰着我。我走开了,在树林里漫无目的走着。我只是忘不了它。"希拉里告诉我。

她在 2018 年参观了这里,并从现场取了三颗橡子。现在,来自沃伦菲尔德的三棵年轻的橡树在默里夫妇的牧羊场生长,它们是 1 万年前可能俯瞰这些坑的高耸树木的后代。

希拉里和查理带我去看那片田野,提醒我想象下面埋藏的是什么。查理将标致车停在通往城堡的路上,我们跳过一道高大的、新近安装的木制和网状的围栏。几百年的耕作已经将曾经起伏的冰川田野变成了平原,两旁是林地。我沿着坑所在的边界走着,当希拉里告诉我时,我停下了脚步。低头看去,牧场不可思议的绿,是和希拉里的派克大衣一样鲜亮的凯利绿(kelly tone)。树木从四面八方包围了田野,我看不见几英尺外的迪河,但我能看见格兰扁山脉。我闭上眼睛,想象 1 万年前这里会是什么情景。

风肯定是一样的。苏格兰的春风如金雀花般刺骨。树木看上去大体相同。透过嫩叶,我想象着两个猎人走近,扛着一根挂着肥美鲑鱼的杆子,鲑鱼刚从迪河捕捞上来。在盛大的鲑鱼洄游季节过去几个月后,仍有许多鱼可捕。猎人们身着动物皮毛制成的衣服。一小群渔夫和猎人跟在后面,而在他们前面,更多的人在准备篝火。石楠花在岩石间生长,冰川漂砾如今被用作立石或座位,供户外炉灶旁的人休憩。烹饪用的火沿着弯曲的火坑排列。在四个坑里,更多的火在闪烁——他们把木材砍下来做成火把,火把上有雕刻着图案。现在是一年中的第四个月的初期。

○·

沃伦菲尔德的坑可能是苏格兰乃至世界上最早的月亮纪念碑,但它们绝非最后一个。在沃伦菲尔德木厅被毁坏很久之后,在月亮坑最终塌陷很久之后,苏格兰东北部的人们仍然与月亮保持着联系。在文明记录之前的几个世纪里,他们为月亮竖立了一个又一个的纪念碑。这些观月纪念物被称为卧石圈(recumbent stone circles),它们遍布阿伯丁郡。

虽然巨石阵无疑是所有石圈中最著名的,但类似的石头和木头的排列遍布北欧,从爱尔兰到斯堪的纳维亚,进入德国和西班牙,甚至北美的部分地区。其中一些是由冰川漂砾制成的。但大多数石圈使用采石场的岩石,证明了史前人类具备了长距离搬运沉重物体的才智。

然而,卧石圈是独一无二的。它们只出现在苏格兰东北部。从摇摇欲坠的遗迹到耸立在格兰扁山脉、通往苏格兰高地的门户中的巨石,考古学家已经确认了多达 100 个。它们的名字来源于最大的石头的排列方式,这些石头被放置在水平或卧式的位置。

石头艺术在英格兰群岛很常见,在爱尔兰海的两边都有。凯尔特人(Celts)、皮克特人(Picts)、维京(Viking)海盗,以及现在被称为爱尔兰和苏格兰的国家的早期居民都使用花岗岩进行艺术创作和传达我们现在只能猜测的信息。默里夫妇带我参观了阿伯丁

## 第五章 在时间的起点

郡的几个这样的岩石广告牌，比如少女石（Maiden Stone），因为它描绘了一面镜子和一把梳子——希拉里对此嗤之以鼻，认为这是一种性别歧视的陈词滥调。但阿伯丁的许多石头纪念碑不仅仅是巨石信息，它们与月亮直接相关，反映了月亮对石器时代、青铜时代和铁器时代文化的重要性。

在金托尔（Kintore）的教堂墓地，我用手抚摸着一块古老的鲑鱼雕刻，鲑鱼的图案跃过了皮克特语一个象征锅的符号。在这块石头被雕刻的1400年前，鲑鱼对居住在这个地区的任何人都很重要。他们现在仍然很重要。在阿伯丁，鲑鱼捕捞是一个大生意。"如果你想在这里钓鱼，一天要花你几千块。我们这里有全国最富饶的渔场。"查理告诉我。

在鲑鱼雕刻的另一边，即石头的背面，是一个明确无误的形状，装饰着早期凯尔特艺术的打结环：新月。金托尔纪念碑的意义已经随着时间的流逝而丧失，但它所描绘的图案仍然清晰可见。

喝完咖啡后，我们驱车前往复活节祷告（Easter Aquhorthies）石圈，这是一个位于山顶的石圈，可以俯瞰周围的山脉。它的历史可以追溯到公元前3000年，虽不是附近最古老的卧式石圈，但保存得特别好。它的名字可能反映了人们欣赏它的原因：复活节祷告可能来源于凯尔特语中的"祈祷之地"。人们可能在它建造的原始仪式消失在史前之后很久，仍然欣赏这个石圈的精神意义。

从一个不起眼的停车场爬上一座小山，走几分钟就能看到这个石圈。我不知道接下来会发生什么，尽管默里夫妇告诉过我岩石的颜色和圆圈不同寻常的音响效果。等到了顶部，仍然完全出乎我的预料——进入这个圈子就像穿越了一个时空之门。

我爬上三级石阶进入圆圈，路过一根闪亮的红碧玉柱子。它是

11 块竖立的石头之一。这 11 块竖立的石头加上一块卧石，构成了一个直径超过 60 英尺的圆圈。一共有 12 块主要的石头，对应一个太阳年中的 12 个月相。最大的那块卧石长 12 英尺，是纯红色的花岗岩，重达 9 吨。它可能来自数英里外的山脉。*

我站在石圈中间，倾听岩石如何放大我们的声音，感受那无处不在的刺骨寒风。这个圆圈的声学特性让希拉里想起了一座古老的大教堂，回声会传到令人意想不到的地方，而且在那里，你会因环境而感到不同。古老的天主教堂的声音和气味被设计得对任何曾经踏足过的人来说都是熟悉的，无论在哪个大洲。石圈可能起到了类似的作用。这很吓人。我发现自己每次都在靠近一根柱子的地方徘徊，因为站在圆圈中间会让人感到不安。我觉得自己不太属于那里，就像我站在圣坛上一样。希拉里和查理站得离我远一些，他们的声音被石圈的声学特性改变，带着几分魔幻色彩，在空中飘荡。

这些圆圈可能是仪式中心，供人们在一年中的某些时候聚集。建造者是分散在阿伯丁郡各地的农民，但这些圆圈并不靠近任何以前的定居点，所以，希拉里告诉我，这些地方是人们专程赶赴的。游客们很容易就能看到复活节祷告石圈的其他石圈，反之亦然。人们可能会用圆圈，可能还有圆圈内的篝火，用烟雾和彩色火焰与邻近的部落进行交流——无论是友好的还是不友好的。

石圈在破晓时分没什么特点，不过它之所以特别，不仅仅是因为它的规模。古老石头对月亮周期的定位是令人惊奇的。它表明，在古人开始追踪月亮周期来校准他们的一年之后，沃伦菲尔德日历制造者的后代可能也认识到了月亮的两个奇特而有用的特征：月球

---

* 原注：我惊叹于人们是如何移动这些石头的，但莫里一家说，只要用对了滚轮，移动像仰卧者这样的石头是很容易的。在重建过程中，他们自己也做到了。

## 第五章 在时间的起点

静止（lunar standstill）和默冬章（Metonic cycle）[a]。要了解这些现象，我们得谈谈天体的运动。

如果你注意天空几个月，你会开始注意到天体之光有着难以理解的现象。在夏天，太阳高悬在头顶，而在冬天它低垂在南地平线上，到达冬至时的最低点。月亮则是镜像的。在冬天，月亮高悬在头顶，它可以给雪地上的物体带来如正午之光的光泽。在夏天，月亮在地平线上更低，甚至可能出现在你的卧室窗户里。

请记住，地球绕着太阳公转时，轴倾斜了大约23.4度，这就是为什么我们有季节和为什么我们有至日——太阳似乎在天空中达到最高或最低点。"至日"这个词源于拉丁语中表示"太阳"和"静止"的短语，因为一年两次，太阳似乎在它的日常路径上暂停，然后改变方向，但太阳并不是在移动的。太阳和其他行星似乎在地球的天空中划过弧线，但实际上它们遵循同一个平面，即黄道；我们的视角随着倾斜的地球绕着我们的恒星公转而改变。

出于某种原因，也许是由于其灾难性的形成，月球也靠近黄道绕地球运行，而不是在赤道附近环绕我们的星球。因此，月球也经历了类似至日的现象。技术上它是一个"月日"，但很少有人使用这个术语；相反，我们称之为月球静止。虽然地球一年经历两次至日，但月球要花更长的时间，才能在天空中达到最高和最低点，准确地说是 18.6 年。[*]

让我们回到朔望月，即月亮完成一个相位周期所需的时间。经过 12 个这样的周期后，月亮几乎回到了它开始的地方。关键词是"几

---

[a] 也叫默冬周期。一种重要的天文周期，约为 19 年。在这个周期结束时，月相会在同一日期或接近同一日期重复出现。——译者注

[*] 原注：在阿伯丁郡的古人建造月球巨石阵数千年后，在公元前 432 年，一个叫默冬（Meton）的古希腊雅典人发现了这一点。

乎"。所有这些移动的天体，太阳、月球、地球和星星，似乎都相对于彼此航行。太阳和月球在星星的背景下移动，而且，更令人困惑的是，星星本身也似乎因为地球绕太阳公转的方式而移动。如果你在一年中不同的时间观星，你就会观察到这一点。在北美的中纬度地区，秋天最容易辨认的星座之一是猎户座，它的三星腰带在傍晚早些时候出现在东方地平线上。在春天，猎户座在夜幕降临时在西方落下。要在同一年的同一天晚上，达到天空中的确切位置，对着同一组星座，月球需要更多的时间——需要19年，或235个朔望月。

月球静止和默冬章并不完全匹配，但它们非常接近。对于公元前2500年的非书面天文知识来说，它们非常接近。古代苏格兰人肯定实现了另一个意识的巨大飞跃，将这些现象联系起来，将20年的太阳与月亮联系起来，只是现在没有任何一种文字系统流传下来。

复活节祷告石圈的立石排列方式是，在月球静止年的春天，就在黎明前，满月将在卧石的中间落下，位于它的两个侧翼之间。也许古代农民挤在中间，也就是现在我聆听希拉里和查理声音的地方。也许古人聚集在那里观看月亮落下。每18年半，人们肯定会惊讶地看着月亮向卧石的精确的中心下沉。

古老石头对这几十年周期的定位令人惊叹。近20年对任何现代人的生活来说都是漫长的。18年前你在做什么？对于生活在5000年前的人来说，这两个18年的周期代表了晚年。建造一个石头阵列成每18.6年拥抱月亮一次的圆圈，确实需要先进的规划。这些人确实有真正的技能，深厚的天文知识，而且似乎有真正的承诺。月亮对这个时代的人来说显然是至关重要的。他们知道他们必须将太阳年、季节的年，与月球的年联系起来——没有它，他们就无法规划他们的生活。

这些主题在整个苏格兰反复出现。亚历山大·汤姆（Alexander

## 第五章 在时间的起点

Thom）可能是第一个创造"月球静止"这个术语的人，他在苏格兰外赫布里底群岛（Outer Hebrides）的一个巨石遗址卡兰尼什（Callanish）第一次发现了这个18.6年的周期。这些石头大约在公元前3000年竖立，排列成十字形图案，位于月亮最极端的升起和落下点。汤姆认为人们想要追踪月球静止和月食，尽管有可能是出于好奇，也说明月球观察对于日常生活也是实用的；古代渔民和岛屿居住的狩猎采集者会关注潮汐以及天空。2016年，来自澳大利亚的考古学家重新检查了石头阵列，并得出结论，卡兰尼什和沃伦菲尔德、复活节祷告石圈或所有其他月亮纪念碑一样，都是月亮阵列。

许多这些石头阵列被遗忘和破坏，但多亏了默里夫妇和其他考古学家的努力，有些现在正在被恢复和修复。其中一个圆圈位于通往凯恩戈姆山脉的路上，远离大海，朝向苏格兰高地的紫色、橙色点缀的景观。圆圈旁边是一个直到20世纪20年代还在使用的采石场，它旁边是二战时期的一个地堡。我以为它看起来会有点悲伤，像少女石一样，是时间遗忘的遗迹。我为另一次徒步旅行做好了准备，去看一些漂亮的石头，并且鼓起勇气去迎接无休止的山风。

当我们从标致车出来时，风抽打着我的脸，这是我身上唯一没有被多层抓绒棉和人造丝登山服保护的部分。我们爬上一座小山，两个默里都比我先到山顶，托纳韦里（Tomnaverie）石圈显露出来。它让我屏住了呼吸。

我环顾四周。山谷和它的山丘似乎比大海拥抱迪河的地区更柔和；这里的地区经过冰川和犁的长时间雕刻变得光滑。草是金棕色的，点缀着努力迎接春天的绿色嫩芽。金雀花仍然到处冒出来，但我也看到了紫色的石楠花，这是高海拔地区的居民。凯恩戈姆山脉上空几英里外，一场柔和的雨清晰可见。这幅画面就像是一张印有

SCOTLAND（苏格兰）字样的旅游明信片。它很美。很容易想象自己在 4000 个春天前的同一个地方，目睹着完全相同的景象——羊群、农场、起伏的山丘、金雀花、石楠花、风。还有上弦月，挂在我们头顶。

托纳韦里最初拥有 13 块直立的石头，其中两块已经遗失，它们的高度从东北向西南递增。这些石头对称排列，引导着人们的视线投向东北方向，在那里考古学家发现了大量燃烧的痕迹。

我走向那卧石。这些苏格兰东北部的石圈通常朝向南方或西南方。尽管有些可能本意是面向低悬于天空中的冬日太阳，但石圈之间的差异如此之大，几乎可以肯定它们实际上是面向夏日的月亮。正如英国考古学家理查德·布拉德利（Richard Bradley）所指出的，它们的排列可能还有更多精神层面的原因。西方，太阳和月亮落下的方向，可能是亡灵安息之处。

像英格兰的巨石阵、爱尔兰的纽格兰奇（Newgrange）[a] 和诺斯（Knowth）[b] 以及阿伯丁的沃伦菲尔德这样的古老纪念碑，它们的定位与至日和分点时太阳的运动相对应。但对于像托纳韦里、复活节祷告石圈和卡兰尼什这样的较新（相对而言）的纪念碑，月亮则显得尤为重要。默里夫妇和布拉德利都认为，这一点在它们的建造中显而易见。托纳韦里的立石，由花岗岩和其他火成岩构成，包含着石英岩的内含物。这些是闪亮的珍珠白色碎片，能够反射光线——就像篝火或月光一样。默里夫妇的牧场边界由石墙标记，其中许多是古老的，有些也含有石英岩。"有时候你在夜晚上去，你会捕捉到一丝闪光。"希拉里告诉我。月光在田野上闪耀。

---

[a] 建于公元前 3200 年左右，是一个古老的墓葬遗址，早于埃及金字塔和斯通亨治。它被认为是新石器时代的一个重要宗教和文化中心。每年冬至时，阳光会通过走廊照射到墓室内，象征着生命的重生。——译者注

[b] 建于公元前 3000 年左右，包含多个墓葬和土堆。它的规模和复杂性使其成为博因河谷地区的重要考古发现。——译者注

## 第五章 在时间的起点

托纳韦里是少数几个定位如此偏离天空中太阳出现的范围的石圈之一,以至于它一定是献给了天上的另一位指引之光。但月亮并不会每年都出现在卧石的正上方。相反,托纳韦里可能是每18.6年面向月亮一次,与复活节祷告石圈一样,与默冬章相对应。

查理认为,托纳韦里的视野是经过深思熟虑的,他在2003年监督了一次挖掘和部分修复工作。卧石及其侧翼遮挡了近景,同时突出了更远的山丘,更重要的是,突出了天空的一部分。托纳韦里的视野集中在几英里外的洛赫纳加尔山顶和月亮的最北位置。如果纪念碑建得更往南,月亮的位置就不会与山顶重合。

布拉德利走遍了托纳韦里所在的冰川盆地——克罗马尔盆地(Howe of Cromar)——走过了86块田野,发现了6处与托纳韦里同龄的石器工具集中地。根据布拉德利的说法,这个纪念碑位于两种不同环境的交界处。在西面——太阳和月亮落下的方向——土壤贫瘠,但在另外三面,克罗马尔盆地是肥沃的农田。纪念碑及其焦点位于建造时耕种和居住区域之外。与复活节祷告石圈一样,考古学家认为托纳韦里旨在将人们与他们自己微不足道、分散的定居点之外的领域连接起来,连接到比他们更伟大的领域,他们只能以精神进入的地方。虽然这只是对这个地点的一种解释,但我自己也不禁这样看待它。

托纳韦里有一个更不寻常的特点。它的第一批巨石大约是在公元前2500年,也就是4500年前建造的,但卧石是直到后来才被添加的。它最初由一圈13块粉红色和白色的独石围绕一个内部石堆或石冢组成。内部石冢的排列方式与外圈的13个点相连。后来,人们添加了巨大的卧石,它侧卧而不是高高站立。卧石有效地封闭了13块石头的环。卧石比其他的更白,也许是反射了远处洛赫纳加山(Lochnagar)的雪,也许是反射了高悬天穹的月亮。查理和布拉德利等考古学家认为，建造卧石是建造这些遗址的最后一步，放置水平的石头就像关上一扇门，或完成一个圆。

值得注意的是，直到公元 1600 年左右，当人们已经在其中建造火葬堆时，托纳韦里石圈还在使用。我不禁想知道，这些苏格兰人是如何看待 4000 年前的这座纪念碑的。同样，公元 1 世纪的人们是如何看待它的？他们也相信它是为了将生者和死者运送到另一个精神领域而设计的吗？

虽然托纳韦里在美丽的春日下午显得庄严，但它与月亮的关系意味着它在夜晚最重要，使用也最频繁。在黑暗中，它看起来、感觉起来和听起来会与白天完全不同。月光是反射的阳光，但要微弱得多，更银白，更像幽灵；它模糊了风景，缩短了对深度和距离的感知，正如布拉德利所说："强调天空和强调地面一样多。"月光会突出石头的质感，使石英成分闪闪发光。在夜晚，声音可以传播更远的距离，石圈有奇怪的声学特性。鼓声或吟唱声会充斥在空气中，沿着山坡下行，穿过孔洞，甚至可能传到附近的其他石圈。在纪念碑内点燃的火焰也会完全改变它们的外观。火焰会传播光和影，与月光争辉，直到纪念碑本身似乎也活跃起来。

对于像我这样的美国人来说，身处并活动在公元前 2500 年前去世的人的废墟中，感觉很奇怪，那时基督还没有诞生。在我所在地区，美国西部，最古老的建筑废墟也要追溯到那之后的 3000 年。在我自己的欧洲白人移民文化中，我所在社区最古老的东西是一块来自 1872 年的石墓碑，换算成我自己国家成立的时间来看，几乎是 "一小时之前"，更不用说在海的另一边的人民了。相比之下，苏格兰东北部的石圈建于公元前 2500 年，并且连续使用了数千年。在某种程度上，它们仍然在使用。毕竟，希拉里、查理和我去参观了它们。

## 第五章　在时间的起点

我们走在它们中间,坐在它们里面,欣赏周围的景色,倾听彼此和它们内部的风声。

石圈充满了神秘感,但将它们称为神秘或谜一样的结构是没有创意的。它们是有意义的纪念碑,即使我们再也看不到这些意义。它们是非常强大的地方,有目的地建造并被精心维护。它们是为仪式和传递信息而建造和使用的,也许是为了死者,也许是为了邻近的氏族。尽管我们可能不知道在它们内部确切发生了什么,但它们无疑是经过规划有使用意义的地方。

现代世界与中石器时代一样遥远,就像我的房子与阿伯丁一样遥远。然而,它一点也不遥远。一切都变了,但我能想到的只有什么没有变——月亮下面无新事。如此多的思维方式,如此多的传统,已经像天堂一样恒久不变,已经持续了千万年。

我在阿伯丁的最后一晚,查理给我倒了一杯金汤力[a],因为他不喝苏格兰威士忌。我们坐在客厅里,我一边啜着饮料,一边听他弹吉他,唱着一首忧郁的爱尔兰民谣。默里夫妇珍贵的钴蓝色雷伯恩炉(Rayburn stove)[b]在厨房里熊熊燃烧,壁炉里的火势也很猛烈。

我闭上了眼睛,倒回到一万个冬至前。

在我的脑海中,高大的树木萎缩成树苗,沥青路融化成车辙,然后变成小径和鹿径。在我周围,农场工人在地主警惕的目光和指挥下辛勤劳作。我飞快地穿过苏格兰玛丽女王,穿过中世纪,轻快地掠过皮克特人和凯尔特人,飞快地掠过征服长船[c]和罗马哨兵,不

---

[a] 一种鸡尾酒。它用金酒(Gin)和汤力水(Tonic Water)调制而成,是一种简单而经典的鸡尾酒。——译者注

[b] 一种多功能的铸铁炉灶。它不仅可以用于烹饪,还可以提供家庭供暖和热水。因其耐用性和多功能性而广受欢迎,尤其是在农村和传统家庭。——译者注

[c] 长船指的是维京时期的海盗船。——译者注

停地往回翻,直到我到达漫游的狩猎采集者群体——我来到了中石器时代,在迪河河谷两侧的山丘上。

在这里,史前的查理和我坐在一起等待日出。默里夫妇的山丘仍然覆盖着柳树和桤木。我们所在的地方不是有沙发和炉子的房子,而是一个由羊皮制成的小帐篷。一只比边境牧羊犬班卓高,但颜色和相貌与它相似的狼狗,在附近闲逛,偶尔对着獾的巢穴狂吠。

查理坐在一个填满稻草的羊皮团上。他手里拿的不是吉他,而是一把由他的狩猎弓改造的原始竖琴。他弹奏着同样忧伤的和弦,噼啪作响的火堆演奏着打击乐。我们唱的曲子和我们分享的精神在我喉咙里感觉温暖。在我们头顶上,一年中的第四个上弦月在闪耀。它是一个完美的半圆,其圆润的边缘朝向西方。天空布满了星星。

## 第六章　早期的文明与时间的罗盘

Early Civilization and the Compass of Time

1999年夏天，一群贪婪的盗墓者踏上了寻宝之旅。亨利·韦斯特法尔（Henry Westphal）与马里奥·伦纳（Mario Renner）胸有成竹，他们知道在德国东北部萨克森－安哈尔特州（Saxony-Anhalt）的齐格尔罗达（Ziegelroda）森林深处，隐藏着一战、二战以及众多远古战场的遗迹。这片森林遍布土丘，史前墓冢周围环绕着石堆，其中藏有先人埋藏的珍贵遗物。他们也明白，盗掘这些古墓是违法的行为，但压制不住内心的诱惑，若能找到青铜器时代的宝物，那可是价值连城，黑市上的价格实在令人垂涎欲滴。他们手持金属探测器，在森林中悄然穿行，搜寻着古老战场的遗迹。

在欧洲中部这片广袤的土地上，人类及其祖先已经谱写了长达40万年生存与繁衍、开垦与厮杀的雄壮史诗。随着最后一个冰河时代的结束，冰川退去，留下了肥沃的平原，这里曾是猛犸象的栖息地，后来则变成了森林与鹿群的乐园。猎人们在此定居，物换星移，岁月更替，他们制造出了越来越复杂的工具与武器，并将逝者隆重埋葬。法国与德国的古墓中，剑与护身符随处可见，它们被视为国家宝藏，萨克森－安哈尔特州的劫掠法（looting laws）[a]严禁任何人擅自取走这些文物。然而，这并未阻止业余盗墓者的脚步。

经过一段时间的跋涉，韦斯特法尔和伦纳来到了海拔约 800 英尺的小山上的一块小空地处。这座小山在当地被称为米特尔贝格（Mittelberg），位于莱比锡以西约 35 英里处，靠近一个名为内布拉（Nebra）的小镇。突然，韦斯特法尔的金属探测器发出了尖锐的警报声。

两人随即开始挖掘，随着泥土被翻起，一批已有 3400 年历史的文物重见天日。

韦斯特法尔和伦纳挖出了两柄青铜剑、两把斧头、一把凿子、螺旋形手镯以及一个重 5 磅、直径 1 英尺的装饰铜盘。匆忙中，盗墓者打碎了圆盘一侧的金色镶嵌物。夜幕降临，他们将这些战利品装车，前往酒吧庆祝，心中充满了对即将到来的财富的期待。

科隆的一位文物贩子对铜盘的损伤并不介意，没有砍价，以 3.1 万德国马克（约合 1999 年的 5.1 万美元）的价格买下了这些文物。在接下来的两年里，这批宝物在黑市上多次转手。

2001 年 5 月，哈拉尔德·梅勒（Harald Meller）成为了州立哈雷史前博物馆（State Museum of Prehistory in Halle）的馆长，一位同事向他展示了齐格尔罗达森林出土文物的照片，这些照片在考古界早已臭名昭著。许多潜在的买家曾有机会购得这个圆盘和相关赃物，但一旦得知其非法来源，感兴趣的博物馆都敬而远之。最终，一位客户联系了梅勒，这是一位酒吧老板，他每月举办一次考古爱好者饮酒俱乐部活动，声称是持有人的代表。梅勒得知，卖方要价 70 万

---

[a] 在德国，劫掠通常指在法律或所有权人未授权的情况下，进入他人住宅、商业场所或其他建筑物，并在自然灾害、火灾、暴乱或其他紧急情况下，获取、控制、损坏或移除他人财产的行为。——译者注

## 第六章 早期的文明与时间的罗盘

德国马克。

梅勒与一位同事仔细研究了青铜圆盘的照片。圆盘上的铜已腐蚀成藻绿色，却嵌有金色装饰：一个完整的圆圈、一弯新月、若干点缀的点，以及两道金弧。还有一个排列中的第三道弧似乎已经脱落。梅勒认为，它清晰地描绘出了夜空。他后来确定，这些星星是昴星团（Pleiades），即"七姐妹"——金牛座附近一群明亮恒星。新月显然代表着月亮，而金盘可能是太阳，也可能是满月或月食时的红月亮。

如果这个圆盘是真品，那将是非同凡响的发现。考古学家普遍认为，青铜时代的欧洲是一片蛮荒、好战的愚昧之地，与当时埃及和美索不达米亚地区成熟、有文化而且蓬勃发展的社会相去甚远。这个圆盘比希腊天文学的出现早了1000年。如果青铜器时代的欧洲人已经创造出如此美丽且复杂的东西，这将表明他们在天文学上的成就远远超出人们的想象。

制作这个圆盘的人可能用它来研究夜空，也许是为了纪念。他们可能将它作为追踪季节的工具，甚至同步他们的年份。梅勒认为这是他所见过的最重要的考古发现。他想仔细看看。

梅勒是一位深研青铜时代文物的考古学家，身材略显臃肿，身着简洁的衬衫短袖与方形黑框眼镜，全然不见电影中印第安纳·琼斯（Indiana Jones）[a]那手执皮鞭的帅气形象。然而，他内心燃烧着要将那神秘的圆盘收入博物馆的坚定决心，要让这件珍宝使博物馆蓬荜生辉。

○·

萨克森-安哈尔特州州立哈雷史前博物馆距柏林有90分钟火

---

[a] 好莱坞系列电影《夺宝奇兵》的主人公，兼有考古学家和冒险家的禀赋。典型装扮是宽边软呢帽、一件皮夹克，手执一条鞭子。——译者注

车车程，与柏林那座充满奇迹与涂鸦的历史名城不尽相同。这片前东德土地，不仅是作曲家乔治·弗里德里克·亨德尔（George Frideric Handel）的诞生地，也孕育了德国最古老的大学之一——哈雷－维滕贝格马丁·路德大学（Martin Luther University of Halle-Wittenberg）。哈雷这座城市，既有工业化的一面，又不断迎来叙利亚等地的移民，但自亨德尔时代以来，它的风貌似乎并未发生太大改变。街道两侧绿树成荫，雅致的房屋错落有致。在一座座黄油色的维多利亚式住宅前，手工钩编的窗帘随风轻摆，恍如《音乐之声》中的画面重现。

这座博物馆无疑是哈雷市最吸引人的地标，它以西方最精心的设计闻名，是德国最重要的文物宝库之一。

那日清晨，气喘吁吁的梅勒身穿皱巴巴的衬衫和棕色夹克，胡须三天未刮，热情地与我握手，递上一瓶可乐。由于我提前到达，他还在忙，典型的被事务缠身的研究者。尽管他下午即将前往萨尔茨堡（Salzburg），但他承诺要为我展示博物馆的珍藏和他策划的考古发现，特别是哈雷的骄傲——内布拉星盘（Nebra Sky Disc）。

博物馆之旅从一根 37 万年前的猛犸象胫骨开始，上面有七个重复的刻痕，其含义虽是个谜，却无疑是工具使用者的一件杰作，用重复的模式刻意留下的标记。这是一种月球的象征形式，比马沙克确认的已知最古老的记录要早一个数量级。他认为，无数代人以来，月球在这个地区一直很重要。

在人类进化研究中，尼安德特人（Neanderthals）的认知能力是一个激烈争论的话题，梅勒坚定地为他们辩护，坚信他们与智人的能力相等。他将这群原始人描绘成有能力、快乐且聪明的人，这与我在学校里学到的关于简单的毛茸茸野兽的描绘大不相同。在专门

## 第六章 早期的文明与时间的罗盘

展示尼安德特人和早期人类的展厅里，一幅壁画中的女性在挑水和给孩子喂奶时发出的欢声笑语，表达出她们和你我一样，同属人类。走过博物馆，仿佛穿越了300万年，只为在镜中一窥自己的倒影。

"在大多数博物馆里，你看到这些东西，就觉得你比这些只会制作和使用石器的老傻瓜聪明得多。"他向我解释，"我们总是低估我们的祖先。总是。"

在同一个展厅里，梅勒委托制作了一尊姿势类似罗丹《思想者》的尼安德特男性雕塑。这位年轻男性坐在一块岩架上，一只手托着下巴，凝视远方，似乎在沉思。

梅勒说："博物馆不是一本书。如果只靠像我一样的科学家来诠释这段历史，是非常困难的。我们和艺术家一起做这件事。"他的博物馆里到处都是类似的发现，展品中蕴含的人性被细致地展现出来。著名的内布拉星盘也不例外。但梅勒想先给我讲一个关于古代德国的故事。

在尼安德特人展厅旁边的走廊里，沉睡着一位9000岁的女祭司，被称为"巴特迪伦伯格的女萨满"（Shamaness of Bad Dürrenberg）。1934年，在萨克森-安哈尔特州挖掘运河的工人发现了她的墓葬。这位女性年龄在30~40岁之间，下葬时呈端正坐姿，一个6个月大的婴儿躺在她的腿间。他们的坟墓中充满了珠宝、红赭石、各种动物的骨头以及贝壳。根据埋葬的精心安排和随葬品的丰富程度来看，她可能拥有显赫的地位。对她的骨架分析发现，她的颈部有两节畸形的椎骨，这可能导致她头部血流受阻和眼球的不自主运动。她可能常常陷入催眠状态，或表现出其他超自然的行为；梅勒认为，她可能是一位强大的萨满。他委托艺术家为这位女性绘了一幅肖像画，画中的她宛如一位威严的女神，头戴精美的头饰，脸上涂着彩绘。

博物馆的游客们穿越更新世，走进了青铜时代，终于抵达展示星盘的特别展厅。石器时代人类的生活场景令人敬畏，我感受到一种莫名的震撼。3000 余件石头斧头，宛如抽象的艺术品，被整齐地排列在一面墙上。陈列猛犸象胫骨的展厅被漆成灰色，粗糙的墙壁如同大象的肌肤。梅勒对古欧洲人的想象是经过深思熟虑的，他对内布拉星盘的解读更是将这种想象推向了高潮。整个博物馆，尤其是他展示珍品的方式，都在诉说着一种比学者们先前所认为的更为复杂、更为持久的文明。

在地下沉睡了 3500 年之后，内布拉星盘现在悬挂在一个玻璃罩里，灯光师从顶部和底部布光，使展品看起来仿佛悬浮于太空中。即便是在照片上，这种视觉效果也极具冲击力。

圆盘直径约 12 英寸，大小与普通餐盘相仿。边缘有些地方略有凹陷，最大的凹痕是韦斯特法尔和伦纳挖掘时碰坏的。除了那些耀眼的金质镶嵌物，整个圆盘满是铜绿，这层蓝绿色的涂层覆盖在风化的铜面上。右侧是一个新月形状，大小与形态犹如几天前挂在西边地平线上的新月。左侧则是一个圆，梅勒认为它代表的不是太阳，而是满月。还有两条后来增添的金质弧线，其中一条已经湮灭，另一个则装饰在边缘，古时候，它们如同一对括号般环绕着新月和圆圈。第三条弧线，也是后来添加的，位于月亮和星星下方，宛如一个微笑符号。中心是一簇星星，毫无疑问，那就是昴宿星团。

这些星星，世界各地以七姐妹、斯巴鲁(Subaru)等名字称呼它们，正是圆盘价值所在。它们在天际的出现，与月亮的相位相互验证，指示着播种与收获的正确时节。

很明显，内布拉星盘很古老。它做工粗糙，但很用心；它很脆弱，但又足够坚韧，经得起岁月的考验，在德国成为了一种文化的标志，

## 第六章 早期的文明与时间的罗盘

尤其是在它出土的萨克森-安哈尔特州。一位德国宇航员甚至在设计国际空间站任务徽章时,融入了它的特征。难怪梅勒执着地想要得到它,难怪他冒着巨大的风险也要得到它。

○·

在首次见到内布拉星盘的一年后,梅勒踏入了瑞士巴塞尔的一家希尔顿酒店,去见一位业余黑市古董商,这家伙答应将内布拉星盘售出,当然价格不菲。一位金发女郎在酒店入口迎接梅勒,把他领至餐厅。梅勒见到了一位灰发瘦削的男子。简短寒暄后,梅勒提出先查验星盘。梅勒对星盘的真伪心里不踏实。然而,那位神秘男子却首先递给他一把古剑。

梅勒接过剑,细细观察。凭借他曾处理过的数十件文物的经验,他判断出这把剑的历史可以追溯到公元前 1600 年左右。但梅勒知道,一旦他确认这把古剑的来历,经销商绝对不会轻易脱手,也不会卖掉附带的星盘,除非狠狠地敲上一大笔钱。于是,他敷衍说这是赝品,并假装不耐烦,再次要求查验星盘。

文物贩子当然不知道,在酒吧的对面,以及酒吧各个入口都潜伏着瑞士便衣警察。梅勒与他们协作,安排了这次交易,他们的计划是,梅勒一拿到他真正渴望的宝物时,立刻进行抓捕。然而,梅勒此时开始感到紧张。他想起一位瑞士警官对他说的话:"活着是最重要的。"

他咽了口唾沫。他注意到那个男人带着一口小手提箱,但他寻思星盘的尺寸太大,根本装不进去。星盘的踪迹成谜。他不禁担忧起自己是否落入陷阱。当那个男人将手伸进手提箱,遮住包内之物时,他心中的恐惧愈发强烈。他担心那是一把枪。在博物馆附近的咖啡馆,梅勒坐在我对面,绘声绘色向我重现了这一切。显然,他已经多次讲述这个故事,并且对这个细节情有独钟——这对于一个习惯于坐在办公桌前，思考史前人类生活方式的研究员来说，的确是一次惊心动魄的经历。

终于，那个男人敞开了自己的外套，解开衬衫纽扣，取出一个被毛巾包裹着的东西。他将毛巾围在腰间，缓缓地揭开包装，把那绿色的铜盘递给了考古学家。梅勒倒吸一口凉气：那是昴宿星团！金色的月亮！他竭力掩饰自己的激动，不让兴奋之情有所表露。检查过后，他同意为整个包裹支付 40 万美元，包括圆盘和一同出土的青铜器。他借口去洗手间，暗中发出了信号。

警察迅速冲了过来，给那个瘦弱男人、金发女人甚至梅勒自己戴上了手铐。这看起来像是一场秀，文物贩子惊愕不已。梅勒向他们保证，瑞士在处理他们的非法交易时，将持中立立场。后来，这个瘦弱的男人和金发女人引领瑞士和德国的检察官，沿着黑市交易链条，一路追查到了韦斯特法尔和伦纳。他们达成了认罪协议，认缴了巨额罚款，被判短期监禁。同时，他们还带领考古学家指认了他们的挖掘现场。在这期间，梅勒凝视着他的新宝藏。他欣赏着那经过锤炼的金色月亮和精准排列的七颗星星。

"我很惊讶它竟如此之大。它比笔记本电脑重得多，又厚又沉。我被它的美丽深深打动。"他向我描述。他立刻确信这是过去几十年中最重要的发现之一。"这对世界有着重大的意义，极其重要。这是天空的第一幅画卷。"他说。

## 第六章 早期的文明与时间的罗盘

全球的考古学家也为之震动。尽管有人怀疑这是赝品,*但梅勒在接下来的几年里,安排对圆盘上的金属、发现时覆盖它的泥土以及一同埋葬的剑柄碎片进行了化学分析。金属合金的化学分析证实,星盘的年代为公元前1800年至公元前1600年,恰逢欧洲青铜时代的鼎盛时期。铜的来源是东阿尔卑斯山,那是当时铜的主要产地,而黄金则是在英格兰西海岸的康沃尔卡农河(Carnon River in Cornwall)淘得;锡也可能来自康沃尔。这种金属来源的多样性,显示了当时贸易网络的庞大和复杂。

在沃伦菲尔德的坑队列被挖掘5000年后,青铜时代的欧洲人创造了一个繁荣的文化,拥有丰富的金属资源与贸易活动,能够建造巨大的土制纪念碑。在考古学上,制造星盘的乌尼蒂茨(Únětice)文化,揭示了中德意志在古代并非部落文化的荒原。他们的社会结构层次分明,有统治的王子;有密集绵延达数英里的定居点;有专门的豪华葬礼;人死后,亡者被安置为右侧卧,头部朝南,面向升起的太阳;他们利用天体来把握时间,并合理利用。

沃伦菲尔德的月亮日历见证了人类首次在时间的长河中确立自身坐标,这是认知上的一次重大飞跃。而比我们早几千年的内布拉星盘则代表着另一次认知上的飞跃,我们或许会认为这是现代文明的早期形式。

---

* 原注:少数考古学家仍然不相信内布拉星盘是一个先进文明的证据。2020年9月,慕尼黑大学的鲁珀特·格哈特(Rupert Gebhard)和法兰克福大学的吕迪格尔·克劳斯(Rdiger Krause)认为,星盘可能与伦纳和韦斯特法尔发现的囤积物来源不同。他们说,在米特尔伯格的发现地点显示了铁器时代堡垒的证据,但没有更古老的证据,没有可以追溯到青铜时代的证据。他们也对发现圆盘的土壤样本的解释提出了异议。研究这些灰尘的科学家说,其中含有微量的金和铜,这表明来自圆盘的金属在数千年的时间里渗入了地下。但格哈德和克劳斯并不相信这些金和铜的碎片与圆盘有关。梅勒和他的同事们用详细的数据进行了回击,包括法庭调查结果。其他科学家对格哈特和克劳斯的争论提出异议。在一次采访中,英国考古学家艾莉森·谢里丹(Alison Sheridan)告诉我,这种争论是不得体的,并将整件事归咎于酸葡萄心理。

20世纪上半叶,来自德国乡村的令人震惊的发现开始涌现。考古遗址表明,这是一种强大的史前文化,其版图涵盖了如今欧洲的大部分地区。纳粹抓住了这些发现,自封为该文化遗产的继承者。然而,在第二次世界大战后的数年里,德国的史前考古趋于沉寂,仅限于学术界的小圈子。只有在盗墓者韦斯特法尔和伦纳发现了天盘之后,对乌尼蒂茨文化的兴趣才重新在公众意识中浮现。

在内布拉星盘问世之后,人类又历经了几个世纪才开始利用月亮构建宗教,借此巩固权力,为现代社会奠定基础。神圣权力观念在美索不达米亚落地生根,那里诞生了吉尔伽美什(Gilgamesh)、恩赫杜安娜(Enheduanna)和那波尼德(Nabonidus)等人物。梅勒认为,乌尼蒂茨在这场文明进程中迈出了关键的第一步,他们沿着月亮的光辉前行。

在梅勒的解读中,星盘宛如一幅地图的图例,掌握着解读天空奥秘的钥匙。要理解它,我们必须探讨天体力学。

你还记得太阳和月亮在冬天和夏天划过天空时表演的"双绳跳"运动吗?当太阳攀升至夏季的顶点时,月球正缓缓沉入南方的地平线。而当太阳低垂,向南迁移时,月球则升高,在冬至之际几乎触及天顶——天空的最高点。一年之中,两者的路径相交,那一刻便出现了日食。世界各地的古人,从埃及到斯堪的纳维亚,都想象有一艘巨大的太阳船(solar barque)[a]在负责这种天体的轮回。梅勒指出,内布拉星盘底部的弧线便象征了这艘太阳船,或者叫驳船。

星盘两侧的金色弧线——其中一条现在不见了,但留下了痕迹——加在一起形成了82.5度的角,这代表了太阳在内布拉冬至与

---

[a] 太阳船是埃及神话中太阳神用来穿越天空和冥界的交通工具。——译者注

## 第六章 早期的文明与时间的罗盘

夏至之间横跨地平线的角度。星盘因此成为太阳路径的精确轨迹图。在数学出现之前，在文字出现之前，是因为月球的存在，一切才成为可能。

星盘上新月的形状也藏有秘密。

它并非一钩细弯，表明它并非真正的朔月，也不是在一天左右的不可见之后的第一缕月牙。相反，这是一弯初生的上弦月，在4～5日龄后悬挂西方地平线之上，如同一把镰刀。为何计时工具会使用至少4～5天的月亮呢？

800年后，答案在美索不达米亚的公元前第一个千年中揭晓。美索不达米亚人想出了一个比沃伦菲尔德的冬至追踪器更复杂的日历重置方法。他们意识到，为了使阴历年与太阳年同步，他们应该每隔几年增加一个月，作为当年的第十三个月。他们利用月亮来标记何时应该出现这种情况。

最古老的美索不达米亚天文学知识汇编被称为《犁星》（*MUL. APIN*），书名来源于该文献第一行的前两个词，意为"北斗七星"（the plow）。它为星星和星体现象命名，但更重要的是，它包含了两种将阴历与太阳年和季节年对齐的方案。目录列出了某些星座在黎明时升起的时间、春分和秋分的长度，以及夏至和冬至的时间。当天体在这些年度事件中偏离预定位置时，就需要插入一个闰月，以修正季节与历法之间的差异。《犁星》的作者描述了一个"理想"的历法，包含12个月，每个月等于30天，并以此作为模板来确定何时添加闰月。

例如，理想年份的春分会出现在尼桑努月（Nisannu）的第15天。尼桑努相当于现在的3月或4月，是古巴比伦年的1月。若星辰或星座在预期时间首次可见，则无须调整。但如果星辰的出现比理想日历模板晚了一个月，那么那年便被定为闰年。

如果鱼（双鱼座）和老人（英仙座）在阿达鲁月（Adarru）的第15天可见，那么这一年是正常的。如果鱼和老人在尼桑努的第十五天可见，那么这一年是闰年。

星宿表校准日历的第二个方案，与内布拉星盘更加相关，跟踪的是月亮与昴宿星团的合相。在理想日历上，这应该发生在尼桑努月的第一天。美索不达米亚的天空祭司注意到，当这个合相比预期来得晚时——表明季节性的太阳年和以人为中心的阴历年同步出了差错——就是闰年的时候了。当上弦月在春分后与昴宿星团相遇时，就是时候了；当占星家观察到一弯新月，其方向与内布拉星盘上出现的完全一致时，应该增加上第13个月。星盘也是这么说的，只是没有用语言表达。难道说，青铜时代的欧洲人比美索不达米亚人早1000年就发现了这个闰月的诀窍？

梅勒和其他学者只能推测。乌尼蒂茨文化没有留下任何书面语言，所以我们永远不会知道星盘的制作者是如何获得如此先进的天文知识的。但星盘用实物证据证明，他们确实做到了。这些青铜时代的天空祭司会像使用钟表一样使用内布拉星盘，将其对准天空。他们会在天空映照出他们手中发光的星盘时，插入一个额外的月份，一个闰月。这将每两到三年发生一次。

如果星盘能够将太阳年与阴历相对应，甚至每两到三年校准一次日历，那么它确实是一个极有力量的物体。制定时间的人就是拥有权力的人。就像埃及的法老观察星星以预测尼罗河的季节性泛滥一样，内布拉星盘上的月亮可以使其主人变成一个神祇——并赋予那个人对古代中德国日益增长的早期社会的巨大控制权。

○·

内布拉星盘极其复杂的细节，堪称古代天空描绘中最美丽的之一。而在它被发现的地区，另一群史前德国人同样在这片土地上劳作，

## 第六章　早期的文明与时间的罗盘

建造着他们自己的土制日历。

戈塞克圈（Goseck Circle）坐落在一片不起眼的麦田里，与古代的沃伦菲尔德沃伦"日历"非常相似。它大约创建于公元前4900年，比内布拉星盘早了3000年。在其边界内发现的人类和牛骨表明，它曾被用于某种祭祀仪式。文化团体在21世纪初重建了这个圆圈，现在人们可以站在它的木桩里，用与远古的人类一样的方式观看日出。戈塞克圈是一个太阳观测站，而非月球观测站。在冬至，太阳在圆环的西南门之间升起和落下；夏至的太阳则从木桩栅栏的缝隙中升起。

发现戈塞克圆环的地点与发现内布拉星盘的地点相近，这表明天空与居住在德国东部的人类之间存在着深刻的联系。跟踪太阳和月亮对于农业至关重要，尤其是将以月球为基础的民用时间与太阳年、季节年保持一致。至少4000年来，欧洲文化利用月球和太阳来追踪时间，可能还用于举行仪式、典礼和征战。内布拉圆盘可能是北欧已知最早的月球计时的例子，后来出现了许多其他的月球符号。

其中最美丽，也可以说是最奇怪的一个，是柏林金帽（Berlin Gold Hat）。它现在在柏林的新博物馆（Berlin's Neues Museum）展出。这个中欧的古代文物旁边，矗立着二战中被盟军炸毁的柱子。

这顶巨大的圆锥形帽子可以追溯到公元前1000年，看起来像是《哈利·波特》（Harry Potter）里的道具，或者是《亚瑟王》（King Arthur）里梅林（Merlin）的戏服。这可能是一个合理的比较；尽管它的功能已经随着时间的流逝而消失，但这顶巨大的帽子很可能是由牧师或统治者在进行某种月亮仪式时戴的。这顶帽子的帽檐用铜丝加固，其尺寸适合普通男性的头部。佩戴者可能负责一些农业或天文方面的事务，旨在控制计时和民间生活的结构。他肯定非常有权势，甚至可能被视为神。

在幽暗的展厅中，金帽安静地立于圆形底座上，在射灯的照耀下，金光璀璨。金帽高达 30 英寸，如同桌面一般高度，由一块完整的金板制成。帽子的座基比我还高，显得威严而肃穆。帽子上布满圆形的图案以及总计 57 个月亮图案——象征着 57 个月，约莫四个半太阳年的轮回。这顶帽子或许曾与内布拉星盘一样，被用于天文观测。它可能曾用于计算关键的闰月，以确保农历与太阳年季节的同步。即便没有内布拉星盘或书写的能力，中欧的古人依旧找到了测定时间、标记年份的方法，并借此构建起他们的生活秩序。

柏林金帽在未注明出处的情况下被陈列于新博物馆。还有三顶类似的金帽也被农民们发现，从地里掘出，重见天日，现在也安坐在博物馆之中。其中一顶是 1835 年在希弗施塔特（Schifferstadt）发现的，似乎是被有意掩埋的。在法国和德国分别发现的阿旺通（Avanton）和埃泽尔斯多夫－布赫（Ezelsdorf-Buch）金锥，都是没有帽檐的。这些锥体与其他帽子非常相似，它们可能也曾经有过帽檐，并且可能用于类似的目的。所有这些金器的制作年代介于公元前 1400 年至公元前 800 年之间，比内布拉星盘晚几个世纪。它们都是用单一的金片锤打而成，含有铜和锡的合金，锡是青铜器时代最强大的金属。每一件都刻有象征月亮的金色圆球。

就像中石器时代沃伦菲尔德的苏格兰人一样，这些古代制帽人知道他们需要以某种方式将太阳的至日与月亮周期联系起来。通过这样的方法，他们能够追踪岁月的更迭以及季节的变换。沃伦菲尔德代表人类第一次意识到这一点；内布拉的星盘可能是他们首次懂得如何利用天空来达到这一目的，而不仅仅是欣赏其景观。金帽则是这一思想的进一步延伸。

显然，所有这些天文观测者都有一个共同点：他们决定不留下他们宝贵的计时器的痕迹。

## 第六章 早期的文明与时间的罗盘

出于我们永远不知道的原因，内布拉星盘的使用者把它埋在了米特尔贝格。星盘的影响范围从来没有超出今天的萨克森-安哈特州。这片土地上的居民在此地平静地生活了 400 年。梅勒和其他考古学家都没有找到重大火灾、战争、大屠杀或任何其他暴力行为的痕迹。这些村庄没有设防，没有像东边 2900 英里的巴比伦那样的金色城墙。星盘的主人，或他们所服务的天空祭司统治者，是农业社会的一部分，拥有一支庞大的常备军来保护土地和人民。他们控制了琥珀、铜、锡和其他贵重材料在欧洲心脏地带的流通。乌内蒂茨文化曾拥有一个强大的帝国，为什么没有维持下去？*

梅勒认为，他们或许与其他地区一样，遭到了来自外地的瘟疫的侵袭，因为迁徙和贸易带来了新的人群、新的习俗和新的疾病。他们缺乏书写系统可能也是一个原因。即便内布拉星盘的制作者在美索不达米亚的土地上学习掌握了天空的秘密，他们显然并未将楔形文字同时带回，那是地球上最古老的书写形式。知识就是力量，历来如此。对于乌内蒂茨来说，口耳相传是传递知识的唯一途径。星盘的创造者或许拒绝，或许无法分享他们的知识。梅勒告诉我，他认为星盘本身，特别是后来添加的太阳"船"，是他们逐渐陷入神秘主义的证据。星盘最初作为天文设备而制造，但在后来的岁月里，梅勒认为它被赋予了神话的色彩。最终，它被隐藏起来，被埋藏在远离它所象征的天空之下，远离了它曾被用来利用的月相。

今天，内布拉星盘的发现地拥有一座瞭望塔，附近建了一座博物馆，它们像一艘轮船或一艘太阳船一样悬挂在小镇上空。它被称

---

\* 原注：到公元前 1177 年，爱琴海地区、埃及和近东的大帝国和小王国以戏剧性的方式分崩离析。埃及人、巴比伦人、米诺斯人、迈锡尼人、赫梯人以及其他文明都陷入了长达数世纪的黑暗时代。历史学家埃里克·克莱恩 (Eric Cline) 认为，这么多古代文明同时消亡是由多种压力因素造成的，尤其是干旱和饥荒，这又导致了劫掠入侵。

为"内布拉方舟",讲述了这个圆盘和它的人民的故事。博物馆馆长贝蒂娜·普法夫(Bettina Pfaff)带我参观了精心设计的展览,这些展览描绘了生活在中欧的各个人种,从农业的发明到内布拉星盘,再到中世纪。

展厅的设计是为了表现星盘上的图像。从外面看,墙壁看起来像新月,但在里面,它们的倾斜侧面展示了与星盘和挥舞它的人有关的文物。根据普法夫的说法,博物馆建筑的设计是为了"让内容自由"。博物馆甚至通过木偶戏讲述了韦斯特法尔、伦纳和梅勒在巴塞尔的遭遇。普法夫说,策展人小心翼翼地不把盗墓者变成英雄。

这个星盘与包括匕首和珠宝在内的几件贵重物品一起被掩埋。普法夫指出,它是在一个繁荣时代结束时被埋在地下的,但是离青铜时代的结束还有好几个世纪。

"或许那个时代充满了动荡,或许他们将最珍贵的宝藏深埋地下。"普法夫若有所思地说道,"或许,它的主人曾怀着对爱人或一位尊贵君王般的敬意,在其周围安放了无数珍宝。"

埋藏星盘的人在将其深埋之前,对其做了一些改动。左侧的弧线似乎在磁盘埋藏之前已被移除。普法夫向我透露,这一行为可能是偶然发生的,也可能并非如此。在青铜时代,故意损毁重要文物的行为屡见不鲜。\* 苏格兰东北部的石圈遭到了封闭;沃伦菲尔德的木质建筑大厅被蓄意焚毁;在爱尔兰海的彼岸,凯尔特的剑在被粉碎后才被投入大海,作为献祭。类似的例子比比皆是。

普法夫说:"也许他们是想摧毁它,永远埋葬它,这样就没有人能再使用它了。"这种想法令人不寒而栗。他们想隐瞒什么?或

---

\* 原注:故意破坏沃伦·菲尔德的木材大厅就是一个例子。在土耳其的恰塔霍尤克(Çatalhöyük),一些人类历史上最早的已知住宅被焚烧和封闭。同样的事情也发生在卡霍基亚文明,其遗迹位于圣路易斯以东。

## 第六章 早期的文明与时间的罗盘 ☽

者他们想保护什么？

中午时分，我们在博物馆的咖啡厅用完简餐，普法夫领我前往森林中的米特尔贝格山，那里位于星盘发现地附近。我们沿着砾石小径缓缓行驶，途中，正在徒步旅行的一家人好奇地打量着我们。抵达山顶，我登上瞭望塔，这座塔是梅勒的创意建筑师团队精心设计建造的，为的是纪念那神秘的星盘的最终安居之所。地面上，雕刻精细的金属栏杆勾勒出太阳在夏至日的轨迹。塔的布局巧妙，确保在夏至那天，落日的余晖能够直射塔的中心轴线，让阳光穿透纪念碑，洒落在金黄色的内部，营造出一种神圣而庄严的氛围。

爬完相当于 15 层楼的台阶，我抵达了一个观景平台，从这里能够俯瞰德国中部那连绵起伏的山峦。在挺拔高耸的云杉林间，嫩绿的山毛榉树正在蓬勃生长；透过齐格尔罗达那朦胧的轮廓，越过内布拉那广阔的原野，我的目光无尽地延伸，一直望向远方那些若隐若现的小山丘。

在下面，挖掘出星盘的盗洞现在用一个塑料盖子盖上了。这使一些游客不满，他们希望重建这个洞，复原里面的状态，以便游客能够看到盗墓者当时所看到的情形。但是，普法夫和梅勒采取了更哲学化的方式。这个覆盖物不仅能让你看到内部，还旨在反射上方的天空，邀请游客想象圆盘所代表并呼应的天体。

当我从米特尔贝格山的山坡上缓缓走下，与梅勒的司机，好脾气的东德人罗尔夫（Rolf）一同返回车内时，夜空中还未见月亮的踪影。我们沿着高速公路返回哈雷，我要在那里搭火车返回柏林。在梅勒那辆黑色的奔驰车内，罗尔夫发现高速公路上没有限速标志，他几乎是在自言自语地问："我可以开得快一些吗？"我回答道："当然可以。"随即，他轻踩油门，车辆如同脱缰的野马般疾驰而去。

在我最后一次查看速度表时,那辆奔驰车正以每小时224公里(约合每小时140英里)的速度呼啸前行,这个速度不仅远远超出了我家乡所有道路的法定速度限制,也超出了我的心理承受范围。我不由得闭上了眼睛。

那天晚上,夜深人静的时候,我步出酒店大门,去寻觅天际的月亮与昴宿星团。4月初的夜空,我知道它们会像梅勒笔下描绘的那样悬挂在天幕。在德国北方的天空,四日龄的新月如同一弯陈年的镰刀,其弧线轻柔地指向月亮盘的右下方。尽管柏林的光污染使得昴宿星团难以寻觅,但它们依旧静默地存在于月亮的上方。即将到来的2020年是一个闰年,这一点,来自远古星盘仿佛早已知晓。

○•

内布拉星盘及其博物馆无疑将成为令人叹为观止的旅游胜地,即便不承载更深层次的意义,它们也是德国乡村中的考古瑰宝。然而,它们是人类意识与月球相伴3.5万年的历程中的里程碑。在史前人类的观念里,月亮最初象征着生育、计时器和一种神秘符号。不久,它演变为时间的计量者,作为一种计时工具,帮助人类在时间中定位自我,构想未来,同时回顾过往。对月亮的永恒纪念被镌刻在首个原始的手表中,以黄金敲制,用以同步阴历与季节。月亮的月相将我们的祖先与我们紧密相连,它是时间的起点。

然而,随着石器时代向青铜时代的转变,月亮不再仅仅是预测季节的助手,它成为人类摆脱史前时代束缚时宇宙中最重要的标志。月亮的计时功能赋予人类规划未来的能力,进而激发了发明创造的潜能。遵循月亮的指引,人类学会了如何种植充足的粮食,从而结束了依靠渔猎和采摘觅食的生活方式。月球开启了历史的新篇章。人类最早的文字记录,无论是其存在还是内容,都深受月球周期的

## 第六章 早期的文明与时间的罗盘

影响。随着美索不达米亚和埃及等首批文明的出现,月亮的重要性不再仅限于时间的象征,它成为事件的记录者、命运的预言家、力量的源泉,甚至本身就成为神祇。月亮最终奠定了哲学和宗教的基础,在东西方文明中,指引着历史的进程。

月球以它可靠的计时功能,帮助人类为未来做好了准备。它作为天空中那枚沉默的银色时钟的角色,已经被人类发明的新技术所取代,逐渐成为昔日的荣耀。

## 第七章　天空的装饰

将神圣的事物与人类混合是古代的特权。

——利维，《罗马史》，第一卷，第七章

哦，西恩，天堂和地狱之神的国王，没有你，就没有城市或国家能够建立或恢复。

——《纳波尼都斯圆柱》（阿布哈巴，西帕尔），II.26–32

在遥远的未来，当我们的语言与文明已经消逝在历史的长河之中，未来的考古学家在发掘大英博物馆时，他们或许会发觉馆内的一些藏品难以阐释。被掠夺来的帕特侬神庙大理石（Parthenon Marbles）对他们来说可能仅仅是雕刻极为精美的浮雕饰带，塞勒涅之马（Horse of Selene）或者半人马的背后没有更为深刻的内涵。罗塞塔石碑（Rosetta Stone）及其三种语言的铭文将仅仅是一块硕大的花岗岩石板，上面覆盖着难以辨认的涂鸦。在人类数千年的历史进程中，无数的物品虽然美丽动人，但用途却神秘莫测。

然而，也有一些例外。某些文物无须从符号学的层面去进行解释，只因它们所承载的符号的象征意义，在漫长的时间流转中贯穿始终。

当某物被装点成新月形状时，这个符号所代表的含义确凿无疑。有时需要更多的资讯来弄清楚月亮的意义或者使用它的缘由，但新月本身无疑是确切无比的，它就在那儿，它还能是其他什么呢？

大英博物馆就展出过一件这样的文物，它极有可能会引发未来挖掘者的兴趣，缘由有二：这件文物中有着极为显眼的对月亮的刻画，以及同样引人瞩目的对其崇拜的描摹。

它由玄武岩打造而成，顶部圆润，形状、大小恰似一块墓碑。上面描绘着一弯向上翘起的新月，高悬在一个举起右臂膜拜的男人头顶之上。主人公的所作所为，在大多数人看来无疑是在祈祷。人物以浮雕的形式呈现，立于左侧，面向右侧的新月和其他符号。他身着华丽长袍，长袍上装饰着复杂的图案，看起来是刺绣或是编织而成。这是一件极为昂贵的服饰，符合国王的身份。这位具有帝王之姿的人物头戴一顶尖顶帽子，蓄着几乎和他的帽子一样长的胡须，修剪得整整齐齐。他的左手握着一根权杖，在数千年来的各个社会中，这都是权力的象征。这根权杖的顶端有一弯新月，与天空中的新月遥相呼应。在月亮旁边，距离国王较远处，排列着一只带翅膀的圆盘和一颗七角星。

倘若你正在参观大英博物馆，这件文物下方的标签会向你介绍，这是那波尼德石碑，归巴比伦最后一位国王所有。他正在向其心中最为钟爱的对象——月神西恩——虔诚祈祷。这块石碑将西恩奉为至高无上的神祇，比太阳神（带翅膀的圆盘）或者启明星与长庚星（我们所熟知的金星）更加重要。这种等级划分表现了那波尼德的堕落，预示他整个帝国的覆灭。国王对月亮的忠诚超越一切，导致了古代美索不达米亚最精美、最复杂的文化的终结。然而，这个人与月球那完整且辉煌的故事，永远不可能在博物馆的标签上出现。

5000多年来，人类与月神共同谱写了悠久历史，那波尼德石碑

## 第七章　天空的装饰 ☽

不过是一个早期的见证。古时候，月神在近东地区备受欢迎，堪称神祇中的翘楚。尽管月神早已在历史的长河中消逝无踪，但它的影响却至今仍然随处可见。它的追随者们仍然延续着各种传统——动物献祭，奉献物品，修建供奉它的寺庙，以它的形象特征为图腾，而且在后来所有有组织的宗教中均有显现。在苏美尔文明的部分时期，月神与他的妻子宁伽尔（Ningal）——"伟大的女士"和芦苇女神，以及他们的儿子太阳神一同受到崇拜，这使他成为目前已知的第一个三位一体的神系的最高神。

即便不是第一位，月神也是人类历史上最早的神之一。在很长一段时间里，他是所有神灵中最重要的，对月神的崇拜为随后的所有信仰传统奠定了基础。

在沃伦菲尔德与内布拉星盘的所在地，人们为了实际的计时需求，将月球的周期引入地球的生活节奏。在肥沃新月地带*，人类借助月亮的力量，超越了日常生活的节奏。正是通过这些古老的天文观测，月亮被赋予了神圣的象征意义。

美索不达米亚的智者们，在月亮的盈亏之间，窥见了生命循环的奥秘——出生、死亡与重生。每个月，总有三夜月亮会隐去，然后，它又重新升起，如同生命的不灭轮回。那些建造沃伦菲尔德坑队列的工匠，以及那些精心雕琢内布拉星盘的艺术家，都深知月球所蕴含的宇宙能量与精神力量，他们试图通过自己的创造，引导这股力量流向人间。正是在美索不达米亚，月亮因其独特的力量而首次被赋予了神圣的地位。

---

\* 原注：该地区不是以月球命名的，尽管这是一个很好的巧合。肥沃的新月地带是人类文明的摇篮，它的范围涉及一条横跨埃及尼罗河三角洲的沼泽弧线，向上穿过黎凡特（包括现在的以色列和巴勒斯坦），进入土耳其南部，向下延伸到现在的伊拉克和伊朗西部。

月亮引领着人类，让他们从一群仰望星空的流浪者，转变为耕耘土地、创造文明的农民。考古的篇章记载着这一变革，首次在底格里斯河与幼发拉底河之间的肥沃平原上缓缓展开。公元前5800年，人类开始在这片被希腊语称为"两河之间的土地"的美索不达米亚——这片葱郁的伊甸园中——建立起永久的居所。平原上建立起第一批城市，它们成为成千上万人的家园。第一个城市是乌鲁克（Uruk）*，英雄吉尔伽美什（Gilgamesh）的故乡，在公元前2900年的鼎盛时期，可能拥有8万居民。

7000年前，美索不达米亚还是一片沼泽之地，土壤历经冰川磨蚀，极为肥沃，然而降雨难以捉摸，夏天酷热难耐。为了解决这个问题，人们发明了灌溉技术，将淡水引入田地。一旦土地以这种方式耕作，就立刻变得宝贵。人们需要一种手段来保护土地，并在出售或转让时获得保障。于是，法律和金融体系应运而生，文字也随之诞生。

当人类开始驾驭自然的力量时，他们仰望月亮，以寻求心灵的慰藉。政治领袖们巧妙地利用这份原始的信仰，为自己谋求利益，建立了世界上第一个帝国。随着这些帝国文化的繁荣与力量的增强，对月亮及星空的崇拜仪式，也变得愈发繁复，目标愈发明确。月亮崇拜需要对天空进行细致观察，以实现神圣的目标，而非出于计时的民用目的。正是这种对天穹的凝视，促成了科学的初次萌芽。月亮不仅赋予了我们宗教，也教会了我们一种新的掌控方式和一种新的思考方式。它引领着我们的先人，逐步揭开了天体和周遭世界的神秘面纱。

○·

---

\* 原注：这座城市的名字可能影响了阿拉伯语中的"al-Irāq"，而现代国家伊拉克就由此得名，尽管学者们对这种词源学存在争议。

## 第七章 天空的装饰 ☽

在那波尼德的青年时期,他未曾梦想过承受王冠之重。"我是那波尼德,我无望于高位的荣光——王权非我身所承。"一块出土于西帕尔(Sippar)的黏土板上,记录着他在位期间的自述。他由母亲抚养长大,而他母亲是月神的女祭司,他或许在步入花甲之年才踏上权力的宝座,此前他可能已在官僚体系中默默耕耘多年。

身为一国之君,他显然对征战之事全无兴趣,与之相反,他对考古学和建筑学极为热忱。他投入了大量的时间与资金去发掘自己文明先辈的遗迹,对他们为月神西恩建造的寺庙更是格外重视。他有时被称为考古学家的鼻祖。

那波尼德在其出生地,一座叫哈兰(Harran)的土耳其城市,以及世界上最早的大都市之一乌尔(Ur),修复了奉祀月神的神庙。他监督了被称为乌尔大金字塔(Great Ziggurat of Ur)的阶梯金字塔的修复工作。这座金字塔以其婚礼蛋糕形状著称,始建于公元前3000年末期。那波尼德将金字塔的表面涂成了黑色,并将神庙的内殿,神圣的吉帕鲁(Giparu)重新奉献给了他的女儿恩尼加尔迪-南纳(Ennigaldi-Nanna)。他立她为月神的大祭司,和他的母亲一样的职位。恩尼加尔迪在乌尔建立了一座博物馆和一所学校,装修极为豪华,她对宝藏的挑剔品位,如同她精心编织的头发,将底格里斯河和幼发拉底河之间的大草原的早期王朝联系在了一起。*

在数千年前,金字塔曾是天际线上的庄严存在,它们就像苏格兰东北部的石圈内部篝火一般,绵延数英里。在那座城市最终沦为废墟之前,在神庙和整个乌尔被现今伊拉克纳西里耶的沙海所吞没之前——金字塔及其月神庙无疑是一座照亮夜空的灯塔,它们不仅

---

\* 原注:萨达姆·侯赛因也曾出于同样的动机修复了金字塔的基座。在1991年美国领导的战争期间,萨达姆在金字塔附近停放了战斗机,因为他认为美国人不会冒险摧毁这座无价的纪念碑,但它仍然被炸弹弹片损坏。

指引着夜行者的方向，更呼唤着那里的子民。

从1853年开始，现代考古学家们开始对乌尔城进行发掘，这项工作主要是由大英博物馆派员开展的。在发掘之前，金字塔在阿拉伯语中仅仅是一座"土丘"(tell)，乌尔的金字塔也被称为"沥青丘"（Tell al-Muqayyar），这是因为其砖块是用沥青黏合在一起的。沥青是一种用于道路的材料，它可能是伊拉克巨大油田流溢出的第一种有价值的产品。而这种油质、耐用的黏合剂不仅能够防水，还能将经过烧制的黏土砖牢固地黏合在一起，使得金字塔的结构更为稳固。这种材料的韧性足以解释，为何金字塔在风雨中矗立了4000年，饱经古代及现代入侵者的破坏，却依然能够保存较为完整。

大英博物馆中，像那波尼德石碑之类的文物比比皆是。众多来自巴比伦文明的文物，特别是来自乌尔废墟的文物的发现，要归功于一位名为伦纳德·伍利（Leonard Woolley）的考古学家。伍利发现了一个远古的博物馆，也许是世界上首个文物博物馆，它的主人是那波尼德的女儿，即月神的大祭司恩尼加尔迪－南纳公主，她在月神神庙里收藏了大量的掠夺品。这些文物默默地讲述着月神和它忠实信徒之间意味深长的故事。

1927年，伍利将它们从沙子中发掘出来，其中包括一块公元前1400年的界石、一座公元前2280年的国王雕像、公元前2220年的地基砖，以及一件更为古老的武器。起初，他被这些五花八门的东西弄糊涂了，他在描述这些藏品时写道："证据完全表明它们不是偶然到达那里的。"他进一步指出，这些文物并非随意摆放，而是带有一种"离奇古怪的目的性"。

发掘过程中，伍利的团队发现了一个桶状圆柱体，与易拉罐大小相仿，它的出现使得这些遗迹开始变得富有意义。这个圆柱体上

## 第七章 天空的装饰

有可能是世界上最为古老的博物馆标签,还刻有四列楔形文字,楔形文字乃是人类最早的文字之一。一位古代的抄写员写道:"这些是依据从乌尔废墟中发现的砖块复制而来的……我看到了并写下了令旁观者为之惊叹的东西。"

随后,伍利发现了另一个物品,这个物品更易于理解。它是一个用方解石雕刻而成的圆盘,上面雕刻着一位身披长袍、鼻梁高耸、长辫垂肩、头戴尖顶帽的女性形象,帽子与那波尼德石碑上的王冠颇为相似。她身后,随从们捧着祭品,缓缓走向月神的神庙。这位女性,正是月神的大祭司——恩赫杜安娜(Enheduanna)。她的父亲萨尔贡大帝(Sargon the Great)是那波尼德之前17个世纪的君王。而博物馆馆长恩尼加尔迪-南纳公主,算是恩赫杜安娜的继任者之一。

两位女祭司在相隔1700年的历史长河遥相呼应,因共同的遗产和使命紧密相连。她们的父亲都是美索不达米亚的君王,把她们扶至月神大祭司(EN-ship)的尊贵地位。在那个时代,大祭司是文明中极具权势的职位,而君王们通过女儿们来施展这种力量。月神是他们的守护神、工具以及崇拜的偶像。恩赫杜安娜与萨尔贡大帝用苏美尔语将这位神祇称为南纳(Nanna),而恩尼加尔迪与那波尼德则用巴比伦尼亚语称之为西恩——都是月亮的化身。*

对月亮与太阳的崇拜,源于人类对天体在生命历程中所扮演角色的原始敬畏。在众多早期文明的神话传说中,都有关于自然神的故事,因为自然主宰了他们的生活。人们仰望天空,寻求神灵的援助,

---

\* 原注:虽然恩尼伽尔迪和她的父亲会用"西恩"这个名字来称呼月神,但她自己的名字则来自一个更古老的苏美尔语拼写,指的是同一个神。纳博尼德斯对考古学和本国的历史有着浓厚的兴趣,显然,他给女儿取了一个古老的苏美尔语名字,意思是"月神的渴望"。

因为那里既有赋予和滋润万物生命的阳光雨露，也有能摧毁庄稼、带来灾难的冰雹与瘟疫。

对于远古的猎人和采集者而言，月亮不仅是夜晚的光辉，更是人类生活的向导。月亮的盈亏指引着他们的步伐，照亮了他们的夜晚，使得生活与狩猎得以有序进行。随着农业的兴起和动物的驯化，当人们擅长种植粮食、驯服动物且建造了世界上首批城市时，他们出于实际考量继续依赖月亮。月亮照亮着田野与城市的街道。人们能够照看好谷物和羊群，也能够在晚上走在回家或者去商店的途中。

这种显著的好处最终演变为与天空及其神圣力量的精神联系。或许，早期的月亮崇拜源于感恩月亮的光芒方便了狩猎和采集，如今月亮的神性则是远古时期记忆的残留；也许最初的故事演变成了神话，月亮的光辉成为仁慈或者有意援助的证据。早期对月神的赞美诗着重强调了这一遗产。它们或许首先通过口头故事流传开来，然后最终被刻在黏土制成的石板上，这乃是世界上最早的书面记录。苏美尔泥板上的楔形文字，是用三角形的笔尖压在湿润的黏土上，而后在太阳下烘干而成的。这些陶板上的早期诗歌，将月神尊崇为神圣的牧马人，守护着美索不达米亚的牛群，并确保人类有充足的牛奶、黄油。

那首佚名的诗作《南纳的牛群》（*The herd of Nanna*）统计了南纳照料的大约 3.96 万头奶牛，这不仅展现了他作为"生物之神，土地之领袖"的形象，也象征着他慷慨赐予的丰饶与富饶。南纳同时也是啤酒的供应者，啤酒在美索不达米亚文化中是一种最受欢迎的饮品。

"他赐予我们丰沛的山葡萄酒、烈酒和糖浆。"诗中唱道，"哦，父亲南纳，愿你受到颂扬！"

南纳有时会化身为公牛，这个主题在地球上所有最为早期的宗

## 第七章　天空的装饰　☾

教中反复出现。拉斯科（Lascaux）的洞穴画家们专注于描摹野牛；古埃及人崇拜阿比斯（Apis），这是一头两角之间悬挂着满月的公牛，被视作强大的生育之神；在东方，湿婆神（Shiva）作为印度教主脉之一的至高存在，他的座驾是一头壮硕的公牛；代表爱与慈悲的印度教神奎师那（Krishna）在年轻时是个牛郎；在《旧约》中，崇拜金牛犊偶像是一种极为可怕的叛教行径。\* 大祭司恩赫杜安娜（Enheduanna）如此描述南纳：

> 熠熠生辉的公牛，昂汝之首向太阳！汝之双角闪耀，充满力量、神圣与光芒。带着闪亮的青金石胡须……汝之君主，强大的阳光，主真理之言，照亮地平线，照亮苍穹……\*的主宰。

在诗歌和祷文里，南纳/西恩被称为"众神之父""诸神之尊"以及"万物的缔造者"。这是在第一个一神论者离开月亮城乌尔，前往应许之地之前，人们对他的认知。

这个故事出自《创世纪》（*the Book of Genesis*）。在此之前，新月沃地四处分布着供奉自然之神的庙宇。杰里科（Jericho）是最早的定居点之一，现今它是约旦河西岸的一座巴勒斯坦城市，坐落于耶路撒冷附近的争议地区。杰里科最早期的遗迹能够追溯至大约公元前9500年，即人类发明陶器之前的时期，比阿伯丁郡沃伦菲尔德的坑队列还要早1500年。古时候，人们前往杰里科有两大原因：淡水泉以及月亮。

杰里科的泉水，现在被称为恩－埃斯－苏丹（Ein-es-Sultan），曾是纳图菲安人（Natufians）狩猎采集者的聚集之地。这眼泉水不

---

\* 原注：出埃及记32:1-8，列王纪上12:26-30，申命记9:16，以及旧约圣经/希伯来圣经中的其他章节都讲述了金牛犊偶像激怒上帝的故事。

仅是生命之水，正如许多新石器时代的居民所认为的那样，它也是强大的生育力的象征。纳图菲安人与其他早期的狩猎采集者一样，因他们留下的小型石器而著称。这些石器被称为月石——一种新月形的小石片，用于割草。狩猎采集者群体在温暖的季节里会前往杰里科的泉水。大约公元前 9600 年，随着被称为新仙女木时期的干旱和寒冷结束，纳图菲安人选择在杰里科定居。地球上最古老的城市之一便在这些寻水者周围逐渐兴起。由于泉水与生育仪式的紧密联系，杰里科成为月亮崇拜者的朝圣之地。

关于杰里科这座城市名字的起源，学者们持有不同的观点——一些人认为它源自一个意为"芬芳"（fragrant）的词汇，用以形容这里繁花似锦的景象——然而，巴勒斯坦政府的旅游办公室则将杰里科描绘为"月亮之城"（the City of the Moon）。耶利哥（Jericho）曾是迦南神雅利克（Yarikh）的早期崇拜中心，以月亮作为其象征。人们为了朝拜他而前往城中的神庙。这种崇拜可能也解释了公元前 3000 年其他原始城市的起源。在这些城市中，神庙可能是最先建立的，随后城市的活力在周围建筑的推动下逐渐兴起。"迦勒底的乌尔"在苏美尔的楔形文字中是 ▽⪤✦，被译为 URIMki 或 UNUGki，意思是"南纳的住所"。

公元前 2000 年前后，美索不达米亚地区已成为众多城邦的汇聚之地，其中包括了乌鲁克、乌尔、基什（Kish）和阿卡德（Akkad）等城邦，它们的遗迹如今已消逝在历史的长河之中。这些城市的居民，为了河流之间的肥沃土地和水资源争夺了数个世纪。来自阿卡德的国王萨尔贡（Sargon）成为了首位将这些城邦统一的人物，他也是首位建立类似帝国制度的统治者，通过统一的官僚体系和宗教信仰来统御人民。公元前 2334 年，他征服了乌尔，其麾下的军队较之以

## 第七章  天空的装饰 ☾

往的苏美尔国王更为强大，部分归功于他们装备的弓箭，这在当时树木稀缺的土地上是极为罕见的。考虑到萨尔贡卑微的出身，他的统治无疑是一项非凡的成就。据他的自传体故事讲述，他的父亲身份不明，母亲是一个祭司，秘密地生下了他，把他放在一个用沥青密封的芦苇篮子里，放入了幼发拉底河。*

战争结束后，萨尔贡需要一种比武力更强大的手段来统治他的王国。他意识到官僚控制比军事力量更持久，换句话说，芦苇笔比剑更强大。萨尔贡通过几种方式实现了这一点。他统一了度量衡，这些度量衡以前在不同地方是不同的。他征收赋税，并保留了古代苏美尔统治家族的成员作为他的宫廷成员。他开创了一个超越苏美尔之前发展起来的官僚制度。但他最重要的官员是他的女儿，梳着漂亮头发的女祭司恩赫杜安娜（Enheduanna）。"女儿"可能是一个敬语，而不是表示恩赫杜安娜是萨尔贡的亲生孩子，但无论如何，萨尔贡一定非常信任她。为了萨尔贡的利益，她使月神与阿卡德的神和苏美尔的神"结盟"，巩固了地球上的第一个帝国。

恩赫杜安娜的名字本身就是这个过程的第一步。她原来的名字可能是闪米特语，但为了安抚她现在旨在团结的人民而改为了苏美尔语形式。恩赫杜安娜是一个笔名：𒂗（EN）翻译为"女士，高级女祭司"；𒃶（HEDU）意为"装饰"；后面跟着𒀭（AN），天空之神的名字；以及𒈾（NA）。她的名字意为"天空装饰的高级女祭司"，即月亮。

阿卡德人将月神列入扩大了的众神谱，但他们更崇拜爱神。苏

---

\* 原注：这个故事听起来是不是很熟悉？萨尔贡的出生故事比摩西早了八百年。

美尔人称她为伊南娜（Inanna）*；巴比伦人后来称她为伊什塔（Ishtar）；在希腊，她被称为阿芙洛狄忒（Aphrodite）；在罗马，她被称为维纳斯（Venus），是距太阳第二远的行星。

然而，她并非月亮本身。南纳在苏美尔众神之中备受尊崇，其地位在苏美尔是无可替代的。任何渴望统治乌尔的君王都必须向南纳表示敬意，因此，恩赫杜安娜被授予了月神女祭司的尊位，按严格的宗教意义来说，她即是他在人间的配偶。她深知对南纳的尊崇是职责所在，但她也心知肚明，通过将乌尔与南纳紧密联系，她能够汲取巨大的力量，并在两位神祇之间建立起神圣的纽带，从而促进两个城邦间的联合。她在一首题为《颂扬伊南娜》（The Exaltation of Inanna）的赞美诗中，实现了这一宏伟目标。

恩赫杜安娜的任期长达40年。其间的某个时刻，萨尔贡的孙子纳拉姆－西恩（Naram-Sin）登上了苏美尔国王的宝座。一些乌尔居民起义，反抗阿卡德的统治者，并质疑恩赫杜安娜的祭司身份。她被逐出了神圣的吉帕鲁，开始了流亡生涯。恩赫杜安娜坦然面对，洋洋洒洒地写下了自己所承受的痛苦。她被切断了与避难所的联系，无法履行自身的神圣职责。由于缺乏直接联系南纳的渠道，她便转而向伊南娜求助。最终，依据她自己的文字记载，众神回应了她的请求，她得以回到吉帕鲁。她用诗歌形式写的悲惨故事是一个极为机智的举动。她成功地利用了自己的痛苦故事，将焦点转向伊南娜，而不仅仅是南纳。恩赫杜安娜或许提议宣布伊南娜为南纳的女儿，正如她后来在苏美尔圣殿赞美诗中所描述的那般。这种关系将证明女神对乌尔和南苏美尔的权力具有合法性，同时也能够维持南纳的

---

\* 原注：这个名字看起来很像南纳，因为我们对楔形文字的音译是有限的。地球上最早的书写者并没有复杂的字母表，只要你尝试着创造出一组能够传达整个人类经历的角色即可。

## 第七章 天空的装饰

至高无上地位。

在恩赫杜安娜笔下的苏美尔圣殿赞美诗中,诸神得到了更为生动的颂扬。这些诗歌共有 42 首,赞颂了苏美尔的圣地。这部诗篇讲述了乌鲁克国王与他野性朋友的故事,其中也最早提及了洪水的传说。尽管这部诗歌并非世界上最古老的宗教文本——《吉尔伽美什史诗》(*Epic of Gilgamesh*)才是,但恩赫杜安娜的赞美诗却开始转变青铜时代人们看待神的方式。

这些赞美诗赋予了诸神更有趣的情感和人性化的特征,他们拥有思想,怀揣忧虑,甚至勇于冒险。伊南娜在这些诗篇中被奉为天堂的女王,她的形象更加立体。在恩赫杜安娜的故事中,伊南娜在拜访了醉酒之后的智慧之神恩基(Enki)[*],巧妙地从他那里骗取了众神的共同宇宙力量——苏美尔人称之为 me。这些诗篇展现了伊南娜的机智和权威。南纳也通过她的各种化身,成为更深刻、更全面的角色。诸神似乎更加关心普天下人的日常生活,而不仅仅是苏美尔人或阿卡德人。恩赫杜安娜的诗歌充满了感性、情欲、俏皮和深刻的激情,她通过文字首次尝试在天、地、人、神之间建立联系。青铜时代的人们因此聚集了他们崇拜的焦点,从抽象的自然神转向了那些直接参与人类生活的神祇。得益于萨尔贡的女儿,那些最有趣的神祇现在与他们的信徒们有了更多的共鸣。

圣殿赞美诗或许是为了统一萨尔贡所征服的土地而创作。尽管在此之前,这些赞美诗可能已有几个版本流传,但恩赫杜安娜宣称自己是这些诗篇的作者,因而她被尊崇为历史上第一位署名作者,首位在文稿中留下自己名字的人。她自豪地写道:"这些石板的编纂者是恩赫杜安娜。我在此创造了前所未有的事物,我的国王!"

---

[*] 原注:水神和智慧之神。他曾犯下弑父的罪行,杀死了他的父亲阿普苏(和提亚马特一起创造天地的神)。

这 42 首圣殿赞美诗，历经 2000 多年的抄写，其历史之悠久，比新约的记录历史还要长。恩赫杜安娜以其充满热情的风格，为犹太教和早期基督教的礼仪作品奠定了基础。在《伟大的女主人》(*The Great-Hearted Mistress*)（有时也被简单地翻译为《伊南娜的赞美诗》）中，诗人写道：

> 你是如此壮丽，你的名被颂扬，唯有你这般壮丽！
> □我的女神□我属于你！永远如此！
> 愿你的心向我温柔。□
> 你的神性在这片土地上闪耀光辉！
> 我的身躯已历经你的重大惩罚。
> 痛苦的悲叹让我在□焦虑中保持清醒。
> 仁慈、怜悯、关怀、宽容与敬意皆属于你，
> 你能引发洪水，开启坚硬的土地，将黑暗变为光明。
> （第 218、244–53 行）*

像这种卑躬屈膝的崇拜已经流传了数个世纪。直至今日，步入任何一个教堂里，你都能听到这些幽幽的声音：国度，权柄，荣耀，全是你的，直到永远……

月亮城乌尔的神祇与阿卡德尊崇的女神的联盟，为阿卡德王朝的统治赋予了神圣的合法性，同时也巩固了女祭司的地位。恩赫杜安娜通过将伊南娜与南纳相联系，维持了她自己和她家族对权力的掌控。她成功地统一了南北，这种影响力延续了很长时间，以至于在萨尔贡王朝成为历史之后，后来的国王们仍然遵循这一传统，任

---

\* 编者注：文中□为原著所遗失文字。

## 第七章 天空的装饰

命他们的女儿担任乌尔的女祭司。

拥有如此深远的影响力的女性，注定会在历史的长河中留下浓墨重彩的一笔。因此，那波尼德国王的女儿恩尼加尔迪，在她的私人博物馆中珍藏着恩赫杜安娜的文物也就不足为奇了。乌尔的早期女祭司可能被尊崇为英雄与偶像，她们的地位，就如同现代天主教教徒向圣徒祈求代祷一样神圣。伍利在挖掘出这些文物后指出，早期的女祭司之所以受到尊敬，可能更多是出于政治的考量，而非仅仅因为她们与神的联系。正如伍利所言，对于后来的统治者而言，"上帝是耶和华还是南纳无关紧要，国王决定对特定的崇拜形式提供赞助。其目的是安抚他的人民"。

恩赫杜安娜的赞美诗，如同沥青般将苏美尔社会的多元文化巧妙而紧密地黏合在一起。然而，这样的和谐并不永恒。随着时间的流逝，正如后来某位圣作者在书信中所言："旧事已过，看啊，一切都更新了。"在恩赫杜安娜卸任之后的数个世纪，乌尔城陷入了叛乱、外敌入侵以及一系列无能、短命统治者王朝更替的混乱之中。"谁是国王？""谁又不是国王？"成了一份名为《苏美尔国王名单》的文献中悲凉的提问。到了公元前第二个千年之交，乌尔的第三王朝更是遭受了饥荒的打击。数个世纪的人工灌溉已经开始出现副作用——底格里斯河与幼发拉底河水中略含盐分，日积月累，年复一年，这些盐分在运河的河床上沉积，并通过灌溉系统进入土壤中，导致土壤盐碱化，进而影响农作物的生长，最终导致农作物歉收。

公元前 2004 年，也就是美国海军陆战队在巴格达以北 55 英里处推翻萨达姆雕像的 4000 年前，巴比伦国王伊比西恩也面临着一场政变。叛乱者摧毁了乌尔城的城墙，烧毁了宫殿，夷平了月神的神庙，苏美尔人的时代随之终结。诗歌中对这座城市的不幸遭遇进行了描述,更不祥的是,南纳和他的妻子未能保护这座城市。

> 父亲南纳□
> 你的歌声已化作泪水在你面前流淌——这将持续多久?
> 你的城市如同母亲般在你面前哭泣。
> 乌尔,如同迷失在街头的孩子,在你面前寻求庇护□
> 你那用砖砌成的正义之屋,如同婴孩一般哭喊:"你在哪里?"□
> 你远离你的城市,如敌人一般,还要多久?

苏美尔众神谱中最受尊崇、最古老的神,已然失去了部分力量,难逃衰微的命运。近东的自然之神首次面临信仰的动摇。15个世纪之后,他们的影响力终于走向了尽头,原因在于月神未能拯救他最忠诚的信徒——巴比伦最后一位闪米特国王那波尼德(Nabonidus)。

历史是由胜利者书写的,因而月亮之神的荣光,已在岁月的长河中渐渐消失。取而代之的,是亚伯拉罕(God of Abraham)、以撒(Isaac)和雅各的神,摩西五经、圣经和古兰经中偶尔提到月神,主要是为了谴责对他的崇拜。这些圣书没有提到恩尼伽尔迪、恩赫杜安娜以及其他无数女性,她们曾在创世纪的上帝显现之前,使月神在数千年的尘封岁月中被奉为至尊。然而,一条无形的线,将月亮与创世纪之神——亚伯拉罕之神——与今天地球上大多数人所崇拜的神贯穿在了一起。这条线的起源是第一位一神论者是亚伯拉罕,以及他的故乡乌尔——最初的月亮城。

根据《圣经》描述,亚伯拉罕是犹太教、基督教和伊斯兰教的

## 第七章 天空的装饰

共同创始人。在《创世纪》中，上帝指示他离开吾珥ª，前往迦南地，在那里他将成为诸国的始祖。他和他的孙子们——包括雅各——成为了以色列十二支派的族长。在伊斯兰教中，亚伯拉罕被称作易卜拉欣（Ibrahim），即"上帝的朋友"，也是以实玛利（Ishmeal）的父亲，而以实玛利则是阿拉伯民族的祖先。目前尚未找到有关他的考古记录，但依据多种传说，他在乌尔城长大。倘若此言属实，出生时名为"亚伯兰"（Abram）的他，在长大成人的过程中，周围之人至少在口头上崇拜着月神，其中包括他的父亲他拉（Terah）以及他的妻子/同父异母的妹妹撒莱（Sarai）。这个名字是南纳/西恩的妻子、女神宁格尔（Ningal）的阿卡德语叫法。考虑到这一遗产，根据《创世纪》，上帝在订立新约时将他们重新命名为亚伯拉罕和撒拉的意义在于，新名字在象征性上抹去了"吾珥"（乌尔）和"月亮"的，并添加了"AH"，这是《创世纪》中以色列人的上帝（YHWH，耶和华）名字的第一个音节。*这一变化旨在以一个新的、独特的神取代一个古老而深受喜爱的神，他最终将战胜所有其他的神。根据《创世纪》的记载，亚伯拉罕和他的家人离开乌尔，然后绕道哈兰，前往应许之地。哈兰与乌尔一样，是公元前3000年至波斯帝国崛起期间月神崇拜的最重要的中心。这是那波尼德的出生地，他的母亲在这里担任月神的高级女祭司。

那波尼德国王的故事在《希伯来圣经》（Hebrew Bible）中也有所记载。在《但以理书》（the Book of Daniel）中，那波尼德的名字常与他的前任尼布甲尼撒二世（Nebuchadnezzar II）混淆。尼布甲尼撒二世是《圣经》中描述的巴比伦国王，以其在公元前587年洗劫

---

ª 吾珥是"乌尔"在中文基督教经书里的音译。——译者注

* 原注：现代用法把这个名字拼成 Yahweh 或者 Jehovah，但这些都不是名字，只是上帝给自己的名字 YHWH 的不同拼法。根据创世纪 15:7 的故事。这四个字母的名字后来在希腊语中也被称为"Tetragrammaton"。

耶路撒冷并焚毁所罗门神庙的事迹而知名。这种混淆可能是因为记录但以理故事的文士避免提及那波尼德的名字。这个错误延续了数个世纪，部分原因是许多古典学者赞美尼布甲尼撒，将巴比伦的伟大归功于这位国王的长期统治。然而，历史记录和大量被称为皇家铭文的楔形文字文献表明，尼布甲尼撒的继任者那波尼德才是真正的"疯王"，正如《圣经》所描述，他在荒野中游荡，与牛群为伍。现今，历史记录和现存于大英博物馆和柏林佩加蒙博物馆（Berlin's luminous Pergamon Museum）的几个黏土圆柱体，为那波尼德的生平做了盖棺之论。

那波尼德的职业生涯起步于一名公务员，可能是巴比伦的一名地方官吏，其角色类似于未经选举的市议员。在尼布甲尼撒二世统治时期，那波尼德曾当过军官。据希罗多德（Herodotus）[a]讲述，那波尼德在小亚细亚的米底亚人（Medes）和吕底亚人（Lydians）之间的冲突中发挥了关键作用，促成了一次重要的停火。一些可追溯到尼布甲尼撒统治时期的碑文表明，那波尼德可能是个粗鲁易怒的人；有一份文献记载，他下令鞭打一名男子，无非是该男子询问神像长袍上的装饰。[b]然而，他也被描述为一个虔诚的人，对考古学有着浓厚的兴趣，并对月神南纳忠诚有加。到公元前562年尼布甲尼撒去世时，那波尼德可能已成为朝廷中的心腹重臣。尼布甲尼撒驾崩以后，王朝出现了一段混乱时期，他的儿子和孙子都曾短暂地成为统治者，也都被暗杀。最终，可能是那波尼德成年的儿子伯沙撒

---

[a] 希罗多德（Herodotus，约前484—前425/413），古希腊历史学家，被誉为"历史学之父"。出生于希腊城市哈利卡纳苏斯（今土耳其博德鲁姆）。——译者注

[b] 在古代，与宗教仪式和神像有关的事物是神圣不可侵犯的，普通人对于这类事物的质疑或好奇心可能会被视为不敬或冒犯神灵，所以该男子被鞭打。这可以印证那波尼德对宗教的虔诚。——译者注

## 第七章 天空的装饰

（Belshazzar）策划了一场政变，把那波尼德这位虔诚的官僚拥上了宝座。

新君对他母亲所钟爱的月神怀有深深的敬意，他母亲曾将自己奉献于月神，担任大祭司。月神在国王的成长过程中扮演了重要的角色，伴随他成长，直至他成年。在他统治的第二个年头，正值一次月食之际，他重新奉献了乌尔的月神（西恩）神庙，并任命恩尼加尔迪为高级祭司。那波尼德统治时期的楔形文字记录了他的虔诚以及为奉祀月亮而实施的众多建筑工程，其中包括修复他母亲曾奉献的寺庙。中东各地的遗迹如同散落的珍珠，串联起了那波尼德与月亮的传奇故事。在公元1881年，一位名为霍穆兹德·拉萨姆（Hormuzd Rassam）的伊拉克亚述学家（Assyriologist），在曾经辉煌一时的古城西帕尔的遗址中发现了太阳神沙马什（Shamash）神庙的废墟。在寺庙的深处，他发掘出了珍宝以及一个小小的陶罐，陶罐上刻有细微的楔形文字。这个陶罐制作于公元前6世纪，如今被珍藏在佩加蒙博物馆。加拿大亚述学家保罗－阿兰·博留（Paul-Alain Beaulieu）在20世纪80年代对这些楔形文字进行了破译，揭示了其中所包含的祈祷文，这段文字代表了那波尼德国王的心声：

> 愿居于天堂与冥界的诸神，恒常赞美西恩之庙宇，他乃众神之父、创造者。至于我，巴比伦之王那波尼德，建成此庙宇之人，愿天上与冥界诸神之王西恩，欣然向我投以慈爱之目光，且每月于其升起与落下之际，使我的凶兆转为吉兆。愿他延长我的日子，增添我的年岁，使我的统治稳固，对手臣服，歼灭与我为敌之叛逆，摧毁我的仇敌。

当那波尼德在60多岁的高龄登基时，他儿子伯沙撒已经40多岁。在巴比伦,以太阳为中心的农业神比月神更受欢迎,而马尔杜克(Marduk)[a]的祭司让那波尼德感到痛苦,他抱怨不能崇拜他母亲的神——西恩。最终他变得郁郁寡欢,于是决定让他的儿子伯沙撒共同摄政,把巴比伦也留给了他。最终,他的儿子伯沙撒在巴比伦掌权,女儿恩尼加尔迪则稳妥地作为了月神女祭司,他自己则游走于沙漠之中。

学者们推测,那波尼德的长期缺席可能源于多重原因,其中包括控制穿越阿拉伯西部的贸易路线的企图。同时,有迹象显示他可能患有某种疾病,皮肤病的可能性较大。在 1946—1956 年间,在约旦河西岸库姆兰洞穴(Qumran Caves)出土的死海古卷中,有一份文献被称为"那波尼德的祈祷"(The Prayer of Nabonidus),其中提到了国王遭受"邪恶的溃疡"之苦。在巴比伦医学中,皮肤病如牛皮癣甚至麻风病,常被解释为神对罪恶的惩罚。或许,那波尼德离开巴比伦是为了不将疾病传播给他人;或许,他在干旱的沙漠中寻求治愈;又或许,在绝望中,他重建了寺庙以求他所爱之神的宽恕。这些传说启发了《但以理书》中"疯王"的故事,其中伯沙撒的父亲(实际上是那波尼德)在与以色列的神和解之前,和动物们生活了七年。

那波尼德本人也写下了他对马尔杜克崇拜的厌恶,以及在他的臣民忽视西恩的仪式后,他无法按照自己的意愿进行崇拜的挫败感。

那波尼德曾经抱怨:"至于我,我离开了我的城市巴比伦,踏上了前往泰玛(Tayma)[b]的道路……在十年的时间里,我在这些城

---

a 马尔杜克是古代美索不达米亚宗教中的一位重要神祇,特别是在巴比伦城邦中被奉为主神和守护神。他的名字在阿卡德语中意为"太阳之牛"。——译者注
b 泰玛是沙特阿拉伯西北部的一座古老绿洲城市,是阿拉伯半岛上历史最悠久的定居点之一。在古代,这里是一个重要的贸易中心,位于连接红海沿岸与尼罗河谷的重要交通枢纽上。——译者注

## 第七章 天空的装饰

市之间来回奔波，却未曾踏入我的城市巴比伦。"[*]他带着他的军队去了泰马、达达努（Dadanu）、亚迪胡（Yadihu）和其他阿拉伯城市，并访问了他的出生地哈兰。巴比伦和米底亚的军队在公元前610年对哈兰进行了袭击，并掠夺了那里受人尊敬的月神神庙。这种冒犯被当地居民看作是被神抛弃的结果，就像南纳在公元前2004年抛弃乌尔一样。他们相信修复神庙是迎回月神的一种方式，于是，那波尼德回到家乡，重建了古老的月神神庙，即"喜悦之家"（Ehulhul）。

1906年5月，一位名叫亨利·波尼翁（Henri Pognon）的考古学家在一座12世纪的清真寺地板下发现了神庙的遗迹。神庙的石碑被用作清真寺的地板，以便穆斯林信徒可以脚踏异教徒的偶像去祈祷。

波尼翁是一位经验丰富的碑文学家，专注于解读古代文字。在挖掘哈兰附近的土丘时，他意外发现了一块受损的石碑，上面残留着四列楔形文字。波尼翁破译并出版了石碑上的文本，证实作者是一位虔诚的月神崇拜者。在石碑的第二列文字中，详细记载了曾经著名的哈兰月神神庙的重建工作。铭文中讲述了那波尼德如何精心修复这座神庙，并亲切地将他称为"我心所生的儿子"。

起初，波尼翁推断，撰写这件义书的人必定是神庙的一位祭司，他对自己的恩人满怀深情；将巴比伦王称为他的儿子或许是一种亲昵的称呼。后来，他又发现了三块石碑，证实了一个更为有趣的事实：这些石碑其实是那波尼德母亲的传记。它们讲述了西恩如何在那波尼德的母亲阿达-古皮（Adad-Guppi）的梦中显灵，向她承诺她唯一的儿子将会应召成为国王，并重建哈兰的神庙。另一段铭文则描

---

[*] 原注：宗教历史学家米尔恰·埃利亚德认为，月亮的象征意义，甚至是月亮的形而上学，使人类能够与一系列其他难以理解的概念联系起来，比如"出生、成长、死亡和复活；水、植物、女人、繁殖力和不朽；宇宙的黑暗，产前的存在，死后的生命，随后是月亮类型的重生（'光从黑暗中出来'）；编织，象征着'生命之线'、命运、短暂和死亡"；还有其他人"。

述了她享年 104 岁的死亡，以及那波尼德为她举行的仪式。

> 我是阿达-古皮夫人，巴比伦王纳比乌姆-纳伊德之母，西恩、宁伽尔神、努斯库神和萨达尔努纳神的虔诚信徒□神明赐予我的祝福和美好事物，我将日日夜夜、月月年年，悉数回报。我紧握西恩——众神之王——的衣袍，双目凝视，不舍昼夜，祈祷时谦卑俯首，面容恭敬，向他们祈求："愿你重返你的城市，使黑头子民，得以膜拜你的伟大神性。"

愿人民——苏美尔人的后裔和乌尔的继承者，"黑头子民"——回到月神的城市，崇拜他。

那波尼德兑现了这个承诺，所付出的代价是——用王国换了月亮。

公元前 540 年初期，那波尼德国王极其不受欢迎。当他远在阿拉伯时，做出了一个重大决定——不返回巴比伦参加在春天举行的至关重要的新年节日。在这些重要的年度仪式中，国王会陪同马尔杜克的雕像穿过巴比伦辉煌壮丽的伊什塔尔门（Ishtar Gate）。城墙上装饰着青金石色的瓷砖，镶嵌着雏菊花环，并有巨龙和凶猛的狮子守卫。那铺着华丽蓝色瓷砖的游行道，通向辉煌的大门，成为新年节日的背景。仪式通过模拟王权从天堂到人间的转移，来肯定国王的权力，而马尔杜克则是牧羊人的角色。如今，你可以在帕加蒙博物馆（Pergamon Museum）看到部分城墙，位于走廊里离西帕尔祈祷柱不远的地方。

即使为了接受由天神所授的王权，那波尼德也始终无法使自己尊崇马尔杜克。他毅然舍弃了尘世的职责，转而追求神圣的荣光。尽管后世的记载或许夸大了这一事件给民众带来的纷扰，然而，许

## 第七章 天空的装饰 ☾

多巴比伦人或许因此感到被冒犯，乃至愤怒不已。在那遥远的东方，一位名为居鲁士（Cyrus）的统治者看到有机可乘，便果断地将机会握于掌中。

公元前 540 年，波斯国王居鲁士已然派遣军队，沿着巴比伦边境推进，寻觅他想要入侵的领土。那波尼德的军队凭借着 40 英尺宽的护城河以及双层城墙成功阻挡了他们。据希腊历史学家色诺芬（Xenophon）描述，巴比伦居民拥有充足的食物和水源，能够抵御任何围困，甚至可以坚持 20 年之久，或许这使得他们有些盲目自大。居鲁士和他的部下决定抓住这个时机，因为国王已然衰弱，无人敬爱，并且大多时候不在其位。公元前 539 年 10 月，居鲁士开始行动。他的部下沿着幼发拉底河挖掘壕沟，令河水改道，以便他们可以沿城墙行军。他们在泥泞中匍匐前行，然后假扮一群狂欢的醉汉，一路高歌，神不知鬼不觉地直抵皇宫。

在宫殿里，代理国王伯沙撒正举办着一场盛大的宴会。依照《但以理书》的传说，他竟用几十年前耶路撒冷圣殿被毁时窃取的珍贵器皿饮酒，[*]这彰显出他不道德的放纵。在圣经里，这个节日的性质是朦胧的。然而，那一天恰是提斯利月（Tišritum）的第十六天，一个盛宴的日子，极有可能是为了纪念月神而举行的庆典。[a] 那天，一轮丰

---

[*] 原注：在圣经中，尼布甲尼撒统治下的巴比伦人洗劫了耶路撒冷，并在公元前 587 年至公元前 586 年摧毁了所罗门神庙。被盗的圣器中可能包括著名的约柜，列王纪上 8:1-10 说，约柜存放在圣殿的内殿。据说装有十诫铭牌的镀金盒子在圣殿被毁时消失了。没有关于它下落的记录，据说它可能在（当今）美国政府某仓库的一个木箱里。

[a] 学者们说，这场盛宴可能是为了纪念月神而举行的新年庆典。其他证据也支持这一观点。在埃及底比斯发现的一份公元前 3 世纪的莎草纸手稿，也描述了一个献月神的美索不达米亚节日。现存纽约摩根图书馆和博物馆的莎草纸抄本是用阿拉姆语写的，包含了圣经语料库中没有的以色列诗篇。"新月，做天上的弓吧！"一篇诗篇写道，"我们的公牛将与我们同在。"考虑到那波尼德统治时期的宗教政治，我们似乎有理由猜测，当巴比伦陷落时，正在举行一个拜祭月神的典礼。至于月相本身，退休的天体物理学家和月食爱好者弗雷德·埃斯佩纳克保存了一个可搜索的月相记录，可以追溯到公元前 2000 年，记录显示公元前 539 年 10 月 24 日晚上正是满月。——译者注

收的月亮升起得很晚,在黑暗中呈现出橙色的光芒,又大又亮。

当狂欢者聚会时,突然,一只无形的手出现了,在王宫与灯台相对的粉墙上书写了一种神秘的文字。伯沙撒王惊恐万分,于是叫人来解读这封信。一位被流放的犹太青年但以理(Daniel),应召来到了这里。他念出墙上的希伯来文:"弥尼,弥尼,提客勒,乌法珥新。"

"神已经数算你国的年日到此完毕。你被称在天平里,显出你的亏欠。你的国分裂,归与玛代人和波斯人。"

那天晚上,居鲁士的部队袭击了王宫,杀死了伯沙撒。历史学家威廉·谢亚(William Shea)在20世纪80年代提出,伯沙撒可能听说波斯人已经在西帕尔击败了他的父亲,于是为他自己加冕而举办了宴会。但关于那波尼德的命运,我们一无所知。他可能流亡了;甚至可能足够幸运地在平静的虔诚中度过余生,每晚向月亮祈祷。

为了向伯沙撒致歉,波斯人没有大开杀戒,他们对巴比伦的接管实质上是一场不流鲜血的政变;饱受国王惰政之苦的巴比伦居民,显然是顺水推舟接纳了新王。更为重要的是,居鲁士竭尽全力地去安抚民众,以确保自己被当作解放者来迎接。巴比伦是一座庞大的城市,泥板不是报纸,亦非社交软件,因而消息的传播需要假以时日。亚里士多德曾写道:"据说,当它被占领之时,城市的相当一部分人直至三天之后才意识到这一点。"

随着居鲁士对巴比伦的压倒性胜利,文明的舞台开始向东迁移,巴比伦的辉煌成为了历史。那片被两条大河滋养的肥沃平原,如今落入了波斯人的手中,他们建立了一个背靠山脉的强大帝国。月神的最终陨落还需千年的等待——直到一位名为穆罕默德的先知,在

## 第七章　天空的装饰

麦加的克尔白（Kaaba）神庙中，摧毁了那些古老的肖像。然而，美索不达米亚的黄金时代已然落幕。伯沙撒和那波尼德的失败，不仅是权力的更迭，更是文化巨变的序曲：自然神在人类信仰中的第一次退场，意义重大。

巴比伦的陷落，给最为强大的自然之神西恩造成了毁灭性的打击。倘若月神无法庇护他最为强大的门徒——一位亲身献身于月神之名与神圣荣誉的国王——那么他又怎能对卑下且受压迫之人有所助益呢？牧人若不能守护自己的羊群，羊群如何要听其驱使？在巴比伦沦陷的过程中，那波尼德所失去的绝不仅仅是自身的王权，更丧失了自然神的庇护。月亮、太阳、天空以及海水皆为弱者，它们仅仅能够掌控自然世界的某些方面而已。

在居鲁士征服巴比伦之际，他做出了一个重大而仁慈的决定：释放了被掳的犹太人，赋予他们重返耶路撒冷的权利，允许他们重建自己的圣殿。他不仅宽恕了犹太人，还接纳了他们的叙事和他们所信仰的神。在月神倒台之后，亚伯拉罕的神人气日渐上升。这位神祇如同一位伟大的指挥家，超越了所有自然力量和天体，指引着它们的律动。他仅用了七天的时间独自建造了一个自然世界。他独自行动，没有其他次要的神祇的辅助，也没有与他为敌的存在。没有人试图与他共享统治权，也没有人欺骗他，试图窃取他的力量。他是独一无二的耶洛因（Elohim）[a]。他说："*我是自有永有的。*"（I am that I am.）[*]

在接下来的五个世纪之中，这位上帝的话语于近东的各类宗教当中广泛传播开来，并且在一位来自伯利恒（Bethlehem）的哲学家

---

[a] 这是一个希伯来语词汇，主要用于《圣经》中指代上帝或神。这里用于指代以色列的神。——译者注

[*] 原注：到公元前 539 年，许多社会都有了文字，巴比伦是如此强大和著名，以至于它的衰落在许多地方都有记载。例如，这里的叙述来自居鲁士的《那波尼德诗记》。

开始宣扬自己是这位上帝的儿子之后,[b]其传播之势依旧持续。至此,月神的辉煌岁月已然终结。

尽管巴比伦(我们现在称之为伊拉克地区)文明仍然无与伦比地辉煌,但是现在,埃及和迦太基的其他文明已经赶了上来。罗马的版图与实力不断扩张,而雅典的民主也在悄然生根。人类及其信仰的神开始超越自然,不再仅仅是崇拜自然、试图安抚它、取悦它、乞求它的调停。人类的思想亦是如此。随着自然神的面貌日渐模糊,月亮变成了思考的工具,而不仅仅是征服的工具。虽然巴比伦自身走向了衰落,但其天文记录作为一种祈祷的形式被保存了下来,将成为首个为科学证据而进行观察的范例。月球成为新求知欲项目的焦点。

那波尼德在统治时期,曾投入大量的精力和资源来解读天象的信息。在西帕尔遗址中发现的泥板记录了他的皇家命令,向研究天文的学者们支付啤酒和口粮。学者们在被称为"bit mummu"(工作室)的工作场所,也就是保罗-阿兰·博利厄所称的"神庙学院"中,进行着他们的研究。尽管那波尼德尊敬月神,但他如此关注天象还有一个更实际的原因。这导致了他未曾预料到的事情,他的统治和对天象的解读最终与巴比伦的陷落和波斯的崛起紧密相连。

遵循他的旨意,学者们对月亮展开研究,以便更好地预测月食,这在人们看来是极为迷信的行为。一个血红色的月亮,或者更为糟糕的是太阳的消失,被视作不祥之兆是理所当然的。月食期间,西恩悲痛至极,"沉浸在悲痛之中"。在阿卡德语中,月食这个词写

---

b 指的是基督教创立。"一位来自伯利恒的哲学家"指的是基督教创始人耶稣。——译者注

## 第七章 天空的装饰

作"IR",其含义为"哭泣"。虽然大多数开化程度较低的社会都视月食为不祥之兆,但或许没有哪个社会比巴比伦这个最为成熟的早期社会更为热切地为月食做准备。

借助精确的数学方法预测下一次月食,国王便能够着手筹办必要的仪式,以确保拥有足够的牲畜可供宰杀、足够的香可供燃烧,以及足够多的人手在宫廷中铺排事务。摆脱月食的措施包括在寺庙门口敲击铜壶鼓、高喊"月食!",人们吟唱哀歌,还有一个名为"šar pūhi"["代王仪式"(substitute king ritual)]的复杂仪式:倘若天文祭司预言了最为糟糕的月食情况——例如,当"血月"[a]出现时木星却不可见,国王就会乔装成农民隐匿起来。一个贱民会暂时作为帝王的替身登基,并举行象征性的加冕仪式,而牧师则会诵读月食所预示的黑暗预兆。月食结束后,国王的替身会被处死或被赦免,真正的国王重新登基。既实现了弑君的预言,又保全了真正的国王。

那波尼德和他的女儿恩尼加尔迪-南纳以及他们的占星师,出于宗教缘由对月食进行了深入的研究。他们不会认为自己是科学家,当然也并不是我们现代意义上的科学家。然而,他们依旧为科学事业做出了贡献。他们的工作推动了数学天文学的蓬勃发展,最终成为了巴比伦的宝贵遗产。从对天象的忠实记录中,天空的真实面貌得以显现。这种虔诚的记录是为了绘制月球在天空中的实际运行轨迹,其结果是数学天文学的开端,也是最早的精确的科学。这项在月亮城乌尔和巴比伦开展的工作,在那波尼德统治时期达到了巅峰。

亚述学家弗朗西斯卡·罗奇伯格(Francesca Rochberg)强调指出:"自然现象之所以成为研究对象,并非因为它们是神的力量和意志的直接产物,而是因为它们作为神的力量和意志的物理标志。"

---

[a] 在巴比伦文献中,血月被描述为一种特殊的天文现象。这种现象指的是在月全食期间,月亮呈现出一种深红色或橙色的色调。——译者注

尽管最初的动机可能带有宗教色彩，但这些天文观测者所获得的知识却是世俗的、普世的。天空祭司的记录起初仅是星星的简单列表，但逐渐发展成为绘制和确认天象间的关系，以及天象与地面事件的相互联系；最终，这些记录成为对这些事件进行推断的一种方式。构成巴比伦天文学纲要的文本，即《犁星》，是人类历史上最早的科学记录之一。它的图表和月球位置的精确记录，印证了内布拉天盘的有效性。

这种新形式的科学——称之为来自天堂的知识——同时在许多地方展开。在中国，占星家们同样仰望星空，寻求神明的启示和权威，以确保帝国的稳固，并更准确地预测未来的吉凶。和美索不达米亚一样，中国的占星家们也开始理解到，真正的自然现象背后隐藏着宇宙的规律。

早期占星术是人类思想史上的分水岭。专家们之所以参考和观察月球和行星，不仅仅是因为它们代表着神圣，也不仅仅是因为它们代表着变化，还因为它们的运动轨迹包含信息。而信息是可以被利用的。

整个楔形文字的数学著作，以及 3000 年来美索不达米亚文明泥板上的所有记录，都是定量的数字记录与账目。它们具有预见性，因为其全部目的在于让天空的祭司号令天空并制定相应计划；它们具有经验性，从现代意义而言，它们基于第一手的观察。月神的弟子们在其荣耀的笼罩之下，孜孜不倦地工作，获得了超出他们想象的更多基本真理，人们开始以一种前所未有的视角，去理解和探索天空的奥秘。

不列颠哥伦比亚大学享有盛誉的亚述学专家威利斯·门罗（Willis Monroe）对我说过："月相在夜空中展现的变化，其实是启迪思维

## 第七章 天空的装饰

的绝佳工具。""纵观美索不达米亚的文明长河，对月相的观察与理解，无疑是一项至关重要的智慧实践。它要求人们深入观察周围的世界，从中探寻并理解那些隐藏的模式。在占星学的领域中，这些模式是真实可触的。它们不仅仅是世界上发生的事情。它们是非常真实的模式，可以被研究，而月亮无疑是这些模式中最明显的。"

到了公元前 500 年之际，地球上的居民正积极构筑一个与我们今日世界雏形相仿的文明社会。宏伟的城市拔地而起，人口密集，华丽的喷泉、坚固的堡垒与庄严的寺庙分布其间。农民们辛勤耕耘，有效缓解了饥饿问题，并为日益增长的人口提供了充足的粮食保障，促使部分人群得以从农耕生产中解脱，投身于新兴行业之中。人们发明了货币，极大地促进了商品交换，商人们沿着古老的丝绸之路，跋涉成千上百英里，交换着金属、衣物、食物、牲畜及各类精致小饰品。奥林匹克运动会开始了。历史研究开始了。从希腊到中国，哲学开始生根发芽。

自美索不达米亚人发明宗教以来，将近 2500 年过去了。如今，征服巴比伦的波斯人是主管日常和夜间天文事件的主要专家。他们对天空进行了前所未有的精确观测，占星预兆板上记录着月球的运行轨迹、月食的壮丽图景、行星与恒星在星座间穿梭，以及月球与这些天体间错综复杂的互动关系。这群天文学家，或称占星家，虽身份有别，但目标一致，他们共同绘制了星空的宏伟景象。他们将广袤的夜空划分为 12 个独特的区域，并以其中最耀眼的星座命名，这一创举为我们留下了沿用至今的黄道十二宫体系。这不仅仅是对星空的简单划分，更是人类智慧与探索精神的集中体现。你知道你的星座标志吗？研究表明，90% 的美国人均能准确说出自己出生月份所属的星座。这实则是对古老巴比伦文明卓越贡献的深刻铭记，我们应当向那些远古的智者致以谢意。

美索不达米亚的天文祭司们同样洞悉了日食与月食周期。在纸张出现之前，在笔出现之前，在我们认为的算术诞生之前，巴比伦的天文学家们凭借智慧，计算出了我们现在所称的"沙罗周期"（Saros cycle）：地球上的日食与月食，每隔 6585 天——即 18 年零 11 天或 12 天（视闰年情况而定），便会以相同的几何形态和持续时间重复上演，且时间误差仅约 8 小时。试想，在 3000 多年前的时代，要解开这一宇宙奥秘，需要何等的精准与坚持。他们所有的研究成果，虽在王权的庇护下完成，但遗留下的记录却向世人敞开了解读的大门。正是这些宝贵的资料，为古希腊早期的科学家们提供了探索宇宙奥秘的基石，使他们能够做出关于宇宙构造与运行规律的惊人新发现。

在阿拉伯沙漠的另一边，在美索不达米亚西部的一片土地上，一位来自波斯帝国的移民，将成为第一批运用这些信息开创全新领域的人之一。现代科学开始有了第一次胎动。

The Voyage of Discovery Begins with the Moon

# 第八章　探索之旅始于月亮

> 太阳将光辉赋予月亮。
>
> ——克拉佐门奈的阿那克萨戈拉
> 转引自普鲁塔克的《论月面》

2017年8月20日晚，我全神贯注于谷歌地图，寻找追随太阳的最佳路径。因为明天将出现一场百年难遇的天文奇观，所有的媒体，包括我自己，都把它叫作"美国大日食"（Great American Eclipse），而圣路易斯的明天的天气尚属未知，我绝不能错过这一盛事。

根据巴比伦人所确定的沙罗周期预测，2017年8月21日这一天，在美国大陆的部分地区（包括我家后院）上空，月球将完全遮蔽太阳，带来两分钟的白昼之暗。然而，我并不信任圣路易斯的天气，于是取消了与朋友的约定，黎明前便与家人启程，驱车前往肯塔基州帕迪尤卡（Paducah）的朗朗晴空下。

上一次日食横跨美国本土，已是1918年的往事，因此美国人有充分的理由为之兴奋。*目睹太阳从天空中消失,其发光的大气层——日冕——环绕着一个黑洞熠熠流光,此番景象是如此罕见。自古以来,人类对这一奇观感到恐惧、敬畏、狂喜、迷醉、超脱、希望、绝望,以及这些情感的无尽变化——即便在人们明白了日食的科学原理之后,这种情感依旧存在。我虽知晓几何学上的解释,但仍渴望体验一次日全食,感受它带给我的心灵震撼。

我们在帕迪尤卡的河岸边找到了一个观察点,静候月球缓缓移动到恰当的位置。我留意到天空渐渐变暗,化作金黄色,阳光透过俄亥俄河沿岸的树叶撒落在地,在地面上投下了新月的图案,宛如撒落一地的迷你月亮。世间的色彩似乎在流失,屋顶奇异地泛黄,仿佛被烟雾笼罩,然而又并无烟雾,阴影却变得异常清晰。我不停地查看手表。终于,在中部时间下午1点22分,太阳消失了。在"食甚"——即"全食"的瞬间——到来之前,一束耀眼的光芒从月球的一个陨石坑中射出,形成了日食爱好者所熟知的"贝利珠"效应。天空转为黄昏,我凝视着月球。

河岸上的人们欢呼起来,有人甚至热泪盈眶。我两岁的女儿嘟哝着,不想去睡觉。我笑了,因为就在此刻,蝈蝈们开始弹奏它们的小夜曲了。太阳的位置被一圈火焰般的光环所取代,环绕着天空中的一个黑暗斑点。太阳的圆盘恰好隐匿在月球之后,这是一个不可思议的天文巧合,月球大小是太阳的1/400,而太阳离我们的距离,刚好比月球离我们的距离远约400倍。

我本以为在凝视日冕时,自己会体悟到恐惧与狂喜的交织,抑

---

\* 原注:下一次日全食将于2024年4月8日在美国发生,之后是2044年8月。

## 第八章 探索之旅始于月亮 ☾

或体会到一种与宇宙的联系。然而，我感受到的却是一种令人愉悦的亲切感。

食甚的瞬间，日冕呈现出苍白之色，并非如我想象中那般阴森，也不像12月寒冷夜晚的满月。那是宁静的天光。我想象着它缓缓向我靠近，而事实上，它确实如此。日冕产生太阳风，将我们所有人包围。

在钻石环再次出现前的几秒钟，我将视线从日冕上移开，回到了我的家人身上。天空逐渐亮了起来。全食结束了。

大约在2495年前的中午时分，希腊城市雅典周围的树荫下也开始投下了奇怪的阴影。新月形的光斑点铺满街道，天空变得同样昏暗。发生在公元前478年2月17日的那次日食是不同的，月球位于远地点，离地球更远，因此它无法完全遮蔽太阳。月球的黑色圆盘周围可以看到一圈橙色的光环，这被称为日环食——依然美丽，依然令人敬畏。

在那之前的两年，遭受波斯军队沉重打击的雅典居民，或许会如同我身旁的帕迪尤卡人一般大声呼喊。然而，这次古雅典的日食与以往的任何一次都不同。在那一天，或许是人类思想发展历程中的首次，有人抬起头，仰望天空，领悟到了所发生之事背后的道理。

一位当年22岁的名叫阿那克萨戈拉（Anaxagoras）的波斯难民记录下了他所目睹的景象。他决心进一步探究日食阴影的落点。像他2400年后的科学后裔阿尔弗雷德·魏格纳一样，阿那克萨戈拉首先询问了他的邻居。在日食之后的几周和几个月里，他前往一个名为比雷埃夫斯（Piraeus）的港口城市，采访了旅行的商人和水手，询问他们所见，并汇编了一个访谈录。他了解到，日食的阴影，即本影，覆盖了整个伯罗奔尼撒（Peloponnese）半岛。日食覆盖了雅典，并一直延伸到阿那克萨戈拉的家乡，小亚细亚的克拉佐门奈。但在希腊世界之外并不可见。这是一个与当时所有关于日食的知识不一样的惊人发现——日食的黑暗是有限的。

阿那克萨戈拉对月球的大小、它与地球的距离、它的性质以及它在天空中的位置提出了一些新颖的观点。他对日食的研究使他能够证明其中一些观点。他的观察可能是第一个科学假设的检验：日食不是太阳的死亡，也不是神的惩罚。它之所以发生，这是因为月球在太阳和地球之间滑动。同样地，月食也不是被鲜血洗过的月亮，也不是战争的深红色预兆，而是因为地球挡住了阳光的路，阻挡了太阳的光线直接到达月球。

阿那克萨戈拉的正确观念，以及他的错误观念，虽然奠定了西方传统基石，但在当时并没有得到所应得的赞誉。他的著作在古代已然失传，仅能通过其他哲学与科学领域的杰出人物得以传承，尤其是克劳狄乌斯·托勒密（Claudius Ptolemy）在其著作《天文学大成》（Almagest）* 中展现给我们的。因而，阿那克萨戈拉始终未能被充分认识与欣赏——正如月球在西方科学传统起源中的作用一般。

数千年来，现代科学的概念一直被归功于亚里士多德，以及亚里士多德的老师、苏格拉底最为著名的学生柏拉图。"前苏格拉底学派"常常被视作思想奇特的前科学思想家。这并非他们之过。尽管他们极具创造力，然而在前科学时代，他们无法为自己的想法提供任何证据，也没有任何方法来测试或证明他们的理论，即便这些理论可能是真实的。* 在其关于灵魂的对话《斐多篇》中，柏拉图描述

---

\* 原注：我们很快就会讲到托勒密，以及他那折磨人、莫名其妙的轮回。

\* 原注：问题在于，前苏格拉底学派虽然在理论方面非常多产，但却没有提供任何方法来检验他们的理论。所以最终，每一个理论都同样似是而非，同样无法检验和证明，正如杨百翰大学的哲学家丹尼尔·W. 格雷厄姆在《苏格拉底之前的科学》(Science Before Socrates, 10) 中解释的那样。长期以来，格雷厄姆一直歌颂前苏格拉底思想家的作品，尤其是阿那克萨戈拉。

## 第八章 探索之旅始于月亮

了苏格拉底对阿那克萨戈拉的痴迷。他的启示对于年轻的苏格拉底而言是巨大的,苏格拉底热衷于学习有关地球形状和位置的事实,以及对月球的推测。但令苏格拉底失望的是,阿那克萨戈拉并未给出事物为何如此的缘由。苏格拉底抱怨道:"我原以为……他会继续阐释什么对每个人而言是最好的,什么对所有人都是有益的。""我的朋友,我那光荣的希望很快就离我而去了。在我继续阅读的过程中,我发现这个人没有运用智慧,也没有为事物的秩序给出任何真正的原因。"轻视苏格拉底之前的人,实际上是苏格拉底时代就有的传统。然而,苏格拉底之前的启示,尤其是阿那克萨戈拉的启示,在科学史上可谓独一无二。阿那克萨戈拉达成了此前无人意识到的事,甚至无人曾想到要去假设;他的思想颠覆了人类数千年的观念,并推动形成了一种全新的思考自然的方式。

通过像阿那克萨戈拉这样的观测者,月球成为了了解宇宙的工具。到公元前1000年中期,对天体的研究已经演变成一种为其本身而研究的形式。天空中的图案已经超越了它们作为计时或占卜工具的用途。在阿那克萨戈拉的时代,天体的运动和对这些运动的计算,已经不仅仅是占星术了。相反,希腊学者开始寻求普遍的真理。他们开始从神话转向标志——从人类想象的超自然解释转向理性思考和对自然现象的观察——为维持权力而积累知识,但没有为理解世界而积累知识重要。阿那克萨戈拉的观察标志着人们第一次认真地开始这样做,和他之后的许多人一样,他主要关注的是月球。

阿那克萨戈拉来自爱琴海对岸的爱奥尼亚(Ionia),即今天的土耳其,于公元前480年的希波战争期间抵达雅典。他继承了伟大的波斯观天的传统,并将独特的波斯科学探究精神带到了他所定居的城市。他可能是以退伍军人或难民的身份来到这里的。他到来的时机非常有利，当时的雅典正处于后来被称作"黄金时代"的时期，城中的思想家们刚开始为了自然本身而研究自然，研究思想本身。同时，雅典也在形成民主制度——"人民的统治"——的过程中，这标志着从巴比伦或中国那种君权神授的传统中发生了戏剧性的转变。

像他那个时代的大多数严肃哲学家一样，阿那克萨戈拉对天文学和世界上奇怪领域中的所有事物都着迷。

在公元前550年至公元前450年间，哲学家们提出了一些关于天文学领域不同寻常的新观点，年轻的阿那克萨戈拉很可能也听说过这些观点。其中一个是来自米利都（Miletus）的泰勒斯（Thales）。许多早期希腊的历史学家认为，泰勒斯是第一个成功预测日食的人，他预测的日食发生在公元前585年，但我们并不清楚他是如何做出这一预测的。泰勒斯并没有留下任何书面记录来解释他的理论或计算方法。后来的哲学家，尤其是亚里士多德，对泰勒斯的成就表示怀疑。泰勒斯可能是幸运地做出了正确的预测，或者他可能仔细研究了巴比伦的日食记录，更有可能的是，他注意到了日食和月食通常成对出现，并且相隔大约两周。阿那克萨戈拉很可能已经知晓泰勒斯的预测以及这种重复出现的日食模式。

当时流传的另一个激进观点认为，月球本身并不发光，而是反射了太阳的光。哲学家巴门尼德（Parmenides）[a]在一首诗中写道："夜晚的月，携借来的光芒在大地上空徘徊／永远凝视着太阳的光辉。"

你可亲自一试，从新月开始，细观月相变化，你将发现月亮的

---

[a] 古希腊前苏格拉底时期的重要哲学家，约公元前515年出生于意大利南部的希腊殖民地埃利亚（Elea）。他是埃利亚学派的创始人，也是形而上学的奠基人之一。巴门尼德的主要著作是用诗歌写成的《论自然》（*On Nature*），今仅存残篇。——译者注

## 第八章 探索之旅始于月亮 ☾

光辉变化,难以忽视。*

我们并不确定最初是阿那克萨戈拉还是巴门尼德提出了这些想法,但这并不重要,因为阿那克萨戈拉的思想更为持久。他是第一个将来自美索不达米亚伟大文明和希腊的各种奇特宇宙观念综合起来,并提出了一种新的、可行的现实版本的人。阿那克萨戈拉也是第一位采用几何学和科学方法来研究天文学的人,他的思想为后来从托勒密到哥白尼等所有经验主义天文学家奠定了基础。

阿那克萨戈拉写道:"太阳将光辉赋予月亮。"基于这一假设,他在公元前478年兴致勃勃地观察了一次日食。如果新月出现在接近太阳的位置,就像它在新月之前或之后那样出现,那么在日食期间月球会去哪里呢?他推断,月球可能正好位于太阳的正前方。这意味着,一个天体挡住了另一个天体。

阿那克萨戈拉时代没有精密的仪器、数学工具或数据来支持他的结论。他所拥有的只是出色的提问能力和卓越的头脑,用以判断自己的观点是否正确。他认为日食是由于太阳或月球相互遮挡造成的,这一见解在当时众多奇特的理论中确实是一个巨大的飞跃。例如,早期哲学家阿那克西曼德(Anaximander)认为,月球是一个巨大的环,人类通过一个小入口观察到它;阿那克西美尼(Anaximenes)则认为月球是一个扁平的圆盘,形状像一片叶子;色诺芬尼(Xenophanes)提出月球实际上是一朵云;而赫拉克利特(Heraclitus)的观点是,月球是一个装满火的碗,每当满月时,这个"火碗"就会正面对着地球。

---

\* 原注:从新月开始,黄昏时分,在天色未暗之前,找到低悬在天际的弯月。月亮将追随太阳的脚步,在夜幕完全降临前沉入西方地平线。次夜再看,月亮变得更丰盈了一些,初见时也稍稍升高。继续观察,几日之内,月便半边明亮,如被切成两半的馅饼,明亮的一面朝向傍晚的太阳。满月时,太阳正落下,而在接下来的日子里,月亮又开始消瘦。到下弦月时,你会在清晨的天空中看到它,稍稍早于太阳,依旧是明亮的一面对着我们最近的恒星。太阳照亮了月球,这一规律显而易见。一旦你多次观察到这一模式,并推测出是太阳照亮了月球,你的反复观察便转化为证据。

只有阿那克萨戈拉说月球是"地球般的"（Earthy），有平原、山脉和山谷等地形特征。这一观点与几个世纪以来的传统观念相比，是一个惊人的飞跃。他对月球的见解基于实际观察，而不仅仅是哲学假设。他的思想和想法基于他自己的观察，通过不断地观察，积累支持他想法的证据。阿那克萨戈拉第一次构建了一个科学理论的大纲，希腊人之前从未这样做过。

最终，阿那克萨戈拉的理论证据扩展到了月球以外的其他天体。在日食发生的12年后，炽热的陨石从天而降，这一现象为他关于天体构成的观点提供了有力的支持。表明他的理论不限于月球，还适用于更广阔的宇宙领域。

那是公元前466年的春末，清晨的天空，一颗彗星横空出世，长长的尾巴几乎横贯了整个天际。随着它逐渐接近太阳，亮度也跟着增加。同时，夜晚还能看到流星划过天穹。到了公元前466年7月18日那天，这颗彗星在正午时分隐入太阳光芒之中，然后，傍晚时分再次出现在夜空。不久之后，在爱奥尼亚地区的白天，一个明亮的火球照亮了天空。紧接着，伴随着震耳欲聋的轰鸣声，一块巨大的陨石坠落在地面上，大小堪比一辆马车。这块烧焦的岩石最终坠落在阿哥斯波塔米（Aegospotami）镇，即今天的加利波利（Gallipoli）附近。

理所当然的，这里立即成了一个旅游景点。一块如马车大小的陨石，极有可能源自巨大的太空岩石。它会引发震耳欲聋的音爆，并且留下一个规模相当大的陨石坑。从亚里士多德到老普林尼，再到颇具影响力的罗马历史学家兼传记作家普鲁塔克，有关这种壮观的从天而降之物的报道在古代比比皆是。

## 第八章 探索之旅始于月亮 ☾

普鲁塔克（Plutarch）在《赖山德传》（*Lysander*）[a]中写道："这块陨石的尺寸很大，就落在阿哥斯波塔米，受到当地人的顶礼膜拜，直到今天仍旧如此。据说阿那克萨戈拉曾经预测，一群在天空固定轨道运动的天体，其中有个发生松脱或滑动因而产生位移，接着就坠落在地球上面。"

声称阿那克萨戈拉预测了这次特定的陨石坠落的说法甚至比泰勒斯和他的日食的说法更不靠谱，因为没有文献表明他是如何做到的。然而，阿那克萨戈拉确实提出了某些新颖的观点，因而值得赞扬。杨百翰大学（Brigham Young University）的哲学家丹尼尔·W. 格雷厄姆（Daniel W.Graham）认为，基于阿那克萨戈拉对天体性质的理解，他可能确实预言了"根据他假设的天体性质，一个岩石体从天而降的可能性"。

根据格雷厄姆的说法，阿那克萨戈拉的理论很快就被人们用来解释陨石现象。他提到，故事很快就变成了"哦，阿那克萨戈拉预言了这一点"。因为他的理论是唯一一个假设在轨道上有重物的观点。《荷马史诗》中有一句描述宙斯向地球投掷石头的话，因此，在阿那克萨戈拉之前，人们倾向于用神话来解释这种现象，比如认为"宙斯一定是在生某人的气"。然而，随着阿那克萨戈拉理论的提出，人们的思维方式发生了转变，不再将此类事件视为神祇的行为或神圣的预兆，"他们转而说，阿那克萨戈拉是对的"。当实际发生了与他理论相符的现象时（如陨石坠落），这被视为是对其科学观点的一种验证。换句话说，阿那克萨戈拉提供了一种基于自然原因而非超自然力量来理解世界的新方法，这对后来科学的发展产生了重

---

[a] 古希腊历史学家普鲁塔克所著的《希腊罗马名人传》（*Parallel Lives*）中的一篇传记。赖山德是斯巴达在伯罗奔尼撒战争后期的重要军事和政治领袖，他在公元前 405 年的埃哥斯波塔米战役中击败了雅典舰队，从而结束了这场长达 27 年的战争。——译者注

要影响。

阿那克萨戈拉提出，如果落在阿哥斯波塔米的岩石来自天空，即太阳、月球和星星所在的领域，那么这些天体很可能也是由与岩石相似的物质构成。他将这一观点推广至对整个天空中其他物体的理解。他认为太阳是一团炽热的金属，而恒星和行星则是从地球上被抛射出去的巨大石块，并在之后被点燃。至于我们为何感受不到来自恒星的热量，阿那克萨戈拉解释说这是因为它们距地球过于遥远。此外，他还提出了关于银河之光以及至日现象的解释。据公元3世纪的历史学家第欧根尼·拉尔修斯（Diogenes Laërtius）记载，阿那克萨戈拉因相信宇宙是由"诺斯"（Nous）所控制而获得了"心智先生"的绰号。"诺斯"在这里指的是一个伟大的心智或智慧，被认为是宇宙的设计者。这种思想也得到了伟大的雅典哲学家苏格拉底的认可。根据阿那克萨戈拉的观点，在宇宙最初的混沌状态中，所有现存事物的成分都已存在，只是没有均匀分布，是"诺斯"赋予了万物秩序。他认为，世间万物皆含有原始物质的某些部分——这在某种程度上预示了后来大爆炸理论的基本概念。

阿那克萨戈拉的一些观点在古代并不被接受，直到几千年后才被证明是正确的，尤其是他对陨石的研究，表明他正确地理解了天文的一个关键特征：天体是岩石。

当人们克服了对加利波利陨石的恐惧，靠近了这个炽热的天体访客，并逐渐意识到了它的真实性质。正如阿那克萨戈拉所提出的那样，这颗流星显然是从天空中坠落下来的；你不会怀疑，因为许多人目睹了这一事实。人们能够通过触摸来确认这块石头的存在，它是实实在在的物体。在接下来的五个世纪里，这颗陨石成为了吸引游客的一个著名景点。这个陨石具有地球物质的特性；它是一个

## 第八章 探索之旅始于月亮 ☾

有质量的东西,可以被感知;它既不是由以太(Ether)[a]也不是由云构成。它来自一个比月球更接近地球的地方,即地球的大气层内(我们至今仍将对地球天气及其大气现象的研究称为气象学,这背后有着深刻的历史原因)。[b]

据现代天文学软件对此事件的模拟再现,这颗彗星在天空中可见多达 80 天。它巨大的彗尾几乎横跨了整个天空。我们知道另一颗彗星也有类似表现,并且每 76 年出现一次。这颗彗星[*]可能就是哈雷彗星。哈雷是艾萨克·牛顿的朋友,他预测这颗彗星会再次出现,并在他去世很久之后因此成名。阿那克萨戈拉可能是第一个记录这颗彗星的人,并从中萌生了一些新的见解。也许我们应该称之为阿那克萨戈拉彗星。

阿那克萨戈拉的所有非正统的思想都驳斥了早期的理论。天上没有巨大的宇宙碗,也没有平坦的叶子——只有岩石,而月球就是其中之一。太阳照亮月球的概念使得月相前所未有地变得合理,日食和月食的本质也因此得到了理解。通过阿那克萨戈拉对日食和陨石的观察,他对天体的看法不仅开始变得有意义,而且还提出了可以检验的证据。阿那克萨戈拉代表了哲学和科学史上的一个缺失环

---

[a] 古哲学家首先设想出来的一种媒质。17 世纪后,物理学家为解释光的传播以及电磁和引力相互作用而又重新提出。当时假设以太作为传播光的媒质。到了 20 世纪初,随着相对论的建立和对场的进一步研究,确定光的传播和一切相互作用的传递都通过各种场,而不是通过机械媒质,以太作为一个陈旧的概念而被抛弃。——译者注

[b] 气象学的英语单词是 Meteorology,这个词源自希腊语,其中"meteoron"意为"高空中的现象","logia"意为"研究"或"学科"。因此,气象学本质上是研究大气中各种现象的学科。——译者注

[*] 原注:无法证实阿那克萨戈拉的陨石是否源自彗星,这或许仅仅是一个巧合。但彗星的确会引发流星雨,并且可能导致陨石撞击。尽管绝大多数降落在地球上的陨石是从小行星上分裂出来的,但一些研究人员认为,地球上一些最为巨大的撞击源自彗星,部分原因在于它们围绕太阳运行的轨道致使它们在接近我们时具有极高的速度。

节：一个拥有崇高思想的人，意识到可以通过观察世界来检验这些思想。

在阿那克萨戈拉生前，他的这些观念不仅被讥笑为荒谬绝伦，而且被指斥为异端邪说。当时的主流观点认为，太阳是赫利俄斯（Helios）神，他在日出和日落时驾着战车在天空中穿梭，"从他身上发出的耀眼的光芒"。晚上，他的马会在地下休息。月亮则是赫利俄斯的妹妹塞勒涅女神（Selene），她的长鬃战马只有在满月时才能全速前进。在阿那克萨戈拉之前225年，赫西俄德（Hesiod）的《神谱》（Theogony）[a]中，陨石被认为是"百手之神"的武器。百手之神是三位有一百只手臂和五十个脑袋的巨人，他们投掷巨石帮助宙斯打败了奥林匹斯山（Mount Olympus）上的泰坦。因此，说太阳和月亮不过是天上滚烫的岩石，至少是大不敬。

因此，阿那克萨戈拉最终在雅典受审也就不足为奇了。即便是他的朋友，帕提侬神庙的建造者、希腊民主的创始人、英勇的伯里克利将军（Pericles）也无法保护他。阿那克萨戈拉被控异端罪，被判处死刑。

他闻讯逃回了爱奥尼亚的家，抵达了一个叫兰普萨库斯（Lampascus）的城市，但他没有保持缄默。苏格拉底说，他的著作依然在雅典出版，任何人都能在街上花一个德拉克马[b]就买到。在针对苏格拉底的那声名狼藉的审判中，这位伟大的哲学家被指控散布了阿那克萨戈拉亵渎神明的邪说。柏拉图的《申辩篇》（Apology）讲述了苏格拉底是如何被指控"腐蚀青年"和不相信雅典诸神故事的。苏格拉底通过模仿控告他的人来为自己辩护。

---

a 古希腊诗人赫西俄德的一部重要诗作，写于公元前8世纪至前7世纪之间，是现存最早的希腊诗歌之一。它主要描述了宇宙和众神的起源，系统地记录了古希腊神话中的神谱和宇宙生成的过程。——译者注

b 相当于当时一个士兵一天的军饷。——译者注

## 第八章 探索之旅始于月亮 ☽

"你为什么要这样说呢？我不也像其他人那样相信太阳和月亮是神吗？"苏格拉底一度恼怒地说道。法官美勒托（Meletus）[a]反驳说，是的，你认为太阳是石头，月亮是泥土。苏格拉底很生气："亲爱的美勒托，你没想到你正在控告阿那克萨戈拉吧？你如此藐视在场的人，以为他们无知，连克拉佐门尼的阿那克萨戈拉的书中充斥着这样的说法都不知道。"[*]

苏格拉底说，阿那克萨戈拉这本书广为流传，却一本也没有从古代流传下来。不过很多希腊人都以自己的方式借鉴了阿那克萨戈拉的作品，他们的作品流传了下来，所以这些学者现在比阿那克萨戈拉更出名。

柏拉图大约生于公元前428年，也就是阿那克萨戈拉去世的那一年，他写过有关阿那克萨戈拉思想的文章，但他本人并不赞同。他对天文学持怀疑态度，因为他不喜爱任何基于观察所得出的结论；他觉得我们应当研究天体的数学运动，而不是从我们有限的视角去看待它们的运动。他教导说，理性能够产生真理，但只能是未被经验玷污的纯粹理性。

柏拉图也赋予了我们至高无上的存在的概念。在他的著作《蒂迈欧篇》（*Timaeus*）中，上帝是一位创造者，他有意制造现实，创造时间。哲学，即对知识和存在的研究，正是从这个数学结构中衍生而来。柏拉图是在阐释苏格兰人沃伦·菲尔德（Warren Field）在8000年前就已经发觉的事物，尽管是以一种更为直白的方式。他明

---

[a] 根据柏拉图《申辩篇》，这里对话的美勒托是在苏格拉底审判中三名原告之一，代表诗人，并不是法官（法官中也有同名者）。他具体提出了苏格拉底不承认雅典城邦所认可的神明，并引入其他新的神灵和苏格拉底腐化年轻人两条指控。——译者注

[*] 原注：苏格拉底进行了令人印象深刻的自我辩护，他的法官一度表示，如果他承认不虔诚和腐败的轻微指控，他就不会被判处死刑。他拒绝了，喝了毒茶，毒死了自己。他死于公元前399年。

白月亮和太阳为我们提供了时间流逝的具体呈现。但对于柏拉图而言，时间不单单是一种计算过去和预测未来的手段，对他来说，时间是哲学的起源；正如哲学史家伯特兰·罗素（Bertrand Russell）所阐释的那样，"数字是对世界的解释"。万物皆数，而这些数字正是毕达哥拉斯（Pythagoras）和他的学生们所揭示的。

罗素写道："神造出了太阳，从而动物才能学习算学，若是没有日与夜的相续，可以设想我们是不会想到数目的。日与夜、月与年的景象就创造出来了关于数目的知识并赋给我们以时间的概念，从而就有了哲学。"

尽管柏拉图明白月亮在计时中的重要性，毕竟它是希腊历法的基础，但他更着迷于理想的形式、灵魂的本质、运动和精神的概念，以及"诺斯"这些深奥的议题。相比之下，他的著名学生亚里士多德却有不同的看法。亚里士多德从自然界的秩序中发现了美，但他比柏拉图更渴望了解事物背后的原理。他不仅想记录自然过程，还想深入理解它们。所以，因引领了我们所认为的科学探索而备受赞誉，是亚里士多德而非阿那克萨戈拉。亚里士多德坚信，科学就是观察。

在亚里士多德的《论天》（*De Caelo*）一书中，天堂起源于月球，月球是完美境界的边界。对亚里士多德来说，这里的完美并非如柏拉图或宗教人士所认为的那般神圣或神性，而是意味着事物的完美理想。月球以下的一切都处于变化、腐败和不完美的境地。月球及更远的地方皆是完美的。他说，月球表面的斑驳，是因为月球被地球污染了。

亚里士多德以月球为中心的宇宙论最重要的贡献，是将天文学确立为一门科学学科。阿那克萨戈拉迈出了最初的一小步，但在亚里士多德之后，天文学与其说是艺术，倒不如说是科学。研究的目

## 第八章 探索之旅始于月亮

的是单纯地理解宇宙。研究月球成为高大上的绅士们光荣的使命，而非狂热的天文祭司——他们观察月球的目的仅仅是为不安的国王对冲风险。多亏了月球，人们开始将天空想象成一个教室，在那里能够学到关于现实本质的课程。受过教育的人要观察宇宙，用理论去解释他们的观察结果，并用其他观察结果来检验这些理论。

阿那克萨戈拉是第一个如此行事的人——可以说，在那波尼德的统治下，巴比伦人甚至更早地开启了这个版本——但亚里士多德是将观察当作自己明确使命之人。他在吕克昂（Lyceum）创立了自己的学园，这是过去神庙学院的翻版，也是柏拉图自己的学园（Academy）的延续。学生们被地图、卷轴和书籍所包围，堪称古代世界的第一个图书馆。他们有解剖动物的实验桌，还有大型的演讲厅，能够在那里聆听亚里士多德的演讲。他的继任者将学园的理想带向了未来，并确保这些理想一直延续至启蒙运动。美国历史学家阿瑟·赫尔曼（Arthur Herman）在他关于柏拉图与亚里士多德的评传《洞穴与光》（*The Cave and the Light*）中指出，亚里士多德认为他的哲学，包括他以月球为中心的宇宙论，是一幅完整的现实图景，涵盖了一切。但是"通过强调观察的力量是知识的主要来源，他让精灵自由驰骋"。其他人会将这种科学方法发扬光大，进行自己的观察，最终超越亚里士多德那"整齐包装的"宇宙。20世纪后，为纯粹追求天文知识而追求的理念激励了众多杰出的科学家：尼古拉·哥白尼（Nicolaus Copernicus）、约翰内斯·开普勒和伽利略·伽利莱（Galileo Galilei）。

但不是那个时候。

为了追随阿那克萨戈拉和亚里士多德的步伐，西方科学传统的创造者首先必须摒弃这些思想家最为严重的错误。阿那克萨戈拉和亚里士多德都错误地认定太阳围绕着地球转动。他们之所以笃信这一点，或许是因为月球；这在情理之中，尤其是倘若你是"心智先生"，仰望月球来探知现实的话。

至少有一位古希腊人洞悉了真相，但他的作品散佚了，不过后来哥白尼再次独立地形成了这一认识。萨莫西的阿里斯塔克（Aristarchus），在公元前310年至公元前230年意识到，当月亮恰好是半圆时，地球、月球和太阳之间的夹角将是90度。他计算了地月距离与地日距离之比，发现尽管太阳在天空中看起来（与月亮）大小相同，但太阳比月球远得多。这一发现得出了一个当时绝对惊人的结论：太阳比月球大得多，因此，夜间的君主无法与白天的统治者相媲美。阿里斯塔克意识到，鉴于如此巨大的尺寸和距离，必定是地球围绕太阳旋转，而不是相反。然而，没有人听信他的意见。

尽管存在地心说方面的错误，在阿那克萨戈拉之后，希腊天文学家还是获取了诸多关于天体运动的知识。他们开始意识到能够利用自身对这些天体运动的了解来掌控时间。如同沃伦菲尔德的苏格兰人以及敲打制作内布拉天盘的乌尼蒂茨一样，古希腊人知道时间是一根棍棒。

雅典的默冬（Meton）与阿那克萨戈拉在同一时期从事写作，他发现19个太阳年和235个阴历月的长度近乎相同，此即为默冬章。他将这一周期引入了以月亮周期为基础的阿提卡历（Attic calendar）中[a]。公元前331年，亚里士多德的学生亚历山大大帝（Alexander the Great）征服了幼发拉底河畔的伟大城市巴比伦。他下令将巴比伦人的天文石碑翻译成希腊文。希腊人发掘了其中蕴含的丰富知识，亚历山大也成为众多统治者中又一位掌控巨大权力之人，而这种权

---

[a] 也称为雅典历（Athenian calendar），是古希腊阿提卡地区（包括雅典）使用的一种历法。它是一种阴阳历，结合了月亮周期和太阳的周期来计算时间。——译者注

## 第八章 探索之旅始于月亮

力源自对时间的把控。正如沃伦菲尔德的建造者所知晓的那样，正如内布拉星盘的制造者所知晓的那样，正如美索不达米亚的第一批农民所知晓的那样，谁掌控了历法，谁就掌控了社会；谁掌控了时间，谁就掌控了权力。而（通过）月球，依旧是掌控这种权力的最简捷、最可预见的方式。

亚里士多德的门徒卡利普斯（Callippus），在效力于亚历山大大帝期间，融合了巴比伦的古老记录与希腊前辈的学术积淀，对阴历月份的长度进行了精确的再计算。他创新性地提出了一种新的历法体系，该历法以公元前 330 年 6 月 28 日为纪元起点，恰好是亚历山大征服巴比伦辉煌胜利后的第八个月。这一历法迅速赢得了希腊天文学家青睐，被广泛采纳，应用持续长达 76 年，完整覆盖了四个默冬章的时间跨度。值得注意的是，卡利普斯历法展现出了高度的精确性，在历经 940 个月，即每四个 19 年周期结束之际，其累积的时间偏差仅为一日，这样，阴历就能更好地与太阳年的季节保持一致。

在巴比伦人出于宗教动机的观察和希腊人的科学推理的基础之上，古代人类在制作历法方面愈发精进。由于他们的计时愈发精确，月亮对人类思想的影响力首次从巅峰滑落。

可以说，伟大的亚历山大在 25 岁时便已征服了世界，他庞大的帝国从亚得里亚海一直延展至印度东北[a]边缘。在亚历山大帝国崩溃许久之后，在亚历山大逝于巴比伦很久之后，一位 39 岁的罗马贵族为自己尚未达成同样的成就而烦恼不已，这个人就是大名鼎鼎的尤利乌斯·恺撒（Julius Caesar），史称恺撒大帝。但他最终还是做到了。他对于历法的掌控，尤其是与月亮相关的历法，很快就会变得比亚

---

[a] 原文确实如此。但事实上，亚历山大并未征服到印度"东北"边缘，而只到达了主要是在今天巴基斯坦境内的印度河流域。——编者注

历山大（的历法）更为重要。

公元前 61 年，恺撒是一位人气将军，在政治上野心勃勃，踌躇满志，情妇不计其数，可能还有断袖之癖；他是精美艺术和珠宝的鉴赏家，也是一名娴熟的军事指挥官。他因战功赫赫，被任命为西班牙总督，将西班牙置于罗马的掌控之下。然而，这对他而言还远远不够。恺撒王朝的传记作家盖乌斯·苏埃托尼乌斯（Gaius Suetonius）说，恺撒在西班牙冒险期间，看到了亚历山大大帝的雕像，"有人听到他不耐烦地叹息"，为自己仍然只是个将军而感到沮丧。因此，公元前 59 年，他回到罗马竞选执政官，通过选举成为元老院的共同执行官。他需要盟友，幸运的是，他还有其他野心勃勃、心胸狭隘且自大傲慢的军事家可以结交。恺撒与其中两位结成了联盟：格涅乌斯·庞培·马格努斯（Gnaeus Pompeius Magnus，俗称庞培）和马尔库斯·李锡尼·克拉苏（Marcus Licinius Crassus）。他们结成三方盟约，共同对抗拥有立法权的元老院。前三头同盟（First Triumvirate）是一种脆弱的伙伴关系，因为他们彼此互不信任。

前三头同盟的瓦解，他们之间的纷争，以及恺撒的崛起，是古代最为著名的事件之一。对此，我们主要得感谢威廉·莎士比亚（William Shakespeare），尽管在这位英国作家创作关于恺撒的戏剧之前，恺撒的功绩已经扬名天下数百年[a]。然而，在他所有的传奇经历中，有一样是恺撒和莎士比亚都未曾反复思量的——月亮串起了恺撒人生的三个关键节点，包括他的死亡。

在恺撒竞选执政官的 10 年前，由斯巴达克斯（Spartacus）领导的角斗士起义正席卷罗马帝国——1960 年好莱坞拍摄了电影《斯巴达克斯》，柯克·道格拉斯（Kirk Douglas）在片中扮演了主人公。

---

[a] 原文如此。但事实上莎士比亚与恺撒大约相差 1100 多年。——编者注

## 第八章 探索之旅始于月亮

克拉苏成功地镇压了起义,然而功劳却被善后的庞培夺走。克拉苏对此耿耿于怀。反过来,庞培对克拉苏作为罗马首富的名声心怀嫉妒,并且对克拉苏在政治上针对他的挑衅恼羞成怒。恺撒作为劝和者出面调解,并利用庞培和自己的女儿朱莉娅(Julia)的婚姻关系,巩固了自己与庞培的同盟关系。

在庞培和克拉苏担任共同执政官时,恺撒得到了全力支持,在高卢和不列颠大张挞伐,为罗马赢得了军事胜利和荣耀。他或许在整个地区屠杀了多达 100 万人,以至于像老普林尼(Pliny the Elder)这样的历史学家后来也难以确定确切的数字,只是笼统地指责他"反人类罪"。

然后,在公元前 55 年至公元前 53 年间,发生了三个关键事件,一切都变了。

公元前 55 年 8 月 23 日*,恺撒借口不列颠人援助了苏埃托尼乌斯(Suetonius),这个人是他在高卢的敌人,从而试图入侵英格兰南部海岸(有人说恺撒其实是为了寻找珍珠)。考古学家在多佛尔(Dover)白色悬崖以北 15 英里的佩格韦尔湾(Pegwell Bay)发现了恺撒军队在此登陆的证据,当然这是公元 2017 年 12 月的事。恺撒曾在此扎营,准备让其他军团前来会合,但骑兵并没有到来。这是月球的杰作。

习惯了地中海温和水域的恺撒,对英吉利海峡的涨潮毫无防备。他的领航员同样没有准备妥当。这是一次满月涨潮,是当月最高的两次潮汐之一——2000 年后,盟军在诺曼底登陆日(D-Day)利用了这一潮汐。恺撒的战船开始进水。他的运兵船相互撞击,一些战船倾覆,另一些严重受损,无法返航。他只好自己掉转船头,逃回

---

\* 原注:这个日期是根据公元前 55 年的儒略历(Julian calendar)计算的。恺撒要再过 10 年才会启用儒略历,但这里记载的他的功绩的日期在古代被"翻译"成了他创造的计时系统。

罗马,既没有成功征服,也没有获得珍珠。

但恺撒还是完成了一件前所未有的事。他将罗马的旗帜插在了一个新世界的土地之上。当时,一些罗马人甚至不能确定英国是否真的存在。它远在千里之外,翻越阿尔卑斯山、跨过多条河流和英吉利海峡,恺撒和他的军队证明了英国的存在,他们将会回来,征服英国。*

根据恺撒自己的说法,他的第十军团的尖兵跳入了深深的水中,与不列颠人厮杀。"跳下去吧,士兵们,"他喊道,"不要把我们的鹰出卖给敌人,至少要对共和国和我的上级尽忠。"*

罗马公民听闻他们的"雄鹰"在英国的上空翱翔,举国欢腾,元老院下令举行为期20天的感恩节,举办角斗比赛、盛宴和其他活动,让人民对他们英勇的将军愈发崇拜。克拉苏、庞培等人沮丧地目睹着这一切。克拉苏更加为荡平斯巴达克斯的荣耀旁落而闷闷不乐,他也渴望赢得军事荣誉。用罗马历史学家阿庇安(Appian)的话来说,他认为,对帕提亚帝国发动战争将是"简单、光荣和有利可图的",因为他们控制着美索不达米亚大部分地区以及现今的伊朗和土耳其广袤的地盘。元老院试图阻拦他,因为帕提亚人未曾对罗马造成任何伤害,但克拉苏还是去了。公元前53年春,他率部穿越美索不达米亚沙漠,6月6日,在一轮上弦月下,他们与帕提亚将军苏雷纳(Surena)的军队遭遇。帕提亚人歼灭了干渴的罗马军队,克拉苏被斩首。

克拉苏和他的数千名部下阵亡之地位于现今的土耳其境内,罗马人称这座城市为卡莱(Carrhae),卡莱还有另一个名字:哈兰

---

\* 原注:恺撒大帝从未放弃执念,第二年他再次尝试,并取得了成功。
\* 原注:鹰作为标志历经几个世纪而不衰。第二次世界大战期间,纳粹党和美国等都采用了这一标志,还被作为阿波罗11号任务的徽章和用来命名首次登上月球的载人飞船。

## 第八章 探索之旅始于月亮

（Harran）。那波尼德出生于这座城市，他的母亲阿达德-古比曾在这座城市担任月神的大祭司，那波尼德曾在这座城市修复月神的神庙，以对抗巴比伦的祭司。克拉苏死在东方的月亮城，乃是为了追寻荣耀，他再也见不到罗马了。

卡莱战役之后，一切都土崩瓦解了。克拉苏阵亡，前三头同盟亦不复存在。恺撒唯一的孩子朱莉娅在数月前因难产离世，她的婴儿也夭折了。恺撒与庞培的联盟摇摇欲坠。克拉苏被杀后，一个名叫盖乌斯·卡西乌斯·朗基努斯（Gaius Cassius Longinus）的年轻官僚，获得了罗马对叙利亚的监视权。恺撒在高卢停留了9年，组建并领导了一支四万人的军队，庞培和元老院认为耗时太久。恺撒被召回国内，并被命令解散他的军队。恺撒闻讯大怒，于是在公元前49年1月10日左右，也就是将近月圆之夜，做出了一个生死抉择。他站在卢比孔河（Rubicon River）上，这里是高卢荒芜之地和罗马文明意大利之间的分界线，反复估量着自己的命运。苏埃托尼乌斯称，一个幽灵拜访了恺撒和他的部下，这个幽灵抓了一个罗马号角，跑到河对岸，吹响了它，这显然是神谕。根据阿庇安的记录，恺撒深思熟虑后说道："我的朋友们，如果我不渡河，那将是我不幸的开端；但如果我渡河，那将是全人类不幸的开端。"苏埃托尼乌斯、阿庇安和普鲁塔克都说，恺撒悍然渡河，并引用雅典剧作家的话说："骰子已掷出。"（alea iacta est）他选择了破釜沉舟。

这是一场内战。恺撒率领着自己的军队朝着自己的城市进发。庞培逃至亚历山大城，期望在那里藏身并组织军队。但埃及法老托勒密13世杀害了庞培。恺撒借机向埃及宣战，杀死了托勒密，拥立克娄巴特拉（Cleopatra）为王后。此刻，罗马的内部纷争已然波及整个西方世界。恺撒成为了罗马的独裁者。他举行阅兵式和庆典，让他的朋友马克·安东尼（Mark Antony）担任二把手，向政客们大肆行贿，使他的接管合法化，总之，他让罗马共和国走向了末路。他为达目的不择手段。上任后他所做的第一件事便是重新制定历法，这是一场终极权力游戏，他夺取了时间秩序的控制权。

在罗马共和国的执政官时代，一年只有355天，完全合于月亮周期。每月的第一天称为"朔日"（Calends），"日历"（calendar）一词便来源于此。朔日是新月首次出现的那一天。九日（Nones）标志着距离月中（Ides）还有9天。月中是满月出现的那一天。

但是我们知道，阴历年和阳历年的时间并不相同。为了让日历与真实的季节相契合，罗马祭司有一项庄严的职责，那便是偶尔增添一个闰月，以弥补大约十天的阴历滞后（lunar lag）。这将确保由月亮指导的公共日历与季节性节日、收获和节庆保持一致，正如内布拉星盘和巴比伦立法所做的那样。

但罗马历法的制定者并不总是能够准确或及时地添加闰月。罗马共和国地域辽阔，且治理颇为混乱。有时，偏远省份的人们在数月之后才能得知闰月的消息。试想一下，倘若你足够幸运，历经艰辛的旅途之后，骑着马前来参加节日晚宴，却被告知你错过了，因为它发生在六周以前。有时，历法制定者会因其他国家事务而分心；战争期间，当局往往会错过闰年。故而，历年和自然年常常相差数周或数月。丰收节可能落在庄稼仍在生长之时，而春季则落在隆冬时节。在恺撒的内战期间，历法失误再度出现，因而他着手处理这个问题。

恺撒在与克娄巴特拉交往之际，或许听闻过一种统一的阴阳历法，称为阴阳合历。传统的埃及历法有365天，分为12个月，每个

190

## 第八章 探索之旅始于月亮 ☽

月30天，外加五个闰日。为了与太阳年保持同步，埃及历法每四年会增添一个第六闰日，即一个闰日。罗马政治家老普林尼在他的《自然史》中写道，恺撒与亚历山大城的数学家索西琴尼（Sosigenes）合作，设计了他自己的新历法，并制作了一本新的天文年鉴。新历法将一年划分为12个月，每个月有30天或31天，除了2月，它有28天。每四年在2月增加一个闰日。这基本上就是我们当下使用的历法；在过去的2000年里，它仅进行过一次更新。

不过，由于地球的自转，基于太阳与恒星运动的阳历与多年春分之间的时间并不完全契合。地球既不向太阳倾斜也不偏离太阳的日子，给予了我们近乎相等的白天和黑夜，此即为回归年。恺撒和索西琴尼的推算仍稍有偏差：从一个春分点到下一个春分点需要365.2422天，而恺撒的日历制作者计算的是365.25天。恺撒的历法每128年与太阳年偏差一天。[*] 恺撒颁布法令，将46年调整为过渡年，历时长达445天——这对于新独裁统治的第一年极为有利。罗马人照常开启一年的生活，但他们知晓，在这一年结束之时，他们将会多出三个月的时间。在这最后的"混乱之年"之后，准确得多的新历法终于在公元前45年1月1日开启。

对于计时而言，这是一个划时代的进步，但对于我们与月球的关系来讲，这是一个悲剧。在人类历史上，月亮第一次与时间分开了。这些日子渐渐地与月亮周期失去同步。Ides（满月）被简化为一个数字意义，即一个月的第十五天，而非满月的标志。儒略历在1517年和1582年被修订，以便使复活节与春分相符。我们现今称其为公历，但尤利乌斯·恺撒赋予我们的版本依旧是现代世界主要的时间标记，

---

[*] 原注：几个世纪以来，这些误差累积起来变得非常大，导致历法再次出现了偏差。

仍然与月亮周期不相干。*

虽然恺撒修订了历法，深受罗马人民的爱戴，却不为元老院所喜，因而他愈发受到围攻。公元前44年年初，他集结了十万大军，打算向月亮城哈兰/卡莱进发，为克拉苏之死复仇。但就在他即将动身前往东方的前几天，他的朋友和敌人联手将他围困于元老院。在克拉苏死后获提拔的叙利亚官员卡西乌斯（Cassius）领导了这场阴谋。他们在公元前44年3月15日，也就是3月满月那天，刺了他23刀。这是个月圆之夜。

○·

恺撒死后，他的支持者与阴谋家展开了激烈的争斗，罗马也因此陷入了数年的混乱之中。他的甥孙屋大维，即后来的恺撒·奥古斯都（Caesar Augustus），登上了权力的宝座。恺撒死后的第二年，奥古斯都用他叔叔名字命名了7月：7月从此改名July（Julius一词的变体），替代了之前的Quintilis。罗马人的影响力和权力遍及地中海、黎凡特和欧洲大陆。奥古斯都的继任者和继子提比略·恺撒（Tiberius Caesar）在整个帝国征税，以支付日益高昂的开发和公开炫耀费用。公元33年前后，一位来自伯利恒的哲学家[b]劝诫人们不要崇拜奥古斯都或恺撒大帝，因为他们都被神化了。犹太的罗马总督本丢·彼拉多（Pontius Pilate）认为他可以戏弄这个人，他认为这哲学家也会反对向皇帝纳税，于是拿这个问题发难，哲学家不紧不慢地回答说："因此，恺撒的归恺撒；上帝的归上帝。"

恺撒大帝的遇刺拉开了罗马共和国衰落的序幕。但第一代皇

---

\* 原注：许多文化仍然使用阴阳合历，尤其是希伯来历、中国农历、佛历、印度历以及传统的韩国、日本和其他亚洲历法。伊斯兰历则是纯阴历。然而，全球的金融、贸易和政治体系都使用西方的时间计量系统。

b 这里指的是耶稣。——编者注

## 第八章 探索之旅始于月亮 ☽

帝——恺撒们——开辟了长达两百年的繁荣、扩张与和平时期，史称大同世界（Pax Romana）。在这个相对安宁的时期，罗马的思想家们继承了阿那克萨戈拉和亚里士多德的传统，向天空探寻最深层问题的答案。

尽管月亮已经脱离了西方主流的民用计时方式，但它在天空和哲学家的心中依然占据着尊崇的地位。倘若你倾向于思索事物的本质、宇宙是如何布局的，以及这一切意味着什么，那么月球永远是一个饶有趣味的话题。它存在于地球之外的领域，但显然与地球紧密相连。它的外观每晚都在变化，但它总会回归。与炽热的太阳不同，人们可以安然无恙地长时间凝视月亮。人们利用月亮来安排日历等日常事宜，从古至今的人类同时也仰望它、欣赏它、思考它。

许多哲学家冥想出五花八门的理论，用来解释月球为何不会掉下来砸到我们身上；并提出独具创意的宇宙论，用来阐述月球与地球的距离；有的声称大地是一个圆盘，周遭有河流环绕，恰似一条护城河，阻止月球靠得太近；有的表示地球是一块平地，上面有一层天体防护，仿佛一块涂了糖霜的蛋糕。有些人觉得，天体是和谐完美的球体，永远不能接触，以防相互玷污。从美索不达米亚的神圣守护神到亚里士多德，学者们也将月球想象成神圣的天堂和灵魂的港湾。柏拉图在对话中提出，如果我们生活美满，当灵魂脱离了身体之后，就能够造访月亮和太阳。但是，有关月亮和灵魂的最为著名的论述，也可以说是最为重要的论述，来自罗马政治家和历史学家沙罗尼亚的普鲁塔克（Plutarch of Chaeronea）。

普鲁塔克生活在公元 45 年到大约 119 年之间，[a] 他最为著名的作品是《道德论集》（*Moralia*）和《希腊罗马名人传》（*Parallel*

---

[a] 关于普氏的生活年代，国内学术界的说法是公元 46 年至 120 年。——编者注

Lives），这两本书是希腊和罗马政治家和军事领袖的传记。我们因为普鲁塔克了解了阿那克萨戈拉，也因为他了解了恺撒海外冒险的原因。

普鲁塔克是一位多产的哲学作家，主要以对话的形式进行创作。他的论文《论月球天体表面》（*On the Apparent Face in the Orb of the Moon*），通常简称为《论月面》（*De Facie*）——试图描绘月球的性质及其与灵魂的性质和命运的关系。这本书可以说是早期天文学的汇编，涵盖了柏拉图、亚里士多德、阿那克萨戈拉等人的著作。数学家和天文学家约翰内斯·开普勒（Johannes Kepler）对月球极感兴趣，翻译了《论月面》一书，并考虑将其出版，称其为"古代流传下来的关于地球卫星的最有价值的论述"。

《论月面》是几位外出散步的年轻人之间的一段复杂对话。当他们在城市——也许是罗马——散步时，聊起了"月中人"的本质。*其中一人认为，月球表面的面貌只是地球海洋的倒影（17世纪后，天文学家仍然认为这是事实）；有人觉得月球是"空气和温柔的火焰的混合物"；也有人说它和地球一样是"有重量和坚固的物体"。故事中的人物相互嘲笑对方的非正统想法，讨论几何学，试图推断月球的大小，并试图确定月球为何不会掉到地球上。他们将月球的特征与里海和赫拉克勒斯之柱（The Pillars of Hercules，直布罗陀海峡两侧的岩石突起）相比较。他们甚至提及了巴比伦奇异的日食仪式，普鲁塔克写道："大多数人都有在月食时敲打铜器并发出喧闹声的习俗。"

这时，一个名叫忒翁（Theon）的人突然冒出了一个惊人的想法。

---

\* 原注：在西方民间传说中，就像在普鲁塔克的文章中一样，满月似乎长着一张脸，这取决于你你如何看待它。其他文化则把它想象成一只长着大耳朵的兔子。如果你要找的是一张明显的脸，那么形成"右眼"的巨大黑斑就是雨海（Mare Imbrium）。1972年，地质学家兼宇航员哈里森-施密特就是在这里扒开月球土壤，将76535号橄长岩带离月球并载入史册的。

## 第八章　探索之旅始于月亮

"我想先听一听关于据说居住在月球上的人的事情，不是关于是否真的有人住在上面，而是关于是否有可能居住在上面。如果不可能，那么关于月亮是土地的断言就是荒谬的，因为她要是既不能生长出果实，也不为人类提供某种起源、住所以及生活的手段，她的存在看来就没有价值和目的。"有人回答说，月球上当然可能有人居住，但居住的是一种虚无缥缈的生物，他们认为我们的星球是假惺惺又令人恶心的，而月球才是真正的天堂。

整个讨论在有文字记载的历史上都是令人耳目一新的。即使以前有人提出过这些问题，也没有人把它们记录下来，至少没有人把它们写在经得起时间和虔诚者敏锐目光考验的手稿上。月球的意义是什么？天体的意义何在？我们是孤独的吗？

人们开始将月球视作一个独立的星球，想象它是一个有着熟悉特征的所在。月球不再是神秘遥远的天体，它仿若我们的家园。这种认识进一步降低了月球在我们心目中的地位。当我们试图了解月球之时，它的神秘性也必然随之消减。它已经从其世俗的、公民的、计时的高位上跌落下来；此刻，通过非浪漫主义的哲学视角，月亮变得不那么神圣，不那么幽灵，也不那么富有生命力了。

普鲁塔克笔下的人物最终确定月球是"第二个地球"，是某种版本的类地天体。他们认同阿那克萨戈拉的观点，认为月球是"地球般的"。他们甚至想象月球上还生存着其他生物。《论月面》提供了种子，16世纪晚期，开普勒培育出了月球历史上的下一个开创性转变。

到了公元第一个千年的转折点，人类已经意识到月球比太阳离地球更近。月球不再与太阳平起平坐，而是掉到遥远的第二位。我们已经认识到它不是神，而只是一个普通的物体，而且是一个平凡的物体：不是恒星，不是天堂，只是一个像地球一样的石质、斑驳的球体。月球甚至不再是西方世界的计时器，只是一个在以太阳为中心的年份中的干扰者。哲学家们开始讨论它既不完美也不神圣，只是一个地方。随着西方文明进入基督教时代，月球的重要性在逐渐减弱。它在这种被削弱的状态中保持了超过 1000 年，直到 17 世纪的科学革命者将它重新推回到前沿。

# 第三部分
# 我们怎样塑造月球
HOW WE MADE THE MOON

# 第九章  我们眼中的月亮

> 亲爱的开普勒，对于这里的博学者们，你作何评价？他们如同毒蛇般顽固，固执地拒绝透过望远镜去探寻宇宙的奥秘。面对这一切，我们该嘲笑，还是该叹息？
>
> ——伽利略·伽利莱，《片段与书信》

自古以来，月亮始终是人类计算时间、积聚力量、认知世界的参照。然而，在16世纪，它却沦为了宇宙学误解的主要根源。

美索不达米亚的社会满足于测量天体的运动，却无意深究背后的原理。他们出于宗教原因想了解天体的运行，在细致的研究中学到了一种科学形式，但月球是其中的"搅局者"。如果没有月球如此醒目地绕着地球转，也许巴比伦人会更准确地理解事物。他们可能会发现，金星既作为启明星又作为长庚星出现时，是因为金星绕着太阳转。火星、木星和土星奇怪地逆行，也可以通过它们绕太阳的轨道来解释。人们可能会明白，地球离太阳更近，轨道周期更短，有时会像快跑者超越慢跑者一样超越其他行星。如果月球不是如此明显地绕着地球转，人类可能永远也没有理由相信其他万物也是如此。

古希腊人对于探究宇宙的真相表现得更为积极,然而他们的知识以及对宇宙运作方式的痴迷限制了他们——从阿那克萨戈拉到亚里士多德,众多人士认为宇宙是被某种朦胧的意识形态所操控的。亚里士多德在他的《论天》中提出了关于宇宙本质的解释,进行了观察并做出了推测。但他的许多结论都大错特错。他自信满满地写道,太阳像月球那样绕着地球转,但这是错误的。早期的思想家们执着于这个事实——月球绕着地球转,并从此推断:其他所有天体也必然如此。

这种逻辑上的安排显得那么合理。因为没有显著的缘由表明,不同的天体会行为各异。尤其是在早期的基督教世界,当《圣经》被视作绝对的权威,是理解现实的唯一路径时,谁会假定太阳和月球的行为会有所不同呢?更何况,一个由完美创造者缔造的完美系统,怎可能存在不止一种天体运动的方式呢?由于其言之成理,地心说轻而易举地被接纳,只要你不打破砂锅问到底。

直到公元 18 世纪即将来临时,人们开始提出这些问题,将这些问题书写下来并予以出版。托马斯·哈里奥特、约翰内斯·开普勒和伽利略·伽利莱改变了我们对于宇宙的看法。他们是首批现代科学家,为我们带来了一个全新的时代和崭新的思考模式。面对未知的领域,这一代科学思想家意识到,古代的智慧和基督教信仰并非世界的终极答案。面对天空中展露的新领域,他们意识到知识是能够探寻并最终获取的。这些人推动并证实了尼古拉斯·哥白尼的革命性日心说。他们首次开始理解天空的实际布局,借助现代技术的成就——望远镜——他们终于能够超越几何和猜测,了解宇宙,正如阿那克萨戈拉、阿里斯塔克和普鲁塔克所知晓的那样。这些人比之前都看得更清楚,而他们率先注视的所在便是月亮。但他们不单

## 第九章 我们眼中的月亮

是更近距离地看到了宇宙，他们还看到了更为真实的一面。到了17世纪，人们终于目睹天空是一幅满溢细节和现实的织锦。人类放下了迷信，*古老的世界观犹如雾气般消散，遮蔽住了真正的月球。

正如普鲁塔克一个半世纪以前所做的那样，人类对于月球的理解向前迈出了一大步。到了17世纪末，月球化作了一个三维的所在。阿那克萨戈拉是正确的：它拥有山脉和山谷，而且酷似地球。普鲁塔克也是正确的：这种可识别的地球特性能够被绘制成地图。月球在我们的宇宙学中引发了数个世纪的疑问，但当它最终变得真实时，它揭示了真理。

○·

现实世界与圣言之间的裂隙终于在半个世纪后开启了，这起始于一位名叫尼古拉·哥白尼（Mikolaj Kopernik）的安静、虔诚的大学生的工作。但这个分裂的起源能够追溯至更早的时候，回溯到基督教的初始动荡时期，回到罗马帝国，回到世界上最宏伟的图书馆。一位开创性的学者坐在亚历山大图书馆的屋檐下翻阅数千卷书卷。当这位学者在此工作时，这座位于亚历山大大帝征服的城市中的图书馆已然存在了数个世纪。它的藏品承受住了尤利乌斯·恺撒和他的朋友马克·安东尼（Mark Antony）以及恺撒的甥孙屋大维的围攻，并在屋大维于公元前30年击败克娄巴特拉（Cleopatra）和安东尼后接管埃及城市时得到了修复。

这位学者姓托勒密（Ptolemy），他的盛名回响在统治该地区几个世纪的埃及王朝，但他的名字是克劳狄乌斯（Claudius），一个罗马名字，表明他是新的伟大帝国的公民。克劳狄乌斯·托勒密是罗马亚历山大城唯一的伟大天文学家，他利用图书馆的丰富资料提出

---

\* 原注：至少在某种程度上是这样。

了一个在数学上合理的天体秩序。

在托勒密之前,一个简单的、亚里士多德式的、以地球为中心的宇宙乃是最为广泛被接受的宇宙学。其他行星、月球和太阳沿着圆形路径——只因圆形是一种"完美"的形状——围绕地球运行。当然,倘若你对其进行观察就会发现,天体实际上并非如此运转,故而,哲学家们展开了思维体操,"拯救"太阳似乎围绕地球旋转的这一现象,好让人们接受。毕竟,宇宙学的理论必须对实际的宇宙予以解释。

托勒密以令人难以置信的思维方式"拯救"了这一解释。正是他的工作使得地心说在西方文化中如此经久不衰。

我们对他的生平知之甚少。他大约出生于公元100年左右,[a] 生活在亚历山大城。他从年轻时便对天文学痴迷不已。他在那座伟大的图书馆中工作,能够接触到当时所有重要的文本。通过阅读,托勒密使自己成为了世界上首位真正的全球学者,融合了巴比伦、希腊、埃及和罗马的知识。托勒密的学说综合了亚里士多德物理学、阿基米德数学、巴比伦天文学、欧几里得几何学等千年以来的成果,并加以自身的研究。他的著作包含令人印象深刻的学术成就和原创思想,然而却是完全错误的。托勒密称其为《数学集成》(*Mathematike Syntaxis*)。但经由阿拉伯人的保存并翻译,这部著作以其阿拉伯标题的第一个词而闻名:《天文学大成》(*Almajistī*)。

托勒密的天体模型将静止的地球置于中心,这与他之前的思想家们所做的并无二致。但托勒密是第一个尝试解释这种安排如何运作的人,他使用了一种可以宽泛地称为模糊数学的方法,做了一系列的省略和有意的调整,试图解释太阳、月球、行星和恒星的不

---

[a] 按照《辞海》的说法,托勒密首译为"托勒玫",生活在约公元90-168年间。——编者注

## 第九章 我们眼中的月亮

同运动。最重要的是托勒密描述了一个早在几个世纪前由希帕克（Hipparchus）提出的概念：岁差（the epicycles）。这是一种复杂的方法，用来计算所有行星的圆形轨道，它需要一系列围绕更大圆周运动的小圆圈，就像是为太阳系设计的螺旋图。

在托勒密的体系中，宇宙是一个圆圈，其圆心是一个假想的点。在这个假想点的一侧，稍微偏离中心的位置是地球。地球就像球场的中心点，它是固定不动的。每个行星都沿着一个较小的圆形轨道匀速运动，这个小的圆形轨道叫作本轮（epicycle）；而这个本轮的中心又沿着一个较大的圆形轨道绕地球匀速运动，这个大的圆形轨道叫作均轮（deferent）。具体来说，行星在其本轮上做圆周运动，而本轮的中心则在均轮上做圆周运动，类似于今天我们所说的自转和公转。托勒密认为，本轮的旋转方向与均轮相反，于是能够解释行星为何在一定时间内表现出顺行和逆行的现象。

现在，设想你将地球放置在一个大圆圈的中心，这个圆圈代表着其他天体的运动的轨迹，而它们还沿着自身的小圆圈跑圈，这些小圆圈位于较大圆圈的边缘。托勒密通过这种方式把圆圈系统规整成一个整齐的排列，能够极为准确地预测行星的位置。但是，月球对他而言是个难题。

为了使用这些方案描述月球的运动，托勒密需要计算它与地球的距离，并确定月球在其均轮上的轨道位置。他利用月食来进行这些计算，因为月食是天文学家进行精确测量天体位置的最佳方式。当月球在月食期间被地球的阴影淹没时，根据定义，太阳位于月球位置的180度对面。这便是月亮看起来呈红色的缘由，因为它反射了前一天的日落和即将到来的日出的阳光。当你确切地知晓月球和太阳在天空穹顶中的位置时，你也能够测量星星和行星的位置。这就像使用天体罗盘来定位一样。

托勒密查阅了巴比伦人的月食预测目录，并找到了一些即将发生的、具有类似持续时间和几何排列的日/月食。它们发生在公元125年4月5日；133年5月6日；134年10月20日；以及136年3月6日。他还参考了古老的巴比伦月食记录，其中包含了月食的精确时间。*

利用这些月食数据，托勒密提出了一种数学上的调整：月球的均轮相对于其他的均轮是倾斜的。但倘若这是真实的，月球与地球的距离将在其轨道过程中发生巨大的变化——变化幅度为两倍或更多。在远地点，按照托勒密的模型，它将是近地点距离的两倍。塔拉瓦环礁的士兵会看到一个微小的半月逐渐消退，并在两周后惊讶地发现它变得巨大。当然，这个变形的镜子般的月亮并非真实存在的。尽管它有时确实会更靠近我们，呈现出"超级月亮"，但它的表观大小极为相似，特别是在古人测量精度的基础上；对于月球及其极其复杂的运动，谨慎的托勒密甚至没有接近正确答案。

伊斯兰的阿拉伯人，这些在黑暗时代中传承着意识之光的学者，显然是唯一对托勒密那奇异计划提出质疑的群体。从9世纪至14世纪早期，众多伊斯兰学者重新计算了托勒密一些颇为烦琐的观念，改进了他的行星模型，而有些人却对他全然不屑。

阿拉伯杰出的数学家、天文学家及光学奠基人伊本·海瑟姆（Ibn al-Haytham，拉丁名Alhazen）在其《托勒密理论商榷》（*Doubts Concerning Ptolemy*）一文中，以嘲讽的笔触批评道："托勒密假设了一种不可能存在的安排，尽管这种假设或许能在其理论框架内模拟出行星运动的某些特征，但这并不能掩盖其根本性错误，这些错误是在假设该排列时所犯下的。现实世界中行星的真实运动绝不可

---

\* 原注：托勒密利用所有这些日-月-地连线来计算月球的视差。这只是意味着它在天空中明显位置的位移。

## 第九章 我们眼中的月亮

能源自一个根本不存在的排列模式。"

按照海瑟姆的说法,托勒密的过失并不只是其观点本身的错误性,更在于他未能正视自己理论中固有的矛盾与局限,进而对可能存在的更为优越的理论观点持否定态度。"简而言之,若科学领域欲寻求什么实质性的进展,托勒密所采用的方法显然并非正道。"21世纪专注于研究中世纪阿拉伯科学与哲学的学者哈桑·塔希里(Hassan Tahiri)在其著作中如是评述。然而,在伊斯兰世界之外,这个问题似乎并未引发广泛的质疑与探讨。随后的14个世纪里,托勒密的《天文学大成》及其复杂的圆形宇宙模型逐渐成了对天空现象的标准解释,融入了西方思想。借助于新兴的、不容置疑的基督教哲学框架,托勒密的"地心说"宇宙观得以固化,而学者们大多未再深入探究其背后的逻辑与合理性,便匆匆接受了这一观念。

托勒密能够对西方世界的秩序观念产生深远影响,某种程度上要归功于希波的圣奥古斯丁(Saint Augustine of Hippo,354—430)。公元5世纪初期,圣奥古斯丁在柏拉图的洞穴寓言[a]里汲取灵感,构建了一种融合基督教与柏拉图主义的新哲学体系。柏拉图倾向于将思想视为探索真理的游乐场,而非实际的实验,他坚信我们的感官和经历会蒙蔽我们对真理的认知,因为它们仅仅是现实世界的模糊倒影。圣奥古斯丁的新柏拉图主义基督教哲学亦秉持类似观点,即事实仅是真理的某种表现形式,而非激发新探索与疑问的实验起点。他认为,理想的形式纯粹地栖居于上帝的心中,而人类所能感

---

[a] 是古希腊哲学家柏拉图在其著作《理想国》中的一个著名比喻。在洞穴寓言中,柏拉图描述了一个场景,一些人从小就被束缚在一个地下洞穴里,他们面对着洞穴的墙壁,无法转身看到背后。在他们背后有一堆火,火光将一些物体的影子投射到他们面前的墙壁上。由于这些人只能看到这些影子,他们便认为这些影子就是现实世界的全部。如果其中一个人走出洞穴,看到外面真实的物体和阳光,就会意识到自己之前所认为的现实,其实只是真实世界的影子。——译者注

知的现实不过是幻象。对于圣奥古斯丁而言，通往知识、启蒙、真理及上帝之路，唯有内心的反省与转向才能抵达。这一哲学思想成为基督教信仰的坚实基石，直至启蒙运动兴起，才有人尝试对其进行修正与反思。\* 在此后的数个世纪里，教会始终秉持教义，强调真理唯有通过经文揭示。

《天文学大成》与这种新柏拉图主义的世界观不谋而合。至少，这种思想流派的盛行有助于解释为什么几个世纪以来，人们接受了《天文学大成》，几乎没有人想到要问："那么，月球呢？"

公元 827 年左右，学者们才将《天文学大成》从希腊语翻译成了阿拉伯语。1085 年，基督徒征服托雷多（Toledo）后，又将其翻译成拉丁语。直到 15 世纪，《天文学大成》一直是最受欢迎的天文学文本。然而，随着拜占庭帝国的衰落，一个全新的知识时代拉开了帷幕。

公元 1453 年 4 月，土耳其军队对拜占庭帝国的千年古都君士坦丁堡展开了围攻。随后的 5 月 22 日夜，一轮暗红色的月轮显现天际，意味着月食即将发生。七日之后，君士坦丁堡落入了土耳其征服者之手。拜占庭帝国的瓦解，迫使大量操希腊语的学者西迁欧洲大陆，他们携带了宝贵的文献典籍、古代著作的译本，以及他们广博的知识体系，以期在新的土地上延续学术的火种。在这些流亡学者中，巴西里奥斯·贝萨里翁（Basileios Bessarion）尤为引人注目。他曾在君士坦丁堡研习哲学，立誓要重振希腊与拉丁世界的和谐统一，包括其宗教与信仰传统的融合。在此过程中，贝萨里翁不遗余力地

---

\* 原注：方济会修道士罗杰·培根（与后来的科学方法创始人弗朗西斯·培根同名）是一个在中世纪尝试不同事物的人，他试图从自然中辨别真理。由于这一勇敢的努力，老培根于 1277 年被监禁，他的书被禁止出版。

## 第九章 我们眼中的月亮

保护了大量文化遗产，以防其落入新兴土耳其政权之手而遭毁损。

因其在学术与宗教领域的卓越贡献，教皇尤金四世（Eugene IV）授予贝萨里翁红衣主教之职。随后，他游历拉丁世界，不仅建成了一座规模庞大的图书馆，还广交天下学者，共同推动知识的传播与创新。在他的藏书之中，便包括了具有重要价值的《天文学大成》一书。

时间推移至 1460 年，贝萨里翁的学术之旅延伸到了维也纳，在那里，他意外地与一位名叫雷吉奥蒙塔努斯（Regiomontanus）的青年学者相遇。这次相遇被描述为"致命邂逅"，两人在学术和思想层面上的深刻碰撞与相互影响，为后世留下了值得探究的学术佳话。

贝萨里翁委托雷吉奥蒙塔努斯和另一位学者一起制作《天文学大成》的新译本以用于教学使用，所以他们将其精简了一半，并附录了一份方便读者的指南，本质上是这部最为重要的数学论文从古代流传下来的现代文摘版。

《天文学大成纲要》（*The Epitome of the Almagest*）是托勒密著作的一个精简版，读起来令人耳目一新。就像现代文学批评一样，译者们毫不犹豫地指出其中的错误，无论是事实上的还是遗漏的。雷吉蒙塔努斯的主要批评之一是托勒密关于月球的错误论述。1491 年，一位 18 岁的克拉科夫大学（University of Kraków）学生拿起了一本《天文学大成纲要》，并对此产生了浓厚的兴趣。这个学生叫哥白尼。

尽管哥白尼尊敬托勒密为"高山仰止的天文学家"，但他对托勒密支撑宇宙论所需的复杂轨道表示怀疑——它们颇为杂乱；它们太过复杂；它们作为一个统一的天体秩序体系难以自圆其说，因为每个行星都需要有一套精细调整的运动。

哥白尼在 1514 年写道："我经常思考，是否能够找到一个更合理的圆周排列方式。"

为了弄明白这个问题,哥白尼把目光转向了月球。

和托勒密一样,哥白尼在 1511 年、1522 年和 1523 年观测了三次月食,将它们当作天体指南针,他运用他的月食观测来纠正托勒密的月球运动。在哥白尼体系下,月球无须在一个月的时间里变大,然后再缩小。他知晓月球偶尔会遮挡太阳,这表明月球围绕地球转动。他写道:"我在阐述月球的运动时,我并不反对古人的观点,即月球围绕地球运行。"哥白尼言辞恳切,没有任何讽刺之意。

1529 年 3 月 12 日,哥白尼目睹了月球遮挡金星。他在《天体运行论》(*On the Revolutionibus*)中写道:"日落后一小时,我看到金星开始被月球的黑暗面遮住,在两个角的中间。"他利用这种掩星现象(occultation),以及其他来自古代星表的现象,推断出金星的运动状态。他开始意识到,托勒密错的不单单是月球奇怪的倾斜角度。同时,他揭晓了一个真相:静止不动的地球并非旋转的宇宙的中心,而我们只是众多行星中的一颗,所有这些行星都围绕着太阳旋转。

长久以来,历史学家们一直想要弄清楚,哥白尼究竟受到了什么启示,突发奇想提出了这个模型,因为这和他的知识范围完全不搭界。*

一些现代学者认为,哥白尼或许知晓来自 13 世纪伊斯兰天文学家的研究,这些天文学家是所谓的马拉盖学派(Maragha School)的成员,他们在现今伊朗北部的马拉盖天文台(Maragha Observatory)工作,由波斯学者纳西尔·丁·图西(Nasir al-Din al-Tusi)领导。

---

\* 原注:他不知道,早在 1500 多年前(这里原著出现错误。事实上阿里斯塔克生活在公元前 3 世纪,到哥白尼时,已经有 1800 年了。——编者),阿里斯塔克就提出了类似的理论,因为当时这位希腊哲学家的著作还没有被重新介绍。

## 第九章 我们眼中的月亮 ☾

图西和其他人提出的行星模型，简化了托勒密的一些特别牵强的构想，包括月球轨道的详细几何解。这些模型背后的一些数学模型也现身于哥白尼的论文，表明哥白尼或许知晓马拉盖学派的工作。尽管学者们仍在争论这段历史的可信程度，但我们似乎能够合理地假定，如果贝萨拉翁和雷格蒙塔努斯将《天文学大成》引入欧洲，那么其他人将不同的几何和数学著作从阿拉伯语世界带入欧洲似乎也是合理的。*

我们可能永远无法知道真相，这种思想的传承链几乎不可能重现。就哥白尼而言，他写道，他只是对托勒密体系的笨拙感到困扰，而且认为这个体系看起来不够神圣。

他在献给教皇保罗三世（Paul III）的书的献词中写道："经过长时间的思考，我开始感到恼火，因为世界机器的运动，是由最优秀的工匠为我们成系统创造的，却没有被哲学家更确切地理解。"他在给教皇的信中提到，他阅读了早期哲学家，尤其是普鲁塔克的著作，并注意到一些关于其他古人认为地球绕着太阳转的简短参考。他认为自己不妨想象一下其他可能的情形。

哥白尼的开创性理论在1514年便已成形，但直至晚年他才发表，历时近30年。在此期间，他做过牧师和医生，但从未忽视天文学。他对是否发表自己的著作犹豫不决，或许是因为他深知这样做的后果。即使怀着最虔诚、最崇拜的意图，即使是献给教皇本人，写一

---

\* 原注：现代学者发现的证据表明，图西的几何学在13世纪被翻译成希腊语和希伯来语，这表明它的传播范围很广。特别是被称为"图西双星"的几何模型似乎比《天文学大成》早两个世纪从马拉加天文台传入欧洲。这个数学装置描述了一个小圆如何在一个直径是小圆两倍的大圆内快速旋转。在解释行星的运动方面，这种圆的排列比本轮优越。纳西尔·丁·图西在1247年提出了这个概念，学者们说哥白尼在《天体运行论》中的画与他的画非常相似。1957年，奥托·纽格鲍尔（Otto Neugebauer）在牛津大学的博德利图书馆（Bodleian Library）发现了一份希腊文手稿，其中有"图西双星"的图表和图西的月球模型，这也被用来证明哥白尼可能知道图西的工作。

封把地球逐出宇宙中心的信也是具有革命性的，甚至是异端的。思考这个问题本身就具有革命性。在哥白尼的世界里，重复观察作为构建知识的手段，或者我们所认为的科学追求的定义，很少与提出尖锐问题的冒失行为相结合。

"创立现代科学的那些人有两个优点，这两个优点不一定同时出现。"哲学家伯特兰·罗素在谈到哥白尼时说道，"（需要同时具有）在观察中有极大的耐心，在构建假设时有极大的勇气。"

诚然，阿那克萨戈拉提出了一些大胆的假设，也无人质疑巴比伦天文祭司那令人难以置信的耐心以及虔诚的重复。但几乎无人同时具备这两种优点。罗素直截了当地说："而且，在中世纪，也没有人拥有这两样东西。"

哥白尼如同阿那克萨戈拉和他的多元论同伴一样，仍然缺少一样东西：证据。没有办法证明哥白尼的大胆主张，没有办法展示天体是围绕太阳而非地球旋转的。下一代人将会展示他们的工作并说服世界。他们将借助月球来做到这一点。

○·

坦率地说，通过望远镜看到的最古老的月球图像相当平淡无奇。这些图像被潦草地用墨水绘制在泛黄的羊皮纸上，周围是笔记、天气评论和其他随意的涂鸦。虽然有些还算详尽，但大多是如此模糊，以至于你会怀疑描绘的是否是月球。这些图是由托马斯·哈里奥特（Thomas Harriot）绘制的，这位卓越的智者和数学高手并不一定具备艺术技能，所以这是他的绘图不太为人所知的原因之一。尽管他让月球变得和地球更亲近，却没有因此得到应有的认可。

由哈里奥特绘制的新月、弯月、满月手稿可以在一捆文件中找到，这些文件被简单地存放在一个储藏室里。储藏室位于佩特沃斯庄园（Petworth House）的地下室。佩特沃斯庄园是英国最引以为

## 第九章 我们眼中的月亮

豪的贵族宅邸之一,位于伦敦西南50英里的西萨塞克斯郡(West Sussex)的一个小镇。这座富丽堂皇的房子楼上装饰着J.M.W.特纳(J.M.W.Turner)的浪漫主义画作,陈设的是一些你能想象得到的最华丽的家具。顺着楼梯往下走,穿过一个不起眼的大厅,你会发现一本巨大的皮革书,普通小隔间办公桌大小,里面塞满了月亮图纸。只有艾莉森·麦卡恩(Alison McCann)可以向你展示它们,而你若想翻阅,还必须得到一位英国贵族的许可——他就是诺森伯兰伯爵(Earl of Northumberland)的后裔,第七代莱康菲尔德男爵(Baron Leconfield),第二代埃格蒙特男爵(Baron Egremont),历史爱好者所熟知的一战学者马克斯·埃格蒙特(Max Egremont)。

在一个晴朗的春日早晨,埃格蒙特勋爵的家庭档案保管员麦卡恩在办公室接待了我们。她给我们每人倒了一杯咖啡,在我们对面坐下。英国礼仪要求我们先闲聊一会儿,装满"月亮"的大活页夹要稍等片刻才能奉上。我啜饮着咖啡,一边听她给我讲述哈里奥特的故事。哈里奥特是英国数学家、科学家,也是这捆月亮手稿的绘制者。

哈里奥特理应更为人所熟知,因为他是伊丽莎白时代英格兰最为杰出的学者之一。他被誉为现代代数学的先驱,其成就足以与文艺复兴时期任何一位卓越思想家相提并论。在牛津大学的历史上,他或许能够被冠以"最伟大数学家"的美誉。哈里奥特曾经在伊丽莎白女王麾下著名探险家沃尔特·罗利爵士(Sir Walter Raleigh)手下做事,在跨大西洋的航行中担任航海家和制图师。他还是英国首批踏上新大陆探险的先驱之一,亲自航行至现今北卡罗来纳州(North Carolina)的罗阿诺克殖民地(Roanoke Colony)。他的著作《关于新发现的弗吉尼亚的简明实况报告》(*A Briefe and True Report of the New Found Land of Virginia*)可能是欧洲最早系统描绘美洲原住民生活风貌及美洲大陆动植物生态的文献之一。此外,哈里奥特还致力于卡罗来纳阿尔冈昆语(Carolina Algonquian language)的研习与翻译,并向当地阿尔冈昆族人学习烟草加工技术,其著作及实践促进了烟草在精英社会中的流行,独特而浓郁的黄色轻烟弥漫于各地酒馆与客栈之中,蔚然成风。

1590年前后,哈里奥特和罗利结识了一个年轻人,他有点失聪,黑头发,鹰钩鼻,想成为炼金术士,名叫亨利·珀西(Henry Percy)。他是诺森伯兰郡的第九代伯爵,是一个显赫的天主教家庭的继承人,这个家庭曾与君主制发生过冲突。珀西的父亲,即第八代伯爵,因被指控密谋用苏格兰女王玛丽取代伊丽莎白女王而被囚禁在伦敦塔,最终自杀身亡。到了1598年,哈里奥特为魅力超凡的珀西工作,珀西被称为"巫师伯爵",他为哈里奥特支付了终身养老金,并为他提供了泰晤士河边诺森伯兰郡赛恩庄园(Syon House)的房间。哈里奥特过上了学者的生活,他甚至无须发表文章。

"他有房子,有薪水,他可以沉迷于纯粹的科学。"麦卡恩告诉我。

哈里奥特迅速做出了大量突破性研究。1601年,他发现了折射定律(Law of Refraction),该定律预测光线穿过一种材料时会弯曲的程度。与哈里奥特同时代的、经常通信的文友,德国天文学家约翰内斯·开普勒,却未能发现该定律。"测量折射率,我在这里遇到了困难。天哪,多么微妙的比例!"开普勒在1603年遗憾地写道。发现折射定律本来可以让哈里奥特名垂千古,但他似乎并不太在意这些。他的前学生兼友人威廉·洛厄爵士(Sir William Lower)在1610年的一封信中斥责他"过于保守",认为哈里奥特应当让自己的发现,特别是他在代数方面的成就获得认可。洛厄写道,哈里

## 第九章 我们眼中的月亮 ☽

奥特的矜持"剥夺了他这些荣耀"。*

在"科学家"一词问世之前,哈里奥特就已经是一位卓越的科学家。他通过精密手段进行重复实验,得出了诸多创新性的结论。在天文观测领域,他敏锐地捕捉到了太阳黑子的现象,并细致观察到这些黑子似乎呈现向西移动的趋势。基于这一独特视角,哈里奥特成功地估算出了太阳的自转周期。这一壮举尤为非凡,因为当时还没有人认为太阳会自转。值得注意的是,尽管弗朗西斯·培根(Francis Bacon)因开创现代西方实验科学方法的先河而广受赞誉,但培根本人在 1608 年却坦诚地表示,其灵感其实是受了哈里奥特的启发,后者早已展现出"倾向于进行实验"的先驱精神。

1609 年初,哈里奥特拿到了一个新发明的装备,这是荷兰人汉斯·利伯希(Hans Lippershey)在 1608 年 10 月尝试申请的专利。眼镜制造商们正在研磨更大尺寸的玻璃,并将其组合起来,制造世界上第一批望远镜。哈里奥特买了一台可以将视野延展六倍的望远镜,并将其安装在他所住的赛恩庄园屋顶上。

1609 年 7 月 26 日,他成为第一个通过望远镜绘制月球图像的人。当时的月亮是一个五日龄的新月,哈里奥特将其置于页面顶部,新月弯弯,优雅地横跨于羊皮纸上。

我目不转睛地凝视着麦卡恩用戴着手套的双手,自鲜红的文件夹中缓缓抽取出这幅具有历史意义的手稿——人类首次通过望远镜捕捉到的月球图像。月球看起来非常像内布拉星盘上的样子:比镰刀厚,隆起,比较丰满但尚未半满。这并非一幅美丽的图像,它笨拙且参差不齐,似乎创作者对自己的手稿并不自信。哈里奥特画了一个整圆,又画了一条参差不齐的弧线,形成了月亮上的"鼻梁",

---

\* 原注:折射定律的功劳归于 1621 年的斯奈利乌斯和 1637 年的笛卡儿。

以标记被照亮的新月和球体较暗部分之间的界限。整个圆可能通过反射的地球光可见，但不清楚哈里奥特是否想传达这一点。他在中间草率地画了一些毛茸茸的部分，但它们模糊且表现不佳，并不真正代表我们熟悉的月球。

麦卡恩将手稿铺在一块布上，我伸长脖子，试图从一个新的角度观摩它。我想到了文斯·加夫尼（Vince Gaffney）看到沃伦菲尔德日历时的场景，于是我在手机上打开了一张现代的月球地图。对比这两幅图像，可以看出哈里奥特的毛茸茸的部分可能描绘了宁静海，三个半世纪后，阿波罗11号在那里着陆。

这幅图像比才华横溢的托斯卡纳（Tuscan）人伽利略·伽利莱绘制的图像早了四个月。

2009年，为了庆祝人类首次使用望远镜400周年[a]，埃格蒙特庄园（Egremont Estate）与英国媒体分享了这张图片，随后麦卡恩接到了大量询问。人们这才意识到第一个通过望远镜观察月球的人是哈里奥特，而不是伽利略。埃格蒙特一家一直都知晓此事，她对这些人的大惊小怪感到沮丧。"这真的惹恼了意大利人。他们为了一个关于伽利略的展览借用了这些图，我买了一本目录，因为他们对哈里奥特的蔑视是如此滑稽。"她笑着补充道。

这些画稿之所以具有纪念意义，并非因为它们出色，也不单是因为它们是首创，而是在于它们的本质。哈里奥特是第一个用望远镜观察月球或其他天体的人。同时，他也是第一个思考到这意味着什么的人。望远镜终于让人类的视野超越了地球束缚，得以一窥地球之外的世界，甚至是我们自身。哈里奥特所看到的一切打破了人们的想象，乃至哲学陈规。对于哈里奥特来说，他没有对月球特征

---

[a] 2009年又被称为"国际天文年"。——编者注

## 第九章　我们眼中的月亮 ☾

进行内省式的漫谈，也没有对其苍白的表面进行狂热或宗教性的修饰。他甚至没有效仿他近代的前辈哥白尼，试图赋予月亮任何经文之美或天堂秩序。哈里奥特受过古典教育，他熟知普鲁塔克的《论月面》，他亲眼看到了另一个星球上的实际地貌，他那些遥远的观月伙伴，即使是最亲近的人，也没有为此做好准备。这一定让他感到震惊。在人类历史上，从未有人像哈里奥特这样看到高倍放大的月球。为了记录这一切，或许是为了与他人分享，哈里奥特急忙以图画的形式记录下了他所看到的一切。尽管他从未发表这些记录，但他一定知道，他那些不确定的涂鸦会比他能写下的任何文字都更有价值。

伽利略也知晓这一点，并且作为一名受过绘画训练的人，他在视觉传达方面做得更为出色。伽利略的杰作《星际信使》（*Starry Messenger*）于 1610 年 3 月出版，顿时成为畅销书[a]，哈里奥特收到了一本首印本，并立刻如饥似渴地阅读起来。在哈里奥特与朋友洛维尔之间的信件中，显示了他们对伽利略的作品以及他们自己对望远镜的喜爱，他们称之为"透视柱"（Perspective Tube）。那时，洛维尔跟哈里奥特说："不论有任何伽利略的书过来，你能弄到的话，也寄一本给我。"作为一位与开普勒等人频繁接触的知名学者，哈里奥特很有可能直接从作者那里收到了像《星际信使》和开普勒的《与星际信使的对话》（*Dialogue Concerning the Starry Messenger*）这样的书籍。

在观摩意大利同侪的艺术作品后，哈利奥特的绘画技艺有了显著进步，麦卡恩对此做了详尽的阐述。具体表现为，在部分页面中，他画了并排的新月，或附有代数表的小半个月亮。他显然喜欢先打

---

[a] 印刷机发明于 1450 年左右，到 17 世纪初已经普及。——译者注

草稿，因为麦卡恩给我看了几页画有完美圆圈的纸，这是准备用作月球模板的，不过哈里奥特并没有全部用上。其中一页尤为引人注目，可能会受到珀西家的族先祖——沃伦菲尔德的苏格兰裔人士——的青睐。该页绘制了连续排列的 12 个圆圈，每个圆圈精准捕捉了月相变化的不同阶段，自新月始，历经盈凸月，终至满月。

在 1610 年 9 月 11 日这一天，哈里奥特绘制了一幅细腻的新月形草图，其上那显著的凹陷部分，或许正是宁静海。他在笔记中提到"它的外观引人注目，许多地方崎岖不平"，并配以"岛屿和岬角"的描述。然而，他在画图时却遭遇了障碍："但我无法记下所有的形象，因为我被清鼻涕所困扰。"哈里奥特因感冒而不得不中断工作，上床睡觉。

哈里奥特还绘制出了第一幅完整的满月图。这幅图完成于 1611 年，上面布满了大量的字母和数字注释。他用这些标记来记录他从目镜到纸面的观察位置。这幅图被清晰地分为明暗两部分，还有海岛和平原，乍一看朴实无华，然而在数学上却极为精确。毕竟他是一位出色的航海绘图师，他的这幅图画也是一种独特的制图形式。他甚至还写下了自己望远镜的放大倍数，用来作为地图的说明。到了 1613 年，哈里奥特又绘制出了两幅全月图，其中的许多地物在如今的高清图像中，轻轻松松就能辨认出来。

尽管这些绘图与伽利略的作品相比显得有些单调，但它们依然非同凡响。它们代表了一种将原始观测与精确数学解释相结合的先进思维。哈里奥特的地图会让普鲁塔克和托勒密惊叹不已，更不用说苏格兰新石器时代的月亮观察者了。考虑到他使用的望远镜非常简陋，他的地图尤其令人印象深刻。他的满月图中的细节水平在接下来的半个世纪里无人能及，直到人们开始研磨更高质量的望远镜玻璃，波兰制图师约翰内斯·赫维留（Johannes Hevelius）在 1647

## 第九章 我们眼中的月亮 ☽

年绘制出一幅开创性的月球地图。

哈里奥特选择了利用图片来表达人类有史以来第一次近距离观察月球的成果。他并非不善写作,在神秘的罗诺克殖民地,他不知疲倦地详细记录了那里的植物、动物和北美本地居民的生活方式。但他并未试图对自己的观察成果进行高水准的阐释,他的月球图也未曾试图重新排布天体。很多时候,他甚至连注释都没有添加。由于没有发表相关作品,他的日记是他与月球相关的唯一参考。我们无从知晓,当哈里奥特透过他那单薄粗糙的黄铜望远镜,凝视着纤细明亮的新月时,他在思索些什么。我们也不明白他为何从未发表过自己的画作。传记作者认为,哈里奥特更关注的是生活,而非成名。他或许因为自己是个无神论者,或者至少被怀疑是个无神论者,而不愿让更多人审视自己。他从来没有出版著作的经济需求;罗利和珀西为他提供了有报酬的工作;他也没有理由去讨好任何恩人或宗教精英,这一点与他同时代的开普勒和伽利略不同。不过,兴许是政治原因令哈里奥特保持了缄默,这或许能够解释为何他的文件最终会被送至佩特沃斯庄园。

1597年左右,哈里奥特第一次为亨利·珀西工作时,伊丽莎白女王一世(Queen Elizabeth I)拒绝指定苏格兰国王詹姆斯六世(King James VI of Scotland)为她的继承人。这引发了激烈的内斗,各派系都在争夺"童贞女王"作为英格兰和帝国统治者的继承权。1603年,伊丽莎白女王一世逝世,享年69岁,詹姆斯最终还是成为了国王。宫廷阴谋使新君主对许多精英,包括罗利及其朋友们,有了猜忌之心。

随后,在1605年11月5日,包括盖伊·福克斯(Guy Fawkes)、亨利·珀西的亲戚托马斯·珀西(Thomas Percy)在内的其他阴谋者,因企图炸毁国会大厦而被捕。臭名昭著的火药阴谋

（Gunpowder Plot）导致了一系列的附带调查，连哈里奥特本人也被指控用詹姆斯国王的星座运势作法，因而遭到短暂监禁。最终，哈里奥特的朋友和赞助人亨利·珀西被囚禁在伦敦塔中，他在那里待了 16 年。这段时间，哈里奥特埋头研究光学，看到了哈雷彗星，并绘制了他的月球观测图。

麦卡恩告诉我，珀西获释后，被驱逐出伦敦，于是退隐至佩特沃斯庄园。1621 年 7 月 2 日，哈里奥特逝世，据推测是死于癌症。\* 亨利·珀西的远房后裔埃格蒙特现在管理着哈里奥特 453 页的著作。麦卡恩对这些文献了如指掌。

"我觉得自己从来没有对这项工作掉以轻心。"她对我说，"我所喜爱的，是那种能让这些尘封的历史鲜活起来的感觉，虽然那仅仅是惊鸿一瞥。若从逻辑角度去考量其余的部分，它并非完整的记录。并非每一张纸都被创造出来。然而，你却能看到人们生活中的这些小小瞬间。"

在返回伦敦的火车上，我思考起了哈里奥特。当我所乘坐的火车隆隆作响地驶向大城市时，萨塞克斯郡的乡村以及柠檬黄的油菜地渐渐幻化成了钢铁与玻璃。在佩特沃斯庄园，四周环绕着透纳（Turner）[a]的画作以及我见过的最为宏伟、最为华丽的家具，令我仿若置身于 17 世纪的朝臣之中。两小时后，我在伦敦轻盈地穿过地铁站，爬上肯辛顿高街（Kensington High Street）[b]，站在柜台前喝一杯浓缩咖啡。这很不和谐，犹如穿越到了未来一般。

---

\* 原注：学者们认为哈里奥特可能患有肺癌。他可能是第一个在一生吸烟后死于肺癌的英国人，他帮助把烟草引入了欧洲大陆。
a 全名约瑟夫·马洛德·威廉·透纳（Joseph Mallord William Turner，1775–1851），19 世纪上半叶英国学院派画家的代表人物，以其在风景画领域的卓越成就而闻名。——译者注
b 是伦敦西部肯辛顿区的一条主要的购物街。肯辛顿以密集的高档住宅、博物馆、文化机构和购物区而闻名。——译者注

## 第九章 我们眼中的月亮

当哈里奥特透过他那六倍放大镜，眯眼观看月球之时，是否也有类似的感受？哈里奥特和伽利略，哥白尼和开普勒，所有这些科学界的同人一定感受到了他们的发现所带来的分量，他们肯定知晓自己正在开辟一条崭新的道路。他们在信件中相互探讨，彼此称赞，显然享受着发现之旅的乐趣。但他们是否明白自己正站在两个世界之间的悬崖边缘？哥白尼真的理解他对"主要世界系统"的确定性，正如伽利略所称的日心说和地心说模型，会颠覆他所了解的社会吗？同样，伽利略又如何呢？

即便他们不惧真相，月球的真实状况也会令人不安。通过从哈里奥特开始的观察，人们逐渐明晰月球并非由"以太"（Ether）或其他物质构成，它多岩石、多山、坑洼不平，并包含看似海洋的黑暗区域。它是一个星球。正如勇敢的阿那克萨戈拉所说的，"地球般的"。哈里奥特自己也是如此看待它的。麦卡恩向我展示了哈里奥特在何处将一块地貌命名为"里海"（Caspian Sea），这在他的绘图上显得形单影只，这是最为"内陆"的水域特征，恰似地球上的里海一样。"里海"后来被命名为"危海"（Mare Crisium），位于月球东北角的近侧，宁静海的东北部，意思是危机之海（Sea of Crises）。

这是哈里奥特唯一愿意标记的月球特征，这个名称于此而言极为贴切。在他自己的国家以及更广泛的西方世界处于危机之际，他埋头观察月球。当哈里奥特透过他的透视镜筒凝视月球时，伽利略仔细地观察和敏锐的记录颠覆了亚里士多德式的、空灵的秩序。伽利略精美的画作比哈里奥特的更胜一筹。他描绘了他的所见，勇敢地竭尽全力向他人揭示事物的本来面目，除此之外，他还给出了自己的哲学阐释。

在哥白尼发表那些观点半个世纪之后,他的观念彻底改变了伽利略以及年轻的德国学者约翰内斯·开普勒。当时开普勒正在德国的图宾根大学(University of Tübingen)念书。

1595 年,开普勒开始钻研哥白尼的著作,如同哥白尼研究《天文学大成》一般。开普勒获得了在图宾根大学学习哲学的奖学金,他阅读了普鲁塔克的《论月面》以及哥白尼的《天体运行论》,并宣称哥白尼的体系乃是"一座取之不尽的宝藏,对天体以及其中所有物体的奇妙秩序有着真正神圣的洞察力"。开普勒决定将自己的论文重点聚焦于月球,旨在利用月球的运动来证实哥白尼的观点。在他的研究中,他效仿古代的前辈,借助阴影来确定一些月球表面特征的高度,后来他向伽利略阐释了这一点。

大约在同一时期,在向南约 475 英里的比萨大学(University of Pisa),伽利略受雇成为数学老师。在对重力与运动的研究过程中,他逐渐开始质疑亚里士多德的观点。对亚里士多德信仰的动摇,使他对一切其他事物开始产生疑问,并且,和开普勒一样,伽利略也接纳了哥白尼那被视为疯狂异端的思想。1609 年夏天,当哈里奥特在英格兰通过望远镜观察并绘制草图时,伽利略访问了威尼斯,并首次获取了一台望远镜。在那里,他观察到了月球表面;银河系云雾状的发光带;以及木星的四大卫星,他称之为"四大行星"(Four Planets)。[*]

在《星际信使》一书中,伽利略将月海(Mare)和月面环形山(Lunar Crater)进行了区分,并写道"在我之前从来没有人观察过(月面环形山)"。正如哈里奥特大致描绘的那样,伽利略正确地解释了黑夜为何在月亮表面呈锯齿状边缘推进。月球的阴影之所以存在,

---

[*] 原注:木星实际上至少有 80 颗卫星,但发现了 4 颗仍然是一个很大的惊喜。

## 第九章 我们眼中的月亮

是因为月球有其表面特征。

长期以来，亚里士多德一直认为月球是一个纯净无瑕的球体，但真相与他的观点截然不同，反而与普鲁塔克关于月球是"地球般的"的主张相呼应。伽利略仍然没有把月球表面的特征称为山脉，而是模糊地提到了"凸出和洼地"，并且小心翼翼地避免说月球是"地球般的"。但倘若真如此的话，他认为那些黑点就是海洋："如果人们希望恢复毕达哥拉斯学派的古老观点，即月球就像另一个地球，那么，它的明亮部分代表陆地的表面，而较暗的部分更适合代表广阔的水域。"

尽管以现代标准衡量，伽利略的望远镜甚为粗陋，只是一种细长的薄铜仪器，能够将他的视野放大约 20 倍，然而它却比哈里奥特的望远镜强大得多。如今，这些望远镜被收藏在佛罗伦萨（Florence）的一个博物馆里，被安置在玻璃柜内，柜中配备有精心调控的湿度与温度传感器，它们堪称人类历史上最为珍贵的科技仪器之一。即便是伽利略的同代人，也领悟到了他思想的重大意义。

"最杰出的伽利略，你值得我赞美你的不懈努力。"开普勒对他说，"抛开所有的疑虑，你直接转向了视觉实验。确实，通过你的发现，你让真理之阳升起，驱散了所有困惑的幽灵及其母亲——黑夜，并通过你的成就，展示了可能实现的事情。"

在出版《星际信使》后的数年里，伽利略写了关于太阳黑子性质的信件，并进行了探究引力的实验。1632 年，他最终决定出版《两大世界体系的对话》（*Dialogue Concerning the Two Chief World Systems*），论证"地动说"。他用意大利白话而非拉丁语概述了哥白尼的案例，同时抨击了托勒密和亚里士多德明显错误的物理学。当哈里奥特满足于从他的屋顶上凝视月亮而什么都不发表时，伽利略却因他的追求而受到全球瞩目。他期望自己的想法能被更多人知道。

在伽利略的这本著作中,他论证了月球和地球都是明显的圆形,声称月球像地球一样是固体和不发光的——意味着它不是由以太构成的。他正确地推测了地球反照光的性质,几个世纪以来,人们一直将其命名为"灰光"(Pale Light),当月亮处于新月时,这种现象能够让你看到月亮黑暗区域的昏暗形象。之所以会发生这种情况,是因为从地球反射的阳光也能够部分照亮月球,就像一面镜子朝向你。伽利略在科学上呼应了 3860 年前恩赫杜安娜对月亮的颂歌,"你闪亮的角是神圣而光彩的",伽利略写道,"这束光在角最窄的时候看得最清楚"。

所有这些,都标志着从亚里士多德"为观察而观察"的旧观点向前迈出了一大步。这也是对新柏拉图主义观点的巨大跨越——接受你所学到的,特别是经文的价值,而非你自己眼睛的观察。

伽利略遵循古希腊传统,将他的论点用对话体表达,在对话中,他的人物谈论这两个系统,并对它们的实用性展开辩论。这是一个讲故事的框架,使科学论点更易于消化,同时也是具有策略性的。在对话形式中,伽利略本人不必偏向任何一方,也不必依据哥白尼思想的优点来讨论它们。但他的立场是显而易见的。例如,他把亚里士多德式人物的代言人命名为辛普里西奥(Simplicio)[a],显然是别有用心。

在讨论月球在天空中的定位之后,另一个角色萨尔维亚蒂(Salviati)说,他很高兴看到辛普里西奥终于明白了他在说什么。

"就我而言,我经常遇到一些冥顽不化的人,即使我把你刚刚

---

[a] 在意大利语中的意思是"简单的人"。在《两大世界体系的对话》一书中,辛普里西奥是一个主张地心说的亚里士多德主义者,代表了那些坚持旧有理论、拒绝接受新发现和新观察的哲学家和文学家。——译者注

## 第九章 我们眼中的月亮 ☽

亲眼所见的事实重复了一千遍,也无法让他们理解。"萨尔维亚蒂说道。

接下来所发生的,是西方世界历史上不可抹去的著名审判。1633年,伽利略被控异端罪,但他被免于在火刑柱上烧死,因为他同意认罪并宣布否认日心说。之后,他在软禁中度过了余生。

然而,就人类对月球的认识而言,伽利略是一座丰碑。他的月球插图,就像哈里奥特的一样,验证了阿那克萨戈拉的话语和普鲁塔克的预言:月球是"地球般的",而且它有缺陷。伽利略的月球写生看起来自然、真实且富有艺术性。它们是纯粹的艺术,正如历史学家斯科特·蒙哥马利(Scott Montgomery)所说,"是独立观察的结果"。月球的真面目昭示于地球,靠的是望远镜的镜头而不是书面文字。

伽利略的挚友之一洛多维科·齐戈里(Lodovico Cigoli)甚至借助新现实主义风格的月球来革新宗教艺术,而这恰恰是教会权力的体现。1612年,在伽利略震惊世界的《星际信使》出版两年后,齐戈里完成了罗马圣玛丽大教堂的壁画创作,这里是基督教最重要的马利亚圣地。在伽利略在世期间,这座大教堂增建了两座新的小礼拜堂\*,齐戈里受雇绘制《启示录》中的一个场景,他的主题是"一个身披太阳,脚踏月亮的女子",她与大天使圣米迦勒(Saint Michael)相对而立。齐戈里依要求进行了绘制。然而,女子脚下的月球并非许多早期画家所描绘的光滑球体,那些画家曾用一尘不染的亚里士多德式月亮来象征纯洁无瑕的圣母马利亚——基督的母亲。

齐戈里画的是天文意义上的月球——伽利略的月球,崎

---

\* 原注:较新的是教皇保罗五世建造的宝林小教堂,较旧的称为西斯廷小教堂,由教皇西克斯图五世建造。虽然名字相同,但这座西斯廷小教堂不能与梵蒂冈的那座小教堂混淆,那是米开朗琪罗在一个世纪前绘制的。

岖蜿蜒、坑坑洼洼、凹凸不平、伤痕累累——而非柏拉图理想中的月球。这幅壁画至今仍是学者们争论的焦点，但不管齐戈里的意图是什么——是与反宗教改革的教会政治背道而驰，还是仅仅向他的艺术学校朋友致敬——他的月球改变了一切。艺术中的月球变得真实起来。绘画或许仍然具有宗教性质，但它们对天空和月亮的描绘是生动、可信且接地气的，从现代天文学中获取了灵感。

对于天体秩序以及月球而言，木星的卫星是另一个重大问题。伽利略通过绘制木星卫星的运动轨迹，证实并非所有天体都围绕地球运转。木卫一、木卫二、木卫三和木卫四（如今也被称作伽利略卫星）证明了哥白尼原理，同时对托勒密、亚里士多德以及教会发起了挑战。

然而，这些新天体的加入降低了月球自身的地位。我们的月球不再完美无缺或独一无二，因而我们也不再完美或独特。地球甚至并非唯一拥有伴星的星球。月球被拉下了荣誉的宝座，不再与太阳和可观测的行星相媲美。它被降格为平凡的卫星，仅仅是众多卫星中的一颗。

"我们的月球，是为地球上的我们而存在的，别无二主；那四个小卫星，是为木星而存在的，非我仆从。"开普勒在写给伽利略的信中说，"每颗行星及其居民都有自己的卫星，相伴相随。"这或许是第一次创造了"卫星"（satellite）这个词。该词源于拉丁语 satelles，意为"随从"。

其他星球也有它们的卫星侍奉。卫星是与星球相伴的星球。这在如今看来是显而易见的，但考虑到他们所处的时代，这是一种非凡的洞察力。

在太阳系之外，曾被认为不存在更广阔的宇宙。在公元前两千

## 第九章 我们眼中的月亮

年中期,还没有星系(galaxy)这样的概念。无人知晓宇宙是怎样排列的。哥白尼在医学院求学时,接受的训练是要平衡血液、痰液、黑胆汁和黄胆汁这"四种体液",同时还要学习占星术,以辅助疾病的诊断与治疗。尤其在医学领域,人们认为月相与疾病的严重程度息息相关。数个世纪以来,大多数人依旧认为月球是一个光滑的球体,而地球是万物的中心。

伽利略持之有故、言之成理的宣言,一石激起千层浪。从哥白尼时代始,从雷格蒙塔努斯带着怀疑的目光翻译《天文学大成》始,这场争斗便一直在酝酿当中。在这场斗争里,权威与科学探索针锋相对。它将圣经的书面文字与我们眼前的证据对立起来:"全地都要在他面前战抖;他使世界坚定,不得动摇"(旧约 16:30)。伽利略的艺术作品和他的写作公然挑战了特伦特会议(Council of Trent),这次会议是天主教对路德宗教改革的重大回应,宣称"任何人都不得依靠自己的技能……擅自解释上述神圣的经文,违背……教父们的一致同意",即使这些解释是新的且从未打算发表。

许多历史学家认为这种分裂标志着现代科学的黎明,月球在其中扮演了主角。科学革命在接下来的几十年中确实获得了动力,但宗教与实证科学之间的决裂并非一刀两断,而是循序渐进。正如伽利略所理解的,月球仍然是一个强大的象征,而不是圣经盔甲中的一个缺口。伽利略的绘画和观点不能将月球与神圣剥离,也不能将其从神话中完全移除。探索杀不死神性。伽利略的亲密文友约翰内斯·开普勒比他那一代人中的任何人都更深刻地理解这一点。尽管开普勒为我们提供了行星运动的规律,从而彻底变革了天文学,但他想象天体在运动时会产生音乐、和声,并且他心安理得地为这些曲调赋予了意义。虽然他的结论具有科学性,但他的文字充满了中世纪的神秘主义色彩,这是他所生活的时代。

在作为代表神性的完美球体数千年之后,月球无论在字面意义还是象征意义上,都与地球产生了紧密联系。在阿那克萨戈拉之后的 2000 年间,月球在我们头顶上方的角色发生了翻天覆地的变化。而在哥白尼与伽利略的著作问世之间的那一个世纪里,月球的角色再度发生重大转变。我们揭开了月球的真实面目:它是阳光的盗贼,仅仅是众多行星众多卫星中的一颗,是地球的岩石伙伴。我们绘制出月球表面详尽的细节图,并为其地貌命名。月球也成为我们能够想象自己置身其中的地方,一方面是因为这十分有趣,且新近成为可能;另一方面则是因为在其他地方演绎我们人类的奋斗更为容易,甚至可能更加安全。

在接下来的几个世纪中,通过艺术、音乐和文学——包括开普勒本人的第一篇科幻作品——月球模仿了伽利略的灰光,将我们反射给自己。

# 第十章　心灵之旅

那是一个风雨交加的夜晚。

时值 1608 年，此时还没有人借助望远镜观察过月球。然而，月亮依旧高悬于夜空之中，圆满且明亮。就在乌云席卷而来的前一刻，约翰内斯·开普勒凝视着这轮皎洁的明月。不久后，倦意袭来，他便沉沉入睡，进入了梦乡。

在梦中，他拿起了一本由冰岛天文学家迪拉考托斯（Duracotus）撰写的著作。书中讲述了迪拉考托斯 14 岁那年，因偷看了母亲准备出售给水手的一个神秘包裹，惹得母亲勃然大怒，被逐出家门。随后，他流浪到了丹麦，在那里遇到了著名天文学家第谷·布拉赫（Tycho Brahe）。布拉赫收这位年轻人为徒，将天文学知识倾囊相授。

拜在这位友善的丹麦导师门下数年后，迪拉考托斯回到了祖国，并与母亲菲奥希德（Fiolxhilde）重逢。令人惊讶的是，母亲同样精通天文学。但她并不需要依靠布拉赫那些"奇妙的仪器"，而是利用魔法与月球沟通，仿佛自己就置身于月球之上。她有一套魔法，可以召唤居住在月球上九个生物部落的灵魂，他们不知道自己住在我们的月球上，以为自己的家园是一座岛，他们把它叫作莱瓦尼亚

（Levania）。

菲奥希德决定将这些古老的技艺传授给儿子。于是，母子二人共同召唤了一个来自莱瓦尼亚的守护精灵[*]。据母亲说，这个温和纯净的灵魂是通过特定的 21 个字符召唤而来的。

守护精灵以嘶哑而又模糊的声音讲述了许多内容，从默冬周期，即古代已知的 19 年周期——对应太阳与月球再次排成一线所需的时间，到他们家园的地质结构与生物特征。据守护精灵描述，莱瓦尼亚遍布山脉、海洋以及洞穴，其中栖息的生命形态庞大但寿命短暂。它们把地球叫沃尔瓦（Volva），因为按照它们的认知，是沃尔瓦绕着莱瓦尼亚旋转。"在莱瓦尼亚，最为惬意之事莫过于思考沃尔瓦。"迪拉考托斯如是说。

莱瓦尼亚的白天相当于地球 14 天，为了躲避难耐的日间高温，居民们建造船只穿梭于地下河湖之间。"正是凭借自然与艺术的结合，他们才得以找到庇护之所。"守护精灵说道。

这时，哗哗雨声和轰隆隆的雷鸣，把开普勒从梦中惊醒。

这个故事出自他的书《梦境，或月球天文学》（*Somnium, seu astronomia lunari* 或叫 *Dream, or Astronomy of the Moon*），故事在他生前已广为流传，但书直到他去世以后才正式出版。

○·

开普勒站在两个世界之间的交叉点上：他的训练、教育、成长和信仰系统无疑是中世纪的，但他自己的研究和著作几乎完全是现代的。他在图宾根大学接受了托勒密天文学的教育，并研读了古代碑文和星表。然而，后来他通过自己的观测得出了新的结论。在图宾根大学，开普勒成为了哥白尼体系的信徒，并试图公开为之辩护，

---

[*] 原注：这并不是现代西方人眼中的恶魔，而更像是一种精神向导。

## 第十章 心灵之旅

但被校方所禁止。他的导师迈克尔·梅斯特林（Michael Maestlin）最终也被禁止公开讨论哥白尼的观点。尽管开普勒暂时搁置了他的论文，这篇论文专注于月球运动，旨在证明哥白尼的原则，但其许多观点后来在《梦境》一书中得到了表达。

与同时代的人一样，开普勒对月球充满迷恋，这种迷恋引导他获得了许多伟大的洞见。他被誉为行星轨道的立法者，同时也是第一个提出月球是潮汐成因的人。

1609 年，在他的开创性作品《新天文学》（New Astronomy）中，开普勒提出了几个革命性的观点：太阳位于行星轨道的中心；太阳带动行星沿着各自的轨道运行；那些与此相悖的经文应被视为诗意的比喻而非教条；行星不是沿圆形轨道而是椭圆轨道绕太阳运行。他写道，他曾认为行星是有生命且能移动的，因为它们有灵魂，但现在他认为物理学更有道理。

在这部精心构思的作品中，开普勒还首次提出了月球引力引起潮汐的观点。他考虑了磁性吸引，并推理出吸引力是由两个天体相互作用引起的。"如果地球停止吸引海洋中的水，海洋会上升并流向月球。"开普勒写道，"如果月球的吸引力能到达地球，那么地球的吸引力能延伸到月球乃至更远。"

伽利略认为这一观点荒谬，并在 1616 年的《潮汐论》（Discourse on the Tides）中嘲笑月球潮汐是"幼稚"和"玄学"的。然而，历史证明开普勒是对的。*

对于一位生活在 17 世纪早期的虔诚而神秘的人来说，开普勒的发现是异常大胆的。他超越了哥白尼、布拉赫、伽利略的成果，站在他们的研究之上，运用自己的观察得出了原创性的结论。他的创

---

\* 原注：80 年后，艾萨克-牛顿爵士终于弄清了潮汐的全部机理。在《原理》中，他正确地证明了潮汐既取决于开普勒所说的月球引力，也取决于月地轨道所产生的离心力。

造性思维和新颖的观点使他成为了连接旧世界与新世界的桥梁。

伽利略因其支持哥白尼观点而受到迫害，但他通过望远镜让人们亲眼看到了实际的证据。除了给文艺复兴时期的教会带来重大挑战外，可观察到的行星及其卫星引发了大量关于它们性质和作用的猜测。开普勒自己在与伽利略的通信中幻想到，总有一天有人会建造船只，"在星星之间往来航行"。他确信会有许多探险家将自愿参加这种旅行。这位帝国数学家写道："与此同时，我们将为这些勇敢的天际旅行者准备星体的地图——我会为月球做这个，你，伽利略，为木星做。"

这是《梦境》中的一个简短暗示，开普勒已经完成了这部作品，但将其秘密搁置了。他曾向伽利略透露，这份手稿其实是一部"月球地理"。艾萨克·阿西莫夫（Isaac Asimov）和卡尔·萨根（Carl Sagan）都认为它是第一部科幻作品。《梦境》既是对教会正统观念的科学挑战，也是对神话般的、美丽的、缥缈的月球的颂歌。在反抗错误的地心说过程中，开普勒编织了一个逃离地球现实的文学故事。

一些早期的作品也描绘了虚构的大陆，但它们并没有像开普勒那样深入，也没有为了探索现实而创造幻想。柏拉图在他的《蒂迈欧篇》的续集《克里提亚斯》（*Critias*）中写到了一座神秘的失落之城亚特兰蒂斯(Atlantis)，但这个故事并不是基于科学的。几个世纪后，普鲁塔克的《论月面》探讨了月球上可能居住着什么样的居民，但没有虚构的想象。一些讲希腊语的诗人，尤其是叙利亚诗人琉善（Lucian），也写过人类登月的故事，但他们的作品旨在讽刺。作为小说作品，《克里提亚斯》和《论月面》为哲学论证提供了框架，但它们并不是真正的寓言。

## 第十章 心灵之旅

《梦境》描绘了一个我们陌生而不熟悉的世界,但通过将幻想与当时的科学知识联系起来,开普勒使这个古怪的太空故事植根于现实之中。这是第一次有人想象月球是一个居住着奇怪生物的所在,作者借这些生物之口,能够谈论人类观察到的真实情况。这本书在措辞和目的上是科学的,同时也揭示了月球对开普勒本人具有的深刻的精神意义。他能够同时持有两种对立的观点:新柏拉图主义认为月球是灵魂的中转站;以及更现代的观点,即月球是一个有质量的天体,并且遵循行星运动的定律——这正是开普勒自己发现的。这种双重性是对古典传统的一次重大突破,代表了一种新的、现代的思考方式。这是第一次,用讲故事的方式来推广现代科学假设。

开普勒笔下的月球有两个半球,分别称为近侧和远侧。近侧是月球始终面向地球的那一半,而远侧在背面,永远不会看到地球。幻想中的月球还覆盖着松果,当条件适宜时会释放生命体。在《梦境》中,地球与月球之间的旅行仅须四小时,但只有在月食期间才可能,而且,对人类来说极其危险。早在人们理解飞行力学甚至牛顿运动定律之前,开普勒就推理出,克服地球引力需要巨大的力量。守护神灵必须帮助所有前往月球的旅行者麻醉,以免他们的身体在"像火药爆炸一样旋转向上"后散架。这一细节后来启发了儒勒·凡尔纳,他是开普勒基于月球现实主义想象的继承者。这最终指导了一位名叫沃纳·冯·布劳恩(Wernher von Braun)的德国火箭科学家及其同辈们点燃真正的火箭。

在这个神秘主义与硬科学奇异结合的背后,是《梦境》真正的目标:挑战当时盛行的托勒密世界观。《梦境》嘲讽了人们的简单和轻信,即仅仅因为我们看到太阳和星星绕着我们转,就确信地球

---

\* 原注:向亚里士多德、普鲁塔克和圣奥古斯丁致敬。

是宇宙的中心。开普勒认为，其实换个地方也会是同样的情况。月球上的莱瓦尼人看到地球和太阳在他们的天上运行，他们也假设自己的家园——月球——是宇宙的中心。他们理所当然要这么认为，每个人都认为自己是宇宙的中心。我们都会在某个时刻，经历悲剧性的顿悟，证明事实并非如此。两个世纪后，另一位德国人约翰·沃尔夫冈·冯·歌德（Johann Wolfgang von Goethe）评价说："在所有发现和观点中，没有一个比哥白尼学说对人类精神产生过更大的影响，也许，从未有人给人类带来过如此巨大的困扰。"

《梦境》的文本比开普勒的 223 条脚注要短得多，这些脚注被调皮地起名为"地理学附录，或者如果你愿意的话，月理学附录"。这些脚注是在 1622 年到 1630 年间添加的，充满了科学内容，现代学者认为它们部分是为了为开普勒的母亲凯瑟琳娜（Katharina）洗脱巫术的指控，也是开普勒试图温柔地唤醒地球上的人们从几个世纪的"沉睡"中醒来。

"所有人都说，显而易见的是星星围绕地球旋转，而地球保持静止。"他在第 146 条脚注中写道，"我说，对于月球上的人来说，显而易见的是我们的地球（即他们的沃尔瓦）在围着他们转，而他们的月球是静止的。如果有人说我笔下的月球居民的感知是错觉，那么我同样可以公正地反驳说，地球居民的感知也是缺乏理性的。"

试想，如果没有望远镜，开普勒如何能够完成《梦境》的创作？和普鲁塔克和琉善不一样，开普勒已经能够详细地看到月球，并且能够像伽利略解释的那样，知道月球是一个星球。《梦境》就像开普勒本人一样，是旧思维方式和新思维方式之间的桥梁。

费耶特维尔州立大学（Fayetteville State University）的英语教授，《梦境》研究专家迪恩·斯温福德（Dean Swinford）向我介绍："它于中世纪的文本中具备后现代之特质，将不同流派的所有主题皆汇

## 第十章　心灵之旅

聚于一处。"这是一部原型科幻小说,然而其框架乃是一个梦境,这在中世纪和古典文学中是常见的叙事结构。"说梦"可以揭露真相且无须担忧攫罪。毕竟,我们无法掌控自己的梦。

尽管开普勒坚定地支持哥白尼和伽利略的科学观点,但他对月亮仍然怀有一种崇敬之情,并且相信它必定具有某种神性。"他一直无法完全用科学的月球替换掉神话中的月亮。"斯温福德解释道。开普勒也无法将他的精神信仰和路德宗教教义与他在望远镜中观察到的世界彻底分离。虽然哥白尼的日心说推翻了地球作为宇宙中心的观点,但开普勒仍然保留了一种以地球为中心的视角。在《与星际信使的对话》一书中,他写道:"因为地球是唯一一颗(在我眼中)你可以看到整个太阳系而不被太阳光芒遮挡其他星球的行星。例如,居住在木星上的人可能看不到像水星或地球这样的星球。"因此,开普勒认为上帝赐予木星四个卫星而非一个,是为了补偿这种局限性。开普勒在书中这样表达:"在我看来,我们地球人有充分的理由为我们栖居的优越住所感到自豪,我们应该感谢上帝,我们的创造者。"

尽管开普勒保持虔诚,但他对哥白尼和伽利略的支持人尽皆知,这使得他大学毕业后难以找到一份好工作。他没有像他希望的那样获得天文学的教职,而是被派到了遥远的奥地利施蒂利亚州(Styria)的格拉茨(Graz)实践占星术。他不喜欢这份工作,嘲笑说占星术是"一种类似宗教的猴戏"(由此可见,莎士比亚并不是唯一一个 17 世纪早期冒犯的黄金时代的例证)。

开普勒在一封典型的信中抱怨道:"当习惯于数学推理的心智,面对占星术的错误基础时,会长时间抵抗,就像一头固执的骡子,直到在鞭打和诅咒强迫下,踏入那个肮脏的水坑。"

尽管开普勒当时正在撰写《梦境》,但他决定暂时搁置这部作品,转而出版了《宇宙的神秘》（*The Cosmographic Mystery*）。这本书比较了哥白尼和托勒密的宇宙论，是神秘主义与基于证据的科学论述的奇特结合。伟大的天文学家第谷·布拉赫读到了这本书，并因此任命开普勒为他的研究助手，从而将他从占星术的职业中解救出来。1601 年布拉赫去世后，开普勒接替了他的职位，成为神圣罗马帝国皇帝鲁道夫二世的皇家数学家。

在开普勒深入研究火星轨道和他新发现的行星运动定律期间，《梦境》的手稿已经在欧洲大陆流传。开普勒相信，著名诗人约翰·多恩（John Donne）可能读过这份手稿，这或许激发了多恩的灵感，促使他创作了针对天主教会的讽刺作品《伊格纳修斯的红衣主教团》（*Ignatius His Conclave*）。在这部作品中，多恩写道，如果月亮确实是一个星球，那么所有的耶稣会士都应该离开地球，前往那里定居。虽然《梦境》被开普勒暂时搁置，但"梦境"却正在进入公众意识。

不幸的是，《梦境》中的部分内容具有自传性质，导致人们容易误认为，和书中人物迪拉考托斯的母亲菲奥希德一样，开普勒的母亲凯瑟琳娜也是个女巫。开普勒写道，初稿从布拉格被带到了莱比锡，然后于 1611 年到达图宾根，在那里，一位当地理发师无意间听到了关于书稿的讨论，并附会出了这一错误结论。最终，24 名证人对凯瑟琳娜提出了各种指控，包括她能够通过关闭的门魔法般地进入房间。她因此被正式指控为女巫，并被监禁。

这位帝国数学家花了 6 年时间为他的母亲辩护。"我不知道这个荒谬的情况，它已经被完全夸大了，或许也会吹散我 15 年来为帝国所做的服务。"他在 1616 年 1 月 1 日写给莱昂贝格（Leonberg）参议院的信中写道，"这会伤透我母亲的心（当然，这是我最关心的，对我来说比任何个人的悲伤都重要得多）。"

尽管开普勒最终在 1622 年胜诉，但凯瑟琳娜在获释后不久便去

## 第十章 心灵之旅

世了。她的去世加剧了这位著名科学家一生的悲剧，他已经失去了他的第一任妻子和两个年轻的孩子。

《梦境》可能间接导致了他的母亲被监禁，但这并没有动摇开普勒利用它来捍卫哥白尼学说的决心。在后期的注释中，他解释说，莱瓦尼亚上有9个精灵是因为有9位希腊缪斯。莱瓦尼亚的保护神有一个由21个字母组成的名字，因为这是拼写出"Astronomia Copernicana"（哥白尼天文学）所需的字母数。开普勒强调，他的目的是通过故事来展示现实。1623年12月4日，也就是他母亲去世大约一年半后，他给朋友马蒂亚斯·伯内格尔（Matthias Bernegger）写了一封信，讨论他对《梦境》的目标："用醒目的颜色涂鸦这个时代独眼巨人般的道德观，是不是一种大罪过？"他问道，"为了谨慎起见，离开地球，移民到月球，这样写怎么样？"也许如果他把反托勒密的辩论设置在月球上，宗教裁判所就不会注意到，也许如果他把它当作一个狂野而奇异的梦来传递，人们就不会那么生气了。

作为进一步抵御批评的盔甲，开普勒甚至自己翻译了普鲁塔克的《论月面》和琉善的月球题材讽刺作品《真人真事》（*A True Story*），并希望将它们与《梦境》一起作为三部曲出版。然而，他没能亲眼看到《梦境》的出版。直到开普勒去世4年后，这部作品才由他的儿子路德维希（Ludwig）出版面世。开普勒突然去世后，他的家人一贫如洗，路德维希当时正在医学院学习，希望通过出售手稿来养家糊口。

到了18世纪末期，即作家理查德·霍姆斯（Richard Holmes）[a]所称的"奇迹时代"，启蒙运动正蓬勃发展。从气体性质的研究到

---

[a] 英国著名的传记作家和学者，1945年11月5日出生在伦敦，以其对英国和法国浪漫主义主要人物的传记研究而闻名。——译者注

麻醉技术的应用，科学上的新发现层出不穷。1781年，美国在约克敦之战（Battle of Yorktown）中击败了英国，标志着一个新国家在地球上诞生。同年，英国天文学家威廉·赫歇尔（William Herschel）发现了天王星，这是人类首次将太阳系的边界向外扩展。生活在这样一个充满变革的时代——当然，这仅限于那些有文化、有财产的白人——人们见证了新世界的创造：一方面，新的政治理念被书写下来；另一方面，遥远宇宙中的新天体也被揭示出来。谁又能预知，在那浩瀚无垠的太空中还隐藏着多少未被发现的行星？又或是这些未知星球上可能居住着怎样的生命形式呢？

正如今天一样，"不是我不明白，这世界变化快"。移民浪潮与科幻小说的流行几乎同时兴起。在科幻小说中，外星人经常被用作移民或本土居民的象征（这一点至今仍然适用）。\* 月球成为这些科幻寓言中最受欢迎的背景之一。

月亮的逐渐消失与重新圆满，以及它所固有的多变性，使其成为变化与无常的有力象征。正如普鲁塔克和开普勒所观察到的那样，月球是测试新道德观的自然场所。在18世纪和19世纪，这种探讨有时涉及奴隶制或移民的伦理问题，特别是在美国白人定居者向西扩张的过程中，他们进入了几个世纪以来一直有人耕种和居住的土地。

美国短篇小说之父华盛顿·欧文（Washington Irving），就是一

---

\* 原注：从哪里开始呢？这里提供了一些选择。如果对种族问题以及对他者的恐惧感兴趣，可以阅读菲利普·K.迪克的《机器人会梦见电子羊吗？》及其改编电影《银翼杀手》系列。若想探讨边界、公民身份和法西斯主义等主题，罗伯特·A.海因莱因的《星船伞兵》（又译为《星舰骑兵》）与《月亮是一个严厉的情妇》是不错的选择。对于道德、差异性和平等权利的故事，艾萨克·阿西莫夫的《我，机器人》值得一读。N. K.杰米辛的《破碎的地球三部曲》则描绘了气候变化导致的大规模移民及基于种族和性取向的隔离现象。而厄休拉·K.勒奎恩的《被剥夺者》则以寓言形式讲述了一堵分隔文化的美丽高墙的故事。最后，吉尔·佩顿·沃尔什的《绿书》是一部关于流离失所与移民的温馨寓言故事，也是我个人非常喜爱的一本儿童文学作品。

## 第十章 心灵之旅

个经典的例子。欧文最著名的短篇小说包括《瑞普·凡·温克尔》(*Rip Van Winkle*)和《断头谷传奇》(*The Legend of Sleepy Hollow*),后者讲述了教师伊卡伯德·克兰(Ichabod Crane)与无头骑士(Headless Horseman)的故事。同时,欧文也是一位多产的讽刺作家。在1809年出版的《纽约外史》(*A History of New York*)一书中,他构想了一个来自月球的高级生物种族,他们骑着神话中的野兽旅行,并决定征服地球上的低等生物。这些月球生物对待地球人的方式,正如殖民者对待土著人民一样。

欧文穿越了关于地球历史的千年思想,最终宣布它看起来像一个膨胀的橙子,本质上是一块岩石。至于太阳,他引用了古希腊哲学家阿那克萨戈拉的观点,认为太阳其实只是一块巨大的岩石,被抛上天空并被点燃。

欧文在提到阿那克萨戈拉时写道:"然而,我很少关注这位哲学家的学说。雅典人民已经将他驱逐出他们的城市,并彻底驳斥了他的理论。这是用来处理那些不受欢迎的教义的一种简洁而常见的回应方式。"

接着,欧文将诺亚(方舟上的那位)与荷兰人联系起来(他们是现代、白人纽约的创始人),并概述了欧洲移民与已经居住在那里的美洲原住民和第一民族之间残酷的第一次接触。他设想,如果月球公民从高处下来,让读者尝尝他们自己当年加诸人的滋味,会发生什么。以下是"疯子"领袖的声明:

> 鉴于一群疯子最近发现并占有了一颗新发现的行星,叫做地球;尽管那里只居住着一种两足动物,它们把脑袋放在肩膀上,而不是腋下;不会说疯话;有两只眼睛而不是一只眼睛;没有尾巴,肤色是可怕的白色,而不是豌豆绿色——因此,由

于种种其他极好的理由,这些生物被认为不能在它们所栖息的星球上拥有任何财产。对这颗星球的权利和所有权被确认为最初的发现者。现在即将前往上述星球的殖民者被授权和命令使用一切手段使这些异教徒的野蛮人从基督教的黑暗中转变过来,使他们成为彻底的、绝对的疯子。

欧文和开普勒一样,都利用月球作为隐喻,通过虚构的视角折射出社会的无知。最好的科幻小说往往以此为目标,并作为一种探讨"他者"的方式。通过这一新的视角,首先由开普勒提出,后来由欧文、法国作家凡尔纳等人进一步发展,月球近在咫尺和现实感成为解决地球问题的一个场景。

正如《梦境》是世界与世界观之间的桥梁一样,凡尔纳的《从地球到月球》(*From the Earth to the Moon*)为19世纪的读者提供了一瞥未来的窗口。书中,美国人被描绘成过分自信且轻浮的土地掠夺者,痴迷于枪支。美国的政治分歧也被描绘成个人恩怨和报复性的。在叙事中,凡尔纳加入了更多的现实主义元素,提出了太空旅行的第一个数学基础。

凡尔纳被认为是"硬"科幻小说的鼻祖,这种类型的科幻小说在虚构的世界中融入了对火箭、天体物理学和政治的详细讨论。H.G.威尔斯(H.G.Wells)、雷·布拉德伯里(Ray Bradbury)、吉恩·罗登贝瑞(Gene Roddenberry)、尼尔·斯蒂芬森(Neal Stephenson)和艾萨克·阿西莫夫等作家都是凡尔纳作品的继承者。

《从地球到月球》描绘了一个虚构的巴尔的摩枪炮俱乐部,起初他们不情愿地利用自己在内战时期的大炮专业知识,建造了一门巨大的大炮——哥伦比亚号——用于和平目的:将人送上月球。想象一下,一个战后社会致力于为所有枪支寻找新的用途。

## 第十章 心灵之旅

凡尔纳准确地预测了许多令人不安的事情,从佛罗里达州中部的发射地点,到围绕这一成就的政治争吵和沙文主义。然而,这本书最独特之处在于,作者选择哪个主题使它变得有趣。书中的亮点可能并不在于对月球本身的描述,虽然这可能是文学作品中的第一次尝试;相反,故事的重点在于人类的准备、政治背景以及旅程本身。正是这一点,为接下来一个世纪的科幻小说奠定了基调。从哥伦比亚号的建造和发射基地,到用来追踪它的原始遥测技术,整个故事情节由这段旅程的技术悬念来推动。

1865 年,还没有发明无线电,更不用说短视频和网络直播了,因此人类追踪任务进展的唯一方式,就是像伽利略使用的那样,通过光学望远镜。问题在于,要观察到远处物体的细节,光学望远镜必须非常庞大。这背后的原理是折射定律,该定律最初由托马斯·哈里奥特发现。哈里奥特是一位被严重低估的科学家,[a] 根据这一定律,人们能够看到多远的细节取决于望远镜透镜的大小。

要让这个巨型望远镜有用,你还需要清晰的大气层。沙漠或高山当然是天选之地。凡尔纳预见到了山顶望远镜,并将其安置在科罗拉多州最引人注目的山峰之一长峰山上。[*]

美国人用聪明才智建造了这架望远镜,但这次发射威力巨大,火箭起飞时产生了爆炸性后果,导致接下来的几天里,大气被厚厚的云层笼罩,使得月球观测无法进行。终于,月球从云层中显现出来,

---

[a] 他早在 1602 年之前就发现了折射定律,比公认的发现人荷兰数学家威理博·司乃耳(Willebrord Snellius)早了近 20 年,可惜他没有公开发表他的成果。——译者注

[*] 原注:在我看来,凡尔纳最令人惊愕的错误,在于他对朗斯和科罗拉多落基山脉的贬斥,这条山脉显然是这位法国人从未亲身涉足过的,不然他就不会写道:"这些山并不高;阿尔卑斯山脉或喜马拉雅山脉也会从高处俯视它们。"实则,科罗拉多落基山脉囊括了北美大部分的最高峰,朗斯山脉海拔高达 14259 英尺(译者按:阿尔卑斯山主峰勃朗峰海拔约 4810 米,喜马拉雅山主峰珠穆朗玛峰海拔 8848.86 米,都高过落基山脉海拔高度为 4399 米的主峰埃尔伯特峰(Elbert Peak)。其实,凡尔纳是对的)。

哥伦比亚号的船员们也随之出现——剧透警告——他们并没有降落在月球表面，而是身在地球轨道上。在凡尔纳的叙述中，访客们看到的月球布满了陨石坑，空空如也。一个角色看到了一些可能是水渠遗迹的东西，但那里没有生命，也没有看到任何有价值的物品。

这本书引人入胜，同时又具有科学性，难怪一代又一代科学家从中汲取灵感。他们最终使凡尔纳的梦想成真。将人类送往月球的火箭最初是为搭载弹头而建造的。而载着第一批月球漫步者的飞船，阿波罗11号指令舱，被称为哥伦比亚号。

20世纪60年代的登月计划起源于凡尔纳的一次重要的误判。在《从地球到月球》中，凡尔纳描述这些旅行者"超越了上帝对地球生物施加的限制，将自己置于人类之外"，这是在他描写他们穿过哥伦比亚号900英尺长的炮筒之后所写的。然而，实际情况要残酷得多。在点火的那一瞬间，炮弹中的乘员将承受巨大的重力，很可能被压成肉泥。显然，通过大炮发射的方式前往月球是不可行的。幸运的是，一个名叫康斯坦丁·齐奥尔科夫斯基（Konstantin Tsiolkovsky）的俄罗斯小男孩，在因猩红热卧床休养期间读到了凡尔纳这部影响深远的作品，并为之深深着迷。

1905年凡尔纳去世，那年齐奥尔科夫斯基已经成为一名教师，生活陷于贫困之中。尽管如此，他依然专注于思考凡尔纳小说中提出的问题。他饥肠辘辘，却大把花钱买书，自学了足够的物理学知识，最终构思出利用多级火箭发射飞船到月球的好方法。第一级火箭可以提供足够的动力将火箭从地球表面送入太空，随后第二级火箭点火，为飞船提供足够大的推力以达到逃逸速度。齐奥尔科夫斯基意识到，通过使用多级火箭，人类能够在与地心引力的斗争中存活下来，并且发现加压气体比火炮更能有效地推进火箭，特别是在太空中。

10年后，德国科学家赫尔曼·奥伯特（Hermann Oberth）基

## 第十章 心灵之旅

于齐奥尔科夫斯基的想法,并受到凡尔纳小说的启发,制定了比巨型榴弹炮更安全、更高效的多级化学火箭计划。在奥伯特制定这些计划的几年后,一位名叫沃纳·冯·布劳恩(Wernher von Braun)的年轻德国火箭工程师——他也曾阅读过凡尔纳及其继承者的作品——在20世纪20年代的一本天文学杂志上看到了一篇关于想象中的月球之旅的文章。他后来回忆说,那篇文章激发了他"浪漫的冲动"。他在1950年告诉一位《纽约客》的作家:"星际旅行!这是一项值得献身的事业!不只是仰望月亮和行星,而是翱翔天际,真正探索神秘的宇宙!我知道哥伦布的感受。"冯·布劳恩,这位二战时期德国党卫军的火箭专家,像枪械俱乐部的巴比康一样,设法迅速地为他的战争机器找到了一个月球用途。

冯·布劳恩是"一位科普大师、一位才华横溢的作家、一位出色的演说家……一位富有魅力的工程经理、技术企业家和系统建设者",史密森学会(Smithsonian)[a]历史学家迈克尔·J.诺伊菲尔德(Michael J.Neufeld)这样评价他。没有人比他更能向美国公众宣传太空旅行的理念,也没有人比他更能向美国政界和工业界证明太空旅行的实用性。

冯·布劳恩生于柏林一个富裕的贵族家庭。像开普勒一样,在路德教会完成坚信礼后,他的母亲送给他了一架望远镜。他还是个孩子的时候,就开始阅读奥伯特(Oberth)[b]火箭设计方面的著作,在柏林理工学院(Berlin Institute of Technology)就读期间,又与奥

---

[a] 史密森学会是一个由美国政府资助的半官方博物馆机构,成立于1846年,由英国科学家詹姆斯·史密森(James Smithson)捐赠资金创建。该学会在华府拥有18家博物馆及一座动物园,其中大多数位于国家广场或其附近。——译者注

[b] 全名赫尔曼·奥伯特(Hermann Oberth,1894—1989),德国火箭专家,被誉为"欧洲火箭之父"和现代航天学先驱。——译者注

伯特合作测试液体燃料火箭。获得物理学博士学位后，冯·布劳恩开始为阿道夫·希特勒工作。1940年，他加入纳粹，成为其中一员，并利用集中营囚犯的劳动力，为希特勒制造了V-2型火箭。这枚名为"复仇武器二号"（Vergeltungswaffe Zwei）的火箭是史上第一枚远程弹道导弹，能够携带一吨重的弹头飞行近200英里，在闪电战中屠杀了数千名英国公民。

1945年3月，纳粹德国节节败退，冯·布劳恩见势不妙，向美国人投降。美国政府的"回形针秘密行动"（Operation Paperclip）将他和其他大约100名德国科学家带到了美国。他成为位于亚拉巴马（Alabama）州亨茨维尔（Huntsville）的美国的火箭中心——马歇尔航天飞行中心（Marshall Space Flight Center）——的主任。冯·布劳恩痴迷于太空旅行，他声称这是他与纳粹做浮士德式交易的原因。

战后，与太空有关的科幻小说风靡一时。历史学家沃尔特·麦克杜格尔（Walter McDougall）说，"在V-2火箭和原子弹之后，任何幻想似乎都是可信的"。冯·布劳恩积极尝试将这种对太空小说的兴趣转化为太空现实。他在《科利尔》（Collier's）杂志上发表一系列图文并茂的文章，描述了他对积极的航天计划的希望及其潜在益处。他首先希望将人造卫星送入轨道，然后搭载第一批人类乘客；接着开发可重复使用的航天器，以实现可靠的太空旅行；建立一个永久有人居住的空间站；最终，他主张人类探索月球和其他行星。所有这些梦想都已经全部实现（有些项目美国宇航局还在努力）。

冯·布劳恩甚至在沃尔特·迪斯尼（Walt Disney）于20世纪50年代制作的三部电影中担任技术顾问。第二部影片名为《人与月球》（Man and the Moon），于1955年12月28日上映。他在片中描述了分两个阶段进行的月球之旅，其中第二阶段将从核动力太空中转站发射。次年夏天，艾森豪威尔总统亲自致电迪斯尼，要求借阅第

## 第十章 心灵之旅

一部影片的拷贝，并宣布美国将在 1957 年 7 月至 1958 年 12 月间发射一颗小型卫星。当然，苏联率先发射了这颗卫星，并将其命名为"人造卫星 1 号"（Sputnik 1）。不过，冯·布劳恩很快将迎来他的时刻。

○·

如果伽利略从未将镜头对准月球，只是观察到了木星的卫星和土星的环，作家和传奇作者幻想的奇妙旅程可能是前往那些星球；开普勒的梦想之地可能是火星；而凡尔纳可能会设想从地球到金星的冒险之旅；欧文关于行星移民的讽刺作品，背景可能会设定为一颗新奇的行星——天王星。[a] 一切皆有可能。

即便伽利略揭示了月球是一个星球，以及其他行星也有自己的卫星后，我们的月球仍然保持其特殊性。尽管你每天都能看到它，但它仍然被神秘的光环笼罩。它理所当然是我们首先想访问的地方。

那些描绘月球真实科学面貌的小说，赋予了我们实现登月梦想的可能性。月球之于地球的近邻位置，加之艺术家与作家在其迷人面容上所投射的故事，激发了我们前往月球的憧憬。

尤其是在 20 世纪末之前，试图抵达其他星球的想法几乎是不切实际的。月球离我们大差不差的距离是 23.8 万英里[b]，火星平均距离 6500 万英里[c]。阿波罗宇航员用了三天时间到达月球；在 21 世纪初期，当美国和阿拉伯联合酋长国等国家向火星发送宇宙飞船时，即便使用了最强大的火箭，单程旅行也需要大约 8 个月。火星充其量还只算是一次远射，至于更遥远的地方，则更像是遥不可及的梦想。

---

[a] 天王星是 1781 年被发现的，也是首颗被发现的地外行星，对于欧文来讲是很新奇的。——译者注

[b] 月球距离地球有近地点、远地点、平均三个概念，这里作者说的是平均距离。——编者注

[c] 作者这里所述似有错误。火星距地球最远时可达 4 亿公里（2.49 亿英里），平均距离为 2.25 亿公里（1.39 亿英里），最近时为 5500 万公里（3418 万英里）左右。——编者注

当冯·布劳恩撰写他的科普文章并出现在迪斯尼电影中时，月球之旅便不再仅限于虚构的娱乐活动。探索与扩张是人类的天性，这种冲动自古以来就一直驱使着我们前进：从沃伦菲尔德的古人利用月历来安排鲑鱼捕捞季节，到亚伯拉罕告别月亮之城乌尔、踏上前往应许之地的征途，再到我的曾祖父母乘船离开爱尔兰，去寻找一个更美好的生活。月球似乎近在咫尺，触手可及。我们已经掌握了所需的技术。现在，正是尝试的时候了。

# The Eagle and the Reliquary
# 第十一章　鹰与圣物

> 只有美国人的实际天才才能与恒星世界建立联系。到达那里的方法简单、容易、确定且万无一失。
> ——儒勒·凡尔纳的《从地球到月球》中的人物巴尔的摩枪炮俱乐部主席伊皮·巴比坎的对白

安德里娅·莫西（Andrea Mosie）在通往月球的大门前向我眨了眨眼。

"准备好了吗？"她问道。

尽管我被告知访问前会有一些技术程序，但我对即将目睹的一切毫无心理准备，而她对此心知肚明。

全人类只有几百人曾去过太空，月球漫步的人则更少。但还有一种方式可以体验另一颗星球，那就是通过 NASA 休斯敦约翰逊航天中心的一扇门。我走进了一栋外观普通的褐色联邦大楼，经过一面挂满国旗和阿波罗计划参与者肖像的墙，沿着一段未经装饰的波纹楼梯拾级而上，最终来到了我们的星空天府。这个地方被称为"天体材料收集与管理办公室"，可能是有史以来为储藏室起的最有趣的名字。在这里，你可以近距离、亲身接触重达842磅的月球岩石。莫西是这些珍贵样本的主要保管员，她答应带我参观一番。

地球上只有5个人可以接触这些岩石，它们是阿波罗计划期间带回地球的大部分材料。如果你曾经亲自从月球表面捡起过一块石头，那么你会是个例外，莫西告诉我。不过，在开始为科学家们准备这些岩石之前，与莫西共事的保管员需要接受长期的专业培训。同样地，科学家们自身也需要花费相当长的时间来申请仅仅几克的月球样品。样品实验室会将这些岩石送往美国乃至世界各地的研究机构，但它们并没有特别的标签或保险，因为这是无价之宝，再多的钱也无法弥补损失。有时，为了避开年底繁忙的假日邮件高峰期，这些珍贵的月球岩石会被装在一个厚垫袋中邮寄出去，以免引人注目。

莫西是一位60多岁、热情友好的女性，1969年，她作为高中实习生加入天体材料库的月球样品实验室，然后一直在这里工作。她的姐姐华尔汀·布尔乔亚（Waltine Bourgeois）比她年长6岁，正是姐姐帮她找到了这份工作。约翰逊航天中心为阿波罗计划建造月球接收实验室期间，布尔乔亚是计算机编码员，使用打孔卡为早期的计算机系统编程。由于莫西当时没有车，因此需要找一份可以搭便车的工作，而布尔乔亚每天都会开车捎她去NASA上班。在那个年代，她是所在部门里为数不多的女性之一，更别说是黑人女性了。实习结束后，莫西获得了化学和数学学位，并在样品实验室一步步晋升。1997年，她被任命为实验室经理。这是她唯一工作过的地方。

在职业生涯的早期，朋友们常问她是否曾将样品带回家——难道它们不诱人吗？

"不！别这么说！"莫西坚定地告诉我，"有些东西是绝对不可以开玩笑的。每次接触这些样本时，你都会意识到这是一个特殊

## 第十一章 鹰与圣物

的机会,也是一份令人敬畏的责任。"

在进入洁净室之前,我们必须从头到脚穿上防护装备。我摘下了婚戒、手表和项链。莫西拿走了我的按动式笔,递给我一支钢笔。她解释说,按动式笔里的微小金属弹簧可能会脱落铝分子——洁净室里不允许有额外的分子,以免干扰我们对月球物质的分析。但我的纸质笔记本不存在问题。我们知道月球上面没有树,因此任何纸张灰尘,任何类似有机物的东西都来自地球,来自我们。

我们现在已经知道这一点,但是在阿波罗计划时代,人们对月球的认识远不如今天这般清晰。

在人类首次踏上月球之前,月球的表面状况只能通过想象来猜测。虽然陨石撞击形成的陨石坑表明月球表面覆盖着尘埃,但没有人确切知道这些尘埃的厚度。甚至在阿波罗计划之前,一些科学家担忧月球表面可能像流沙一样,会吞噬掉登陆的航天器。NASA 的科学家托马斯·戈尔德(Thomas Gold)就曾提出过这样的担忧:他担心阿波罗号着陆器会陷入月球上的尘埃之中,并且认为月球物质具有高度反应性,样本接触到氧气时可能会被点燃。正是由于这些不确定性和潜在风险,阿姆斯特朗和奥尔德林在处理无处不在的月球尘埃时才格外谨慎。

在阿波罗计划之前,人们对月球的构成元素知之甚少。科学家们对于月球表面那些显著的环形山究竟是由火山活动还是小行星撞击所造成的也未有定论。此外,当时普遍认为月球呈现单一色调,就如同从地球上观测到的一样。然而,当宇航员真正踏上这片遥远的土地后,他们发现月球的地貌实际上色彩斑斓,包含棕色、黄色、金色乃至玫瑰色等多种颜色。由于存在诸多未知因素,早期探索月球的任务充满了不确定性。这也意味着为首次采集回来的样本建立分析实验室时,必须考虑到各种可能性,确保能够应对所有潜在的情况。

一些科学家甚至担忧，月球上可能存在微生物，这些微生物可能会引发地球上的大流行病。因此，在阿波罗11号的宇航员们安全降落在太平洋后，他们在隔离舱内待了长达三周之久，以确保不会将任何潜在的月球病菌带回地球。其间，尼克松总统通过密封舷窗向他们致意。同样地，首批从月球带回的物质也经历了严格的检疫程序。大约700克（约合1.5磅）的月球岩石和土壤样本被放置于特制容器中，与老鼠、鱼类、鸟类、虾类、苍蝇、蠕虫及细菌等生物共同接受观察，此外还有33种不同的植物和幼苗一同参与了这项实验。科学家们密切监测着这些生物的状态，以确保没有任何植物患上奇怪的月球病或发生明显的变异，从而判断这些样本是否有毒。最终结果显示一切正常。

半个世纪后的今天，在月球样本实验室里，我们不再担心月球会污染地球，而是担心如何防止人类污染月球。

我无奈地将笔递给莫西，然后穿上布鞋套，就像医生和护士在手术室中所做的那样。接着，我将一件白色的防护服套在外衣上，并将拉链一直拉到喉咙处。脖子、手腕和脚踝处的卡扣确保了防护服紧密贴合身体，不允许任何微粒进出，以避免对珍贵的月球样本造成污染。

随后，我戴上紫色的丁腈手套，并用发网固定住头发，最后穿上那双高至膝盖、宇航员风格的白色鞋子。当我笨拙地调整着身上的装备时，莫西在一旁笑了起来——尽管她已经重复这套程序成千上万次，但每次看到新手努力适应这些烦琐步骤的样子，还是会感到好笑。她打开更衣室的门，我们一起步入了风淋室。站在带有如瑞士奶酪般的小孔橡胶垫上，风扇开始工作，来自头顶的风吹走了我们衣物表面以及皮肤上可能携带的所有尘埃与杂质。

## 第十一章 鹰与圣物 ☽

终于，莫西打开了无尘室的入口，我进入样本室，仿佛置身于月球的怀抱之中。

大部分珍贵的月球样本都被安全地保存在一个保险库内，保险库的大门由美国联邦储备局提供。然而，月球样本实验室是一个充满活力的地质研究场所，月球的碎片随处可见。贴着特制标牌的橱柜抽屉里、被玻璃罩罩住的展示台上、满满的塑料袋以及四处摆放的不锈钢篮子内，都是来自遥远月球的岩石与土壤样本。

这些石头显然不属于地球。地球上的岩石，无论产自何处，似乎都带有一种悠长岁月沉淀下来的疲惫感。它们被海浪与雨水冲刷，被风和时间侵蚀，被青苔覆盖，被树草包围。而月球岩石则完全不同：棱角分明，块状结晶，有的漆黑如石墨，有的洁白似垩土，在光线下反射着神秘的光芒，宛如从月球上撷取而来，散发着异域光辉的碎片。莫西及其团队向我展示了一些月球样本，其中有些看起来较为熟悉，尤其是火山岩，它们看起来像夏威夷浮岩——这种岩石本身就像是从地球深处黑暗熔炉中诞生的异域标本。尽管许多月球岩石的矿物组成与地球上的岩石相仿，但有一种名为"阿姆阿尔柯尔矿石"（阿姆斯特朗-奥尔德林-柯林斯石名字的首字母）的岩石，在月球上首次被发现，而且极为罕见。即便是那些具有熟悉的矿物成分的岩石，模样也显得怪异，完全不似古希腊哲学家阿那克萨戈拉和普鲁塔克所描述的"地球般的"。

莫西向我展示了一些亮点后，带我来到了显微镜前。样本室的工作人员都知道有一块石头我最喜欢——在我到达之前，他们就已经将 76535 号岩石取了出来。

1972 年 12 月 13 日，阿波罗 17 号宇航员哈里森·施密特用耙子从月球上耙下了这块石头。当时，他正在月球宁静海东南边缘一个名为金牛座-利特罗的山谷中行走。施密特是唯一登月的地质学家,深知如何寻找奇异的岩石。这块灰绿色的带斑点的小标本被称为"troctolite"(橄长岩),这个词源自希腊语"troctos"(意为鳟鱼),加上后缀"lithos"(意为岩石)而组成。76535号岩石被认为是所有月球样本中最有趣的一块。

这种岩石颗粒较粗,在月球深处形成后慢慢冷却。最新的研究表明,当这种岩石形成时,月球拥有一个旋转的液态内核,和地球的情况类似。这个内核为月球带来了磁场,就像今天的地球一样。然而,如今的月球已经归于寂静,磁场也已消失无踪。76535号岩石正是这一历史的见证者——它是"阿波罗"计划期间带回地球的最古老的岩石之一,几乎与月球本身一样古老,其年龄约为42.6亿年,也几乎与地球同龄。

我非常渴望把它握在手里,感受那股与它脉动相连的感觉。它是我从未见过的奇物——外观参差不齐,呈长方体,就像山上旅游商店里售卖的晶洞,但更加奇特。它的色调呈灰色,其中的橄长岩矿物给整块石头蒙上了一层淡淡的绿色。岩石的左上方长出了一颗立方体晶体。我不停地转动显微镜旋钮,改变焦距,仔细观察每一个细节。76535号岩石看起来既尖锐又坚硬,一点也不脆弱。它是如此与众不同。近距离观察时,绿色和金色变得更加清晰。我注意到一块深色的薄片,看起来像是金子或黄铁矿——莫西告诉我,那是一种叫作辉石的矿物。整个东西比我想象的要小,在无菌的盒子里显得那么娇小而脆弱。古老而原始的月球,仿佛近在咫尺,几乎可以亲吻。

我不禁想起了恩尼加尔迪保管的白色满月盘,那是在恩赫杜安娜写诗献给月神17个世纪之后的事情。纳波尼杜斯之女或许认为那盘子承载着恩赫杜安娜的灵魂。76535号岩石同样被赋予了某种空灵而神圣的意义。它是我的月球,触手可及,而不是高悬天际、遥

## 第十一章 鹰与圣物 ☾

不可及的存在。像这块小水晶一样的圣物,让今天的阿波罗计划与 1969 年的阿波罗计划一样特别。宇航员们的明信片和他们的冒险故事将永垂不朽,但月球本身的碎片才是更加珍贵的遗产。

因为阿波罗计划,那颗照亮我们夜晚、伴随我们白天的闪亮球体终于揭开了神秘的面纱。阿波罗计划以其独特的、令人迷幻的视角,将地球呈现给了我们所有人——它从远处观看地球,这彻底改变了我们对这个星球的看法,无论是从普世角度还是科学角度。阿波罗计划不仅将月球带到了我们的视野中,也把地球缩小到了合适的大小。我们第一次近距离观察月球,也第一次远距离审视地球,这种双重视角使我们对这两个星球的认识发生了翻天覆地的变化。

☽·

地球上最早进行太空探路的生物,不是人类而是乌龟,它们与一堆种子一起被装入一艘名为 Zond 5 的苏联航天器中。在 1968 年 9 月发射前的 12 天,这些乌龟被固定在火箭舱内,没有提供食物和水。这样,科学家们就可以研究它们身体的所有变化,而不会被它们的新陈代谢活动所干扰。

乌龟们并不知道发生了什么,但如果它们能够体验到类似人类的情绪,那么首先必定是困惑。多么奇怪的经历啊:被固定了两个星期,没有任何食物和水,然后突然间被发射到了未知的世界。相比之下,后来跟随乌龟脚步的人类,至少知道自己要去哪里,也明白这样做的目的。

在舱内,苏联太空工程师安装了一台小型相机,在 Zond 5 从地球飞离的过程中,它拍摄了地球的照片。如果乌龟们能够向外望去,它们是否能辨认出我们那被云朵轻抚的星球呢?

今天,你可以关注一个 X(以前的 Twitter)账户,它每天发布来自一颗名为深空气候观测卫星的全球图像。自 2000 年以来,人们一直持续居住在空间站上。一个有钱的家伙甚至在 2018 年将他的跑车发射到了太空中。*但直到 20 世纪 60 年代末，还没有人从远处看过地球。1966 年，"月球轨道器 1 号"（Lunar Orbiter 1）昙花一现，它发回的模糊图像显示，月球表面坑坑洼洼，弯弯曲曲，上方升起了一弯新月形的地球。苏联飞船也发回了快照，包括第一张月球远侧的图像。但是，20 世纪 60 年代的无线电传输技术很落后，因此这些图像颗粒不清、斑驳陆离，很难取信于人。

接下来是"乌龟号"Zond 5 飞船。Zond 5 号是第一艘绕月飞行并返回家园的航天器，它携带着来自异世界的明信片原始底片。

在距离地球约 5.6 万英里的地方，也就是离月球四分之一的位置，Zond 5 号拍摄了一张具有开创性意义的照片。照片中的地球仿佛被一层薄薄的蜡覆盖。非洲位于画面中央，撒哈拉沙漠清晰可见。*一朵形似波峰的云在北大西洋上空旋转，云朵在好望角周围徘徊，南极洲则被白色覆盖。北美洲看不见，因为它处于阴影中；就像月亮过了上弦月一样，大约 20% 的地球似乎消失在虚空中。

这是生命史上第一次，我们以通常仰望月球的方式看到了地球。我们很容易忘记这有多么奇特。我们看到了地球的真实面貌：孤独。它是如此脆弱而渺小，如此形单影只，如此珍贵，又如此有限。地球是我们的全部。在苏联的乌龟宇宙飞船及其相机静静地环绕月球之前，地球上诞生的任何东西都没有离开过这个地方。因此，从真正意义上说，我们从来没有把地球看作是众多星球中的一个。我们没有从宇宙的视角来看待我们唯一的家园。在我们无数个世纪的梦想中，我们看不到这一点。没有任何会呼吸或游泳的生物，没有任

---

\* 原注：埃隆·马斯克（Elon Musk）将他的汽车特斯拉（Tesla）送入太空，以展示 SpaceX 的"猎鹰重型"（Falcon Heavy）新型火箭的发射能力。

\* 这在技术上被称为开尔文-亥姆霍兹云，它们是在大气不稳定时形成的，例如云层上方的空气比云层下方的空气移动得更快。

## 第十一章 鹰与圣物

何随着潮汐进化到可以在陆地上行走的生物,也没有任何一粒可以破土而出的种子,曾经离开过地球。

乌龟并不是第一批动物宇航员;在它们之前,从黑猩猩、狗到人类,已经有一长串生物进入了地球大气层以外的太空。然而,Zond 5 的乘客是第一批月球访客,是第一批真正离开地球的生物。他们是第一批超越地球轨道,逃离地球引力影响范围,前往其他地方冒险的生物。*

在捕捉到"上弦月"状地球之后,Zond 5 的相机出了问题,未能带回月球表面的照片。不过,它成功地把乌龟带回了家。如果给这些乌龟起个名字,它们可能会在爬行动物界声名鹊起,但苏联人只是冷冰冰地称它们为"实验动物"。尽管这些乌龟被剥夺了食物和水,但陪伴它们的是所有家的气息:豌豆、胡萝卜和西红柿的种子;野花和松树;以及一些人类最重要的农作物——小麦和大麦——的样本,以便科学家研究这些种子在太空中的生长情况。苏美尔人的啤酒女神宁卡西(Ninkasi)一定会为此感到自豪。

它们在 1968 年 9 月 18 日开始绕月飞行,9 月 21 日,太空舱坠落在印度洋上,场面恢宏壮观。美国情报部门后来报告说,太空舱以陨石般的速度和能量穿过大气层,这一剧烈的旅程对人类可能致命。但乌龟们却奇迹般地活了下来。随后,这些乌龟被带回莫斯科,科学家们对它们进行了详细的解剖检查,仔细研究了它们饥饿、干

---

\* 地球引力在月球上占主导地位,这也是月球仍然存在的原因之一。但地球的影响不仅仅是重力。月球旅者会穿越到地球磁场之外,而地球磁场保护着地球免受宇宙和太阳辐射。月球旅行者甚至会经过范艾伦辐射带,这是一个带电粒子在地球磁场中循环的区域。在卫星仪器和图纸中,范艾伦辐射带看起来像一个蝴蝶结,以地球为中心结。Zond 5 号位于地球引力影响范围内,即希尔球,延伸到月球最远轨道位置的四倍之外。但是,通过绕月飞行,并在非常真实的意义上感受到它比地球更强烈的引力,Zond 5 及其乘客是第一个真正完全离开地球的人。

瘪的身体。

除了饥饿症状外，这些生物与留下的八只对照组动物没有什么不同。没有月球癌症或火箭抖动综合征或其他任何奇怪、不祥的副作用。乌龟完成了它们的任务。它们的体检报告表明，外面一定是安全的，在月球上荡秋千也是安全的，至少短时间是安全的。

三个月后，人类也做到了这一点。

阿波罗 8 号最初计划是一次地球轨道飞行任务，旨在测试最终将尼尔·阿姆斯特朗和巴兹·奥尔德林送上月球表面的指令舱和月球着陆器。然而，乌龟们的历史性成功说服了 NASA 官员将设备测试转移到月球进行。毕竟，"阿波罗"计划的目标是在月球竞赛中击败苏联。

1968 年 12 月 24 日，也就是圣诞节前夕，宇航员比尔·安德斯（Bill Anders）、吉姆·洛弗尔（Jim Lovell）和弗兰克·博尔曼（Frank Borman）成为了第一批环绕月球飞行的人类。

从地球上望去，月球呈现出一弯新月的形态。当晚，月球位于地球和太阳之间，这意味着月球的远侧——即地球上看不到的一面——被完全照亮了。三位宇航员目瞪口呆地目睹了这前所未见的景象。

月球上没有明显的玄武岩平原，这些黑暗的熔岩区域面向地球，形成了我们所熟知的"玉兔"或"人脸"的图案。这些古老的熔岩区覆盖了近月面约 30% 的面积，也就是我们通常看到的月球表面。这些月海是在剧烈的流星撞击后形成的，当时月球受到猛烈撞击，被自身的熔岩填充。然而，由于月球的形成过程，这些月海主要集中在月球的近侧。相比之下，月球的远侧陨石坑密布，其表面看起来更像水星的凹面或者火星的陨石坑地貌。

当阿波罗 8 号飞船盘旋到面向地球的近侧时，安德斯正忙着

## 第十一章  鹰与圣物

拍摄月表照片，以便工程师们规划着陆地点。但他抽空抬头看了一眼——在那里，又一次出现了正在升起的蓝色星球。"天哪，看那边的景象！"安德斯喊道，"那是正在升起的地球。哇，真漂亮！"三位宇航员都目不转睛地盯着这一景象，安德斯和洛弗尔迅速将摄影机换成了彩色胶片。在接下来的50年里，三人无数次回忆起当时的情景。

博尔曼在1988年的一本自传中回忆道："这是我一生中见过的最美丽、最震撼人心的景象。一股浓浓的乡愁、纯粹的思乡之情涌上心头。"

机组人员在飞船上安装了一台电视摄像机，在绕月飞行时将摄像机对准了遥远的地球。这个孤独世界的影像出现在了全球64个国家大约10亿台电视机上。每位宇航员都诵读了《创世纪》，这是一篇写于吉尔伽美什大洪水（Gilgamesh's Flood）之后的创世故事，当时在美索不达米亚最早的识字文化中，恩赫杜安娜已经将月亮推崇至至高无上的地位。机组人员将《圣经》的前十节印在防火页上，并插入飞行计划中。

安德斯诵读道："起初，上帝创造天地。地是空虚混沌，渊面黑暗；上帝的灵运行在水面上。"

回到地球，纽约时代广场的电子显示屏宣告了这一消息：宇航员博尔曼、安德斯和洛维尔正绕月球飞行。那一年4月，电子显示屏曾播报了马丁·路德·金遇刺身亡的消息。6月，它报道了罗伯特·F.肯尼迪遇刺身亡的消息。它还报道了美国军队在越南春节攻势期间的损失、芝加哥民主党全国代表大会上的骚乱、汤姆·史密斯（Tommie Smith）和约翰·卡洛斯（John Carlos）在奥运会上的无声抗议，以及理查德·尼克松的总统竞选胜利。对许多人来说，绕月飞行是从充满暴力和动荡的一年中获得的一种安慰的喘息机会。阿波罗8号拍摄的升起的地球照片为我们这个支离破碎的世界提供了一种新的视角。博尔曼后来评论说，阿波罗8号在外交上推进的国家的发展，跟它在科学上一样多。"在一个有许多事情让国家处于不利地位的时候，它让国家的形象变得具有积极意义。"他告诉史密森学会历史学家泰塞尔·穆尔-哈蒙尼（Teasel Muir-Harmony）。NASA也希望如此；航天局和国家需要一个公关胜利。但结果甚至比NASA官员们预期的更为戏剧性。

科幻作家阿瑟·C.克拉克（Arthur C.Clarke）写道，阿波罗8号的广播"标志着人类历史上那些罕见的转折点之一，在此之后一切都将不再相同……我们不再生活在1968年圣诞节之前存在的那个世界"。

阿波罗计划是自古以来，也许是自有史以来无数梦想的结晶。它代表了人类探索的顶峰，是公元第二个千年最震撼人心的事件之一。这些任务体现了美国技术创新的精神，同时也是一种非常美国式的宗教信仰。它们是对科学力量的最伟大认可，也是美国技术实力的最伟大例证。1961年5月25日，约翰·肯尼迪总统向国会宣布："在这个十年结束之前，我们将让人类登上月球。"当时，还没有任何技术能够实现这一目标。NASA没有足够强大的火箭将任何东西运送到那么远的地方，更不用说足够小的计算机来支持安全、适合居住的飞船了。所有这些技术都是在不到10年的时间里从零开始发明出来的。从1957年10月到1971年7月，在这165个月的时间里，美国人让自己的国家从太空竞赛中的尴尬失败者变成了第一个将人类送上月球表面的国家。他们在月球上驾驶月球车，甚至打高尔夫球。

○·

在苏联宇航员尤里·加加林（Yuri Gagarin）成为首位太空人之

## 第十一章 鹰与圣物

后约 6 周,肯尼迪总统宣布了未来的阿波罗计划。当时,一群经过中情局训练的难民登陆古巴海滩,试图推翻卡斯特罗的共产主义政府。所谓的太空竞赛刚刚鸣枪,肯尼迪便将注意力聚焦于月球,试图将人们的注意力从危机四伏的西半球转移开来。肯尼迪并不在意岩石。他将勇士送上月球并非为了科学。他的目标是要抢在苏联人之前到达月球。NASA 的终身历史学家罗杰·D. 劳尼乌斯(Roger D.Launius)认为,阿波罗计划成为有史以来最昂贵的非军事项目,甚至超过了巴拿马运河的建设。美国历史上唯一可与之相提并论的项目,或许就是制造原子弹的曼哈顿计划。

阿波罗计划是一项全球瞩目的壮举,是一场高风险高回报的冒险,同时也是一个年轻国家挑战未知、展现其雄心壮志的一场豪赌,公共宣传成效显著。这幅画面是由模糊的历史镜头、宇航员及其家人精心拍摄的照片以及长久以来赞美流行文化的符号所合成的,但是,当时的阿波罗计划并非普遍被视作美国例外主义的象征。到 1962 年,国会议员们已经开始谴责登月计划所耗费的支出增加。公众舆论也没有好口气。根据劳尼乌斯的研究,在整个 60 年代,超过 40% 的美国人反对政府拨款的登月旅行。1965 年,美国人更倾向于将钱花在反贫困项目和"老年人医疗保险"上,而不是建造星条旗火箭。社会和自然科学家批评该计划为"愚蠢之举"。越南战争的反对者、女权运动人士和民权领袖将阿波罗作为联邦政府问题的象征。

共和党人批评"阿波罗政府"的过度行为。前总统德怀特·艾森豪威尔哀叹,登月计划从教育和自动化研究中抽走了资金。与此同时,国会中的民主党人试图但未能将资金从阿波罗转向社会项目,即使约翰逊总统争辩说,在南方的联邦支出——美国今天的火箭仍然在那里制造——将提升贫困社区。他和副总统休伯特·汉弗莱（Hubert Humphrey）试图将登月计划与"伟大社会"的宏大框架联系起来，他说："我们在把一个人送上月球的同时，也可以帮另一个人站起来。"但民权斗争和越南给航天国家的愿景蒙上了阴影。许多人觉得汉弗莱无法兑现在举起火箭的同时帮扶人的承诺。许多感到被排斥的人并没有沉默，即使在最大的太空活动期间他们所有人也是如此。

在阿波罗 11 号发射的前几天，一支由民权领袖拉尔夫·阿伯纳西（Ralph Abernathy）率领的抗议者队伍抵达了肯尼迪航天中心的大门。阿伯纳西是小马丁·路德·金（Martin Luther King, Jr.）的得力助手和继承人，他的抗议队伍有约 500 人，主要由黑人组成。阿伯纳西和南方基督教领袖会议的其他成员带来了四头骡子和两辆木车，呼吁兑现解放黑奴的承诺，并将美国贫困劳动者的生活与发射台上闪闪发光的白色方尖碑进行对照。他们会见了 NASA 的局长托马斯·潘恩（Thomas Paine），并高唱"我们必胜"。

一张档案照片显示，阿伯纳西举着一个牌子，上面写着"每天 12 美元喂养一名宇航员"。据潘恩后来回忆，阿伯纳西告诉他，五分之一的美国人缺乏足够的食物、衣服、住所和医疗服务，太空计划的资金应该用来"给饥肠辘辘的人提供食物，给赤身裸体的人提供衣服，给疾病缠身的人提供医疗，给无家可归的人提供住所"。但阿伯纳西并没有要求取消发射；他寻求的是 NASA 的承诺，即该机构将责成其员工解决饥饿问题，并支持消除贫困和其他社会问题的运动。在抗议活动中，阿伯纳西感谢了潘恩，并告诉合众国际社的记者，他为这一成就感到骄傲，并相信阿波罗 11 号所代表的意义。

他说："在人类最崇高的冒险前夕，我为国家在太空的成就骄傲，被三名前往月球的勇士的英雄主义深深感动。但是，我们呼吁，能为探索太空所做的，也应该为饥饿的人们去做。"

## 第十一章 鹰与圣物

潘恩后来回忆说，他对阿伯纳西说道："与你和你的人民所关心的贫困问题相比，NASA 的目标只是小儿科。"他还告诉这位民权领袖，自己是全国有色人种协进会（NAACP）的一员，并对他们的事业表示深切同情。

潘恩对阿伯纳西的团队说："如果不去按下登月的按钮就能解决美国的贫困问题，那么我们可以不去按下那个按钮。"此外，潘恩向阿伯纳西小组的 100 名成员赠送了几张发射活动的贵宾票，并提议用 NASA 的太空成就作为衡量美国在其他领域进步的标尺。

发射当天早上，大巴车接上了阿伯纳西和他的团队成员，他们与其他权贵坐在一起，观看了火箭升空。

○·

1961 年，肯尼迪总统的大胆宣言无疑为新成立的 NASA 设定了艰巨的任务。在接下来的 8 年时间里，NASA 相继启动了"水星""双子座"以及"阿波罗"计划，从单人绕地轨道飞行逐步发展到双人绕地。其间，宇航员们完成了首次太空行走和首次空间对接操作，测试了前往月球并安全返回地球所需的各种技能与设备。与此同时，在地面有超过 40 万名工作人员兢兢业业地辛苦劳作，以确保太空人的安全与任务的成功。

20 世纪 60 年代初的水星计划取得了成功。作为太空计划中的中间项目，双子星座计划也圆满收官。到了 1967 年 1 月，是时候测试阿波罗计划了。首先是乘员舱，它是飞往月球的三人小组的居所。1967 年 1 月 27 日，维吉尔·格里森（Virgil Grissom）、罗杰·查菲（Roger Chaffee）和埃德·怀特（Ed White）爬进了阿波罗 1 号航天舱，即指令舱，进行例行的地面测试。此时离实际的发射还有一个月。机组人员系好安全带，准备检查所有发射系统，任务控制员同时进行测试。当格里森在座位上调整姿势时，无意间触碰到了一根裸露的电线。电火花引燃了舱内高浓度氧气环境下的易燃材料，几秒钟后电压突然升高，密封的航天舱——用纯氧加压——瞬间爆炸起火。尽管怀特试图打开舱门逃生，但机舱内的大气压力使这变得不可能，几秒钟内，三位宇航员即因吸入浓烟而窒息身亡。这场灾难给NASA敲响了警钟，促使他们在后续的任务中加强了安全措施。

在接下来的20个月里，悲剧持续上演。在国会展开调查之际，登月竞赛被搁置。NASA及其承包商对太空舱进行了重新设计，使得如有类似事件再度发生时，乘员能够在三秒钟内将舱门推开。飞船的空气被调整为氮氧混合气体，更接近地球的大气，相比纯氧也更稳定。全新的阿波罗指挥舱含有防火材料以及重新设计的电气系统。阿姆斯特朗后来向他的传记作者杰伊·巴巴里（Jay Barbree）表示，阿波罗1号最终也拯救了生命。"我们发现了一整桶的'蛇'[a]，我们本应该一个一个地去修复它们。"他说道，"大火迫使我们关闭了项目，重新来过，我们是靠着格斯、埃德和罗杰的牺牲才取得成功的。"

1968年10月11日，阿波罗7号从佛罗里达州卡纳维拉尔角（Cape Canaveral）的34号发射台升空。三名机组成员在空中停留了近11天，证明了阿波罗航天舱将是比月球往返旅行所需时间更长的安全家园。再有几项测试，人类就可以穿上登月靴，踏上月球。

登月舱是真正的着陆器，它将搭载两人前往月球并返回，不过还需要再过数月方能进行首次测试。NASA的部分人员期望等到整套"阿波罗"设备能够一同测试时再进行绕月飞行。但美国宇航局的官员告知林登·约翰逊，他们想仅用轨道舱开展测试。苏联的乌龟已然赢得了这场竞赛，NASA毫无理由再拖拖拉拉。故而，在继

---

[a] 这里的"蛇"指危险的事物。——编著

## 第十一章 鹰与圣物 ☾

任者尼克松当选总统数日后，约翰逊便批准了这一计划。圣诞前夕，"阿波罗8号"载着博尔曼、洛弗尔和安德斯绕月飞行，由安德斯担任摄影师。1969年3月，阿波罗9号从发射台腾空而起，携带着太空舱和全新的着陆器进入地球轨道。阿波罗10号于1969年5月发射升空，飞向月球，这是首次着陆的全面彩排。

终于，到了1969年7月——是离开地球，踏上另一颗星球的时候了；是实现从家园到未知世界的巨大飞跃的时候了；是将月球从想象变为现实的时候了；是参谒神圣领域的时候了。

为了这一天，尼尔·阿姆斯特朗、巴兹·奥尔德林和迈克·柯林斯已历经多年的训练与测试。为能赶在肯尼迪总统设定的最后日期之前完成任务，NASA在短短10个月的时间里，连续执行了5次阿波罗计划，这让全局上下充满了忙碌的气氛，这与NASA宇航员们的谨慎和精确构成了鲜明对比。阿姆斯特朗、奥尔德林和柯林斯是机构中最优秀的宇航员之一部分，他们每个人都花了数月时间掌握指令舱和登月舱的细节。奥尔德林专注于科学实验；而阿姆斯特朗则反复试驾月球着陆器训练车，这是他将要在月球上着陆的机器的全尺寸复制品；柯林斯不会到月球漫步，他将负责指挥将他们带往那里的太空舱，并确保月球漫步者能够安全回家。

1969年7月16日，发射日当天的早晨，一百多万人挤满了佛罗里达东部的海滩。他们开着房车和露营车，带着帐篷或仅仅是床垫就来了。仅NASA就邀请了两万人，包括副总统和一半的国会议员。

阿姆斯特朗是第一个登上飞船的人，随后是柯林斯和奥尔德林。他们乘坐电梯到达有摩天大楼高的火箭顶部。然后坐在航天舱里等待。那一定是漫长的等待。每个人在随后的几十年里都会无数次地讲述这个故事，尤其是奥尔德林，他在聚光灯下从来收放自如。然而，没有任何事后的叙述能再现他们期待火箭在下面喷发时的感受。他们要去月球。他们真的要离开地球，去那个地方了。

我们通常不会停下来思考这件事有多奇怪：仅仅是因为人类的好奇心，就将几个活蹦乱跳的年轻人送上月球。归根结底，我们仅是地球物质的一部分，不过是有感知能力的地球碎片，选择将其中的一些成员送离地球，这本身就是一个极其奇怪的行为。这种行为的背后动机仅仅是为了看看那里是什么样子，并且能够自豪地说："我们做到了。"这种行为还源于一种挑战自我的冲动，因为我们认为我们可以完成这一壮举；同时也带有一种竞争意识，因为我们担心那些与我们意见不合的人可能会抢先一步实现这个目标。在柯林斯关于阿波罗计划的回忆录《携带火种》（*Carrying the Fire*）中，他也反思了自己参与太空任务时所感受到的那种奇异感。在即将发射前的一刻，他坐在航天舱里对自己说："我在这里，一个38岁的白人男性，身高5英尺11英寸，体重165磅，年薪1.7万美元，住在得克萨斯州的郊区，花园的玫瑰上有黑点，我现在心情忐忑不安，即将被发射到月球上去。是的，去月球。"

当阿波罗11号的宇航员坐在土星5号火箭上等待发射时，成千上万在佛罗里达和休斯敦工作的技术人员正在仔细检查每一个细节。他们盯着屏幕，逐一确认各项指标，确保一切正常。他们反复检查了每一根手工编织的计算机电线，每一条精心制作的橡胶软管，以及每一枚固体燃料推进器。每个人都报告说："正常！"然后，随着一声"发射！"整个团队的心跳似乎都同步了，准备见证这一历史性的时刻。

阿波罗11号准备就绪，人类也已准备就绪，告别的时刻终于来临。1969年7月16日上午，美东时间9：32，土星5号火箭点火升空。这座巨大的火箭与地球引力抗衡，离开了这颗孕育我们生命的

## 第十一章 鹰与圣物

星球,我们唯一的家园。随着引擎轰鸣,火箭开始颤抖;阿姆斯特朗、奥尔德林和柯林斯三位宇航员感到自己被紧紧压在座位上。随后,固定火箭的螺栓逐一松开,将土星5号从束缚中解放出来。接下来发生的事既不可思议又不可避免:火箭冲破大气,真的起飞了。如同普罗米修斯盗火般震撼的雷声惊散了四周的鸟群,冲击波在海滩上激起层层波纹,吹动了男士们的领带,摇晃着女士们精心盘起的发髻,并让满怀期待的孩子们感受到胸腔上的压力——他们或许还不明白,太空发射有可能以悲剧收场。不久之后,火箭拖着尾焰,逐渐化作天空中的一个小点,朝着月球飞去。他们的目的地距离地球约218096英里。

三天过去了,地球在窗口中变得越来越小,而此行的目的地则变得越来越大。宇航员们将他们的指挥舰命名为哥伦比亚号绝非巧合,由冯·布劳恩设计升空的飞船,恰好借用了凡尔纳笔下月球船的名字。他们将登月艇命名为"鹰"号。他们的徽章是美国的吉祥物,一只带着一小枝金橄榄枝的鸟降落在月球上,这是全球和平的象征。鹰的形象来源于罗马军团,而橄榄枝则来自创世纪的故事。不过,和大家熟知古老故事一样,这只鸟也有着悠久的历史背景。诺亚放出一只鸽子,鸽子带回了橄榄枝,这是陆地和上帝和解的标志。在《吉尔伽美什史诗》中,洪水过后,乌特纳皮什廷(Utnapishtim)放出了一只鸽子、一只燕子和一只乌鸦。只有乌鸦没有回来,乌特纳皮什廷知道那只鸟儿躲起来了,因为它找到了它所寻找的东西。

阿波罗号机组人员于7月19日进入月球轨道,第二天下午,阿姆斯特朗和奥尔德林飘浮进入鹰号着陆器,关上了哥伦比亚号的门。柯林斯绕月飞行,而两人将下到月面。7月20日下午,他们从哥伦比亚号上脱离,并启动了鹰号的引擎。飞船开始向月面下降。

阿姆斯特朗和奥尔德林感觉到自己的身体再次变重,尽管很微弱,因为月球的引力向他们袭来。他们现在正在下降。

在距离表面几百英尺的地方,阿姆斯特朗接管了鹰号的控制,他从窗口向外看,并和奥尔德林仔细研究了阿波罗 8 号和 10 号拍摄的照片,他们知道他们预计着陆的地方。不过,阿姆斯特朗眼睁睁看着目标陨石坑在远处消失——他们偏离了预计的着陆点几乎 4 英里。

当时,阿姆斯特朗,据称是最谨慎的宇航员,双手控制着操纵装置,通过鹰号的推进器喷气来调整其航向,精确得像在做外科手术。他们下方只有巨石。如果阿姆斯特朗把着陆器放在斜坡或石头上,鹰号可能会翻倒,意味着它将永远无法再次起飞,两名宇航员将永远留在月球上。他扫描着地平线,同时奥尔德林报告着他们离月球的高度。他们以每秒 20 英尺的速度下降。

"120 英尺。"奥尔德林的声音很平静。任务控制中心保持沉默。

"好的。75 英尺。看起来不错。"奥尔德林注意到阿姆斯特朗计划着陆的地方。

休斯敦发出信号:"还有 60 秒。"查理·杜克(Charlie Duke)提醒道。他当时担任飞船通信员(CAPCOM),即指挥中心负责与机组人员沟通的宇航员。飞船还剩一分钟的燃料。如果燃料在鹰号着陆前用完,他们会坠毁。

他们继续下降。30 秒。着陆器里一片寂静。

"我们收到你们的消息,鹰号。"查理·杜克说。数亿计的人在地球上屏住呼吸。

"休斯敦,这里是宁静基地。鹰号已经着陆。"阿姆斯特朗平静地说。杜克没那么冷静,"你们让一群人快喘不过气来了。我们又能呼吸了。非常感谢。"他说。

## 第十一章 鹰与圣物

"谢谢。"阿姆斯特朗说,*谢谢。是的。我现在在月球上了。*谢谢。他在通话中的沉着难以理解,既有工程师的冷静,也有宇航员的中规中矩。还有多少其他人会放声大叫?至少会倒抽一口气吧?

NASA向媒体表示,阿姆斯特朗和奥尔德林将会休息4个小时,但实际上他们并没有这样做;相反,两人开始为登月做准备。当他们准备好时,在美国已经是星期天的晚餐时间,而欧洲则是凌晨。1969年7月21日,全球各地的学生放假一天。尽管在那个时代大多数家庭还没有电视机,但全世界仍有五分之一的人口观看了这次登月任务的电视直播。休斯敦的任务控制中心通知正在哥伦比亚号指令舱内绕月飞行的柯林斯,说阿姆斯特朗和奥尔德林希望尽早离开。"告诉他们在出发前先吃点午饭。"控制中心指示道。

当阿姆斯特朗准备离开着陆器时,他的驾驶技巧差点让他们陷入困境。鹰号本应带着一点力量着陆,这将使腿部稍微陷进月面一些,这样从梯子下来更容易。而阿姆斯特朗像蜂鸟一样轻盈地着陆,这意味着着陆器蜘蛛般的身体在月球表面上方悬停得很高,使他的第一步更像是一跳。

梯子的最后一级离月球表面有3英尺高。

他打开舱门。

他出来了。

他检查了到地面的距离,"需要小心跳一下。"他警告奥尔德林,然后准备在月球上漫步。

"我现在要走出登月舱了。"他说。于是在1969年7月20日星期日东部夏令时间晚上10:56,他真的做到了。地球人都知道,他接下来说了什么。

阿姆斯特朗是唯一一个在月球上待了大约18分钟的人。他四处走动，弄清楚了自己的方位，并意外地踩坏了自己的第一个脚印，而他本打算拍下那些脚印的。他迅速取了一些样本，以防他和奥尔德林需要突然撤离。然后他拍下了奥尔德林走下梯子的照片。这组照片中有一张特别生动地捕捉到了奥尔德林一条腿伸出、一只手紧握梯子的瞬间，这是两个人月球之旅中最活跃的画面之一。这张照片因其动态性和历史意义而显得尤为珍贵。

在阿姆斯特朗为奥尔德林拍摄照片之前，所有关于月球的照片都是从远处拍摄的——无论是从地球远望，还是从月球轨道上俯瞰。然而，这一刻不同了：人类站在月球表面，从内部向外观察。20世纪著名摄影师爱德华·史泰钦（Edward Steichen）曾说过："一幅肖像不仅仅是在相机里拍出来的，而是在相机的两边共同创造的。"当一个瞬间被捕捉下来时，它实际上存在于三方之间：主体、摄影师以及观看者。在这张记录奥尔德林从登月舱梯子上下来的图片中，这三者都首次踏上了月球。人类的思想第一次真正地居住在月球上，而不是仅仅从外部投射到月球之上。

这片景色与地球上任何地方都不同。空气中弥漫着一种辛辣的火药味，而月球表面似乎在起伏不定，这是由于斜射阳光投下的鲜明阴影造成的，没有大气层来柔和这些轮廓。月球表面质地沙化且柔软，奥尔德林后来将其比作精细的碳粉。月球并非如人们想象中的那样单调灰色，实际上它呈现出一幅色彩斑斓的风景画。阿波罗10号的宇航员们在接近月球表面时，观察到了从浅棕色到牛奶巧克力色的一系列色调变化。奥尔德林曾提到，有些岩石看起来很像黑云母，一种带有棕绿色调的黑色物质。他还开玩笑说，某些靠近表面的岩石甚至似乎散发着紫色的光芒。

对月球岩石的分析得知，其中包含了各种颜色的火山玻璃，从黄色和橙色到绿色、棕色和蓝色都有。尽管周围的色彩丰富而生动，

## 第十一章　鹰与圣物

但整个景象却是一片寂静。宇航员们通过声控麦克风互相交谈，因此他们的头盔里充满了设备发出的哔哔声以及来自地球指挥中心和同伴间的断断续续的声音。然而，如果他们想听到月球本身的声音，却只有一片死寂。

虽然阿姆斯特朗那著名的"一小步"，以及他们收集的珍贵岩石将永载史册，但他们在月球表面的实际停留时间仅持续了约两个小时。完成这些任务后，宇航员们便需要休息了。

他们想要休息，但生命维持系统的持续噪音，透过舷窗照射进来的强烈阳光让他们难以合眼。在后续的阿波罗计划中，宇航员们得以使用吊床来获得更舒适的睡眠环境，而阿姆斯特朗和奥尔德林却只能蜷缩在"鹰"号登月舱的地板上。阿姆斯特朗觉得有些鼻塞，这可能是由于月面扬起的尘埃或是身处太空环境本身所致——许多宇航员报告，在低重力条件下会出现鼻腔充血现象。此外，明亮的光线也使得入眠变得困难。尽管两人拉上了着陆器窗户上的遮光帘，仪表盘发出的光芒依然影响着他们的休息。阿姆斯特朗后来回忆道："当我终于进入浅睡状态，周围的一切都安静下来时，我突然想起另外一件事。"他斜躺到登月舱内望远镜的下方，这台仪器是用来帮助宇航员定位星空中的参照点的。他把镜头移向了地球，"地球通过那架望远镜映入我的眼帘，仿佛一盏明灯般光芒闪耀"。

第一位踏上地外星球的人，用他收集月岩的样本袋，遮挡了来自他的家园——地球——的光。

○·

当尼尔·阿姆斯特朗、巴兹·奥尔德林和迈克尔·柯林斯从阿波罗 11 号任务返回地球后，全球各地的人们都渴望与这些航天英雄分享他们的成就。尼克松政府组织了一场环球巡访活动，让这三位宇航员以及随行的人员——包括他们的妻子、几位 NASA 官员，还有一位人称"詹尼"（Gennie），名叫日内瓦·巴恩斯（Geneva Barnes）的秘书，在45天内，马不停蹄访问了24个国家的27个城市。

宇航员们深知自己的旅程将被载入史册，但在20世纪60年代的背景下，面对艰巨的工程任务和驾驶工作，他们暂时将诗意搁置。当阿姆斯特朗和奥尔德林在月球表面执行任务时，柯林斯独自留在哥伦比亚号指令舱中绕月飞行。他曾感叹，宇航员们并没有准备好用言语来描述他们所目睹的壮丽景象。

"我们没有被训练去表达情感，而是被要求要抑制情绪，以免它们干扰那些极其复杂、微妙且只有一次机会完成的任务。"他在回忆录中写道，"如果想要一场充满感情的新闻发布会，看在老天的分上，他们应该召集一个由哲学家、牧师和诗人组成的阿波罗团队，而不是三个试飞员。"

这个经典的故事成了许多宇航员的负担。阿姆斯特朗回到地球后，成为了世上最著名的人之一，很大程度上退出了公众生活。其他阿波罗登月者在目睹了这个星球从远方逐渐退去后，往往难以重新融入日常生活——我们都生活在这个世界上，这个世界是日常的，有会议和单调的任务。一些人离婚了。奥尔德林曾详细记录了他的酗酒问题。吉姆·欧文带回了一些极为重要的月球岩石，后来成了一名重生的基督徒，并致力于传播福音。他曾说："上帝在地球上行走比人类在月球上行走更重要。"

有的宇航员选择通过艺术创作来诠释他们在太空中的经历。58岁的俄罗斯宇航员阿列克谢·列昂诺夫（Alexei Leonov）\*与阿波罗12号的成员艾伦·比恩，在结束各自的太空任务回到地球之后，都不

---

\* 原注：阿列克谢·列昂诺夫是俄罗斯太空计划中最具成就的宇航员之一，他曾怀揣着成为第一个登上月球的人的梦想。尽管这一荣誉最终归属了美国人，但列昂诺夫在1965年3月18日创造了历史，成为了第一个进行太空行走的人。他在"上升2号"（Voskhod 2）任务中离开太空舱，进行了约12分钟的太空行走。

## 第十一章 鹰与圣物

约而同地拿起了画笔。尤其是比恩，作为第四位月球漫步者归来，从 NASA 退休后，全身心投到了绘画事业当中。他创作的油画中，布满了模拟鞋印与陨石坑痕迹的独特肌理。这些作品运用金色、粉红、紫罗兰及橙黄等色调，不仅反映了宇航员亲历现场时所感知的真实色彩，也结合了对带回地球的岩石样本的研究结果，这样的视觉呈现与通常我们见到的那种对比强烈的黑白摄影有着显著区别。众多宇航员都曾尝试捕捉月球那令人惊叹的色泽，然而唯有比恩将其生命剩余的时间完全奉献给了这项使命，致力于让更广泛的人群能够欣赏到这份来自宇宙深处的艺术之美。

宇航员也是人，所以他们除了在没完没了的任务清单上打钩，也会去寻找其他乐子。月球漫步为他们带来了别样的乐趣——轻盈地弹跳于低重力环境中，不慎摔倒后狼狈地重新站起。他们报告说，月球表面呈现出一种令人叹为观止的壮丽景象，色彩丰富而迷人。尽管阿波罗计划的日志里满是单调的技术流程和枯燥的行话，但其间也穿插有轻松愉快的时光。

然而，即便是他们的欢乐也被某种庄严所调和。月球本身就是一个神秘莫测的世界，在那里行走和工作的体验同样非同寻常。正如宇航员欧文所说，这样的经历会彻底改变一个人。月球漫步不仅是一种带有狂喜的欢庆，更像是信徒们所熟悉的神圣体验。

在从历史性的首次着陆返回之后，奥尔德林参加了一次电视广播，在其中他引用了诗篇："我个人反思过去几天的事件，一段诗篇浮现在我的脑海中：我观看你指头所造的天，并你所陈设的月亮星宿，便说，人算什么，你竟顾念他？"

从古代的那波尼德和西恩到哥白尼时代的教皇奉献，再到现代的宇航员如奥尔德林、欧文以及阿波罗 8 号的船员们，他们都在自己的宇宙探索中延续了一个悠久的传统——祈求更高的力量。这种做法不仅是一种个人信仰的体现，也是特定历史时期的社会背景所决定的。20世纪60年代和70年代的美国社会比今天更加公开地表达宗教情感。根据皮尤研究中心（Pew Research Center）的数据，在1928年至1945年之间出生的"沉默的一代"中，高达84%的美国人自认为是基督徒。这一代人中包括了所有参与阿波罗计划的宇航员。值得注意的是，宇航员们的宗教信仰并不仅仅局限于个人生活，而是深深地融入了他们的太空任务之中。

阿波罗计划，无论是作为一种隐喻还是实际的任务，都有着类似有组织宗教活动的特质。它触动了人类对于永恒生命的渴望。在冷战与民权运动的历史背景下，这一计划的政治目标某种程度上成为寻求宽恕的一种方式。参与其中的宇航员们是勇气与信念的化身，他们的行动激起了公众深深的敬仰之情。这些太空探索不仅带来了新知，也促使人们以全新的视角去审视我们共同的家园及经历。简单来说，阿波罗计划的核心在于离开地球。直到1968年以前，这样的壮举只存在于神话传说之中，描述着神祇与超自然存在的故事。因此，当人类真正实现了突破地球界限的梦想时，那些实现这一奇迹的人便自然而然地被赋予了某种神秘而崇高的力量。

对于充满宗教色彩的评论和仪式还有另一个原因。不管他们的信仰传统如何，大多数离开地球的人都见证了旅程的转变力量。

迄今为止，只有大约550人摆脱了地球的束缚，飘浮得足够远，可以看到它的曲面，看到赋予我们生命的薄薄的大气层那蛋壳般的线条。许多人报告说感到一种压倒性的清晰感和团结感，一种心灵膨胀的高度意识和团结状态，这种状态常常出现，以至于有了自己的名称："总览效应"（overview effect）。

这个词源自航空业，如果你曾经乘坐过飞机，或许就能体会到类似的感受。当边界逐渐消失，个人在广阔世界面前的渺小感也随

## 第十一章 鹰与圣物

之消散；汽车变成了微小的点，大都市也渐渐模糊，最终只剩下陆地和水域。这种视角的转变令人震撼，你会突然意识到我们都生活在同一块岩石上——这是我们在面对致命湍流时唯一可以依靠的地方。你会明白，这颗星球是值得保护的，这里的居民也是值得守护的。1974 年，第六位在月球上行走的宇航员埃德加·米切尔（Edgar Mitchell）在接受《人物》（People）杂志采访时，描述了他在月球行走时体验到的"总览效应"：

> 你会立刻产生一种全球意识，一种以人为本的意识，以及对世界现状的强烈不满和想要为此做点什么的冲动。从月球上看，国际政治显得如此微不足道。你真想抓住一个政客的脖子，把他带到 25 万英里外，然后说："看看那个，你这个浑蛋。"*

访问太空的人不需要虔诚就能感受到这种顿悟。

◯·

回到地球，在休斯敦的月球样本实验室，你同样可以体验到一种超凡脱俗的敬畏感。莫西带我穿过第一扇门后，我们进行了一系列环节的操作，这些环节感觉很像一次圣母马利亚将婴儿耶稣洗净献给上帝的献主礼。我清除了身上所有来自地球的污染物，穿上了一身纯白的衣服，小心翼翼地走着每一步，生怕弄脏了这身特别的衣物。在我接近月球样本之前，我还经历了一场真正的净化淋浴。作为一个在天主教仪式中长大的人，这种过程让我感到有些熟悉。我觉得自己与普通的事物分离了，更接近于灵性，就像我在苏格兰北部石圈中的感受一样。这个地方和整个过程都被设计得非常特别，

---

\* 原注：这段话可能是阿波罗时代最著名，也是最容易被曲解的名言之一。我能找到的最好的来源是 1974 年《人物》杂志的一篇特写，尽管不清楚米切尔是在采访中引用了这段话，还是杂志转载了这段话。

因此体验也格外独特。

　　月球样本实验室对细节的关注，使得这个地方充满了某种近乎神圣的氛围。在宇航员采集岩石之前，他们会拍摄岩石在月球表面的方位，并记录下岩石是如何安放的。月球样本实验室保持这些岩石的方位不变，以确保它们按照被发现时的状态储存。这样一来，研究这些样本的科学家们就能知道哪一面是暴露在虚空中受到宇宙射线轰击的，哪一面是受到月球保护的。所有这些信息为仔细检查岩石的组成提供了基准，同时也赋予了这些样本一丝神秘主义色彩。这就是它在上面的样子，是方向的说明。你也可以一窥那无瑕的遗迹，看看它会引领你去往何方。

　　样品制备人员戴着橡胶手套，将手臂伸进一个充满加压空气的橱柜中，使用镊子夹取特氟龙片，用来包裹住月球碎片，并将其放入塑料袋内。这些岩石在进入地球大气层之前便已被密封。随后，它们被装入小罐子进行运输。在科学家们准备好接收样本前，莫西团队极其谨慎地确保月球物质不会接触到地球或其任何物质。这项工作既烦琐又精细；戴着三层橡胶手套操作微小的岩石碎片非常棘手。然而，管理员并非笨拙之人，他们怀着敬畏之心对待每一粒岩石。

　　月球样本实验室当然不是圣墓，月球岩石也不是宗教遗物。尽管如此，参观它们仍然像是一种虔诚的朝圣，仿佛是休斯敦朝觐者对另一种黑石的膜拜。这些岩石讲述了我们的起源，它们讲述了古老的故事，一个是关于月球的，另一个是关于地球的——月球从这里分离并诞生。

　　在尼尔·阿姆斯特朗短暂的月球之旅即将结束时，他目测了一下样品箱，发现它不够满，于是又往里添了九勺沙子。他从未想到，在最后一秒舀起的那勺沙子里，竟然藏着一些最重要的岩石，这些

## 第十一章 鹰与圣物

岩石最终被带回了地球。"在阿波罗 17 号任务之前,尼尔是月球上最好的野外地质学家。"曾在阿波罗 17 号任务期间月球漫步的野外地质学家哈里森·施密特在 2019 年告诉我,"在短短 20 分钟内,他收集了一些我们得到的最有趣的样本。即使我们再也没有其他任务,这些样本也已经足够了。"

阿姆斯特朗后来意识到,那些岩石是斜长岩,这是一种低密度的物质,由矿物在熔融岩石中结晶形成。它们的存在暗示着月球曾经被岩浆海洋覆盖。"我们当时就知道,月球将是地球早期历史的记录。"施密特向我解释说,"在阿波罗 11 号任务之前,这一点还不清楚,但在阿波罗 11 号之后以及现在,人们都明白了这一点。"

阿波罗 11 号任务成功后,美国宇航局的信心大增,后续的任务持续时间也更长。最近的三次任务甚至配备了月球车,以便宇航员能够去到更远的地方,收集更多不寻常的岩石样本。阿波罗 15 号的宇航员戴夫·斯科特(Dave Scott)和吉姆·欧文,带着一份地质学家的愿望清单登上了月球。这份清单上包括寻找火山岩、火山喷发时形成的玻璃珠以及其他能够揭示月球早期历史的样本。在登上月球的第二天,当他们正在从雨海中的一个名为"斯普尔"(Spur)的陨石坑采集喷出物时,斯科特发现了一块位于他所描述为土壤基座上的特别岩石。他拾起这块岩石,拂去表面的尘土,两位宇航员立刻意识到它的非同寻常之处。

"嗨,伙计!"欧文喊道,"看那闪光……几乎可以看到里面的晶体!"

两名宇航员开始高兴地欢呼起来。

"猜猜我们刚刚发现了什么?"斯科特用无线电向休斯敦报告,欧文也笑了起来,"猜猜我们刚刚发现了什么!我想我们找到了我们要找的东西。"两人兴奋地大叫起来,开始描述这块石头。"真漂亮!"斯科特说。

这是一块斜长岩,而且很大。报道这次任务的记者们被告知,这块岩石有助于讲述月球从一片巨大的熔岩洪流中形成的故事。他们将其命名为"创世岩"。

当我拜访时,创世岩正放在一个加压盒子里。它是如此的白,几乎令人难以置信。它在一个塑料袋里,袋子的右下角装满了碎屑:一些已经开始剥落和分解的月球碎片,就像麦片盒底部的灰尘一样平凡。这些碎屑完美地封装了阿波罗计划带给我们的新世界:多岩石的,甚至可能是"地球般的",三维的,可触摸的,真实的。

月球影响了我们的进化,并在各个时代作为我们的时间守护者和精神指南针。它引导文明的大船穿越宗教的黎明、哲学的开端、探索的时代、启蒙的理想。但只有在阿波罗时代,它才最终作为一个物质场所存在于空间和时间中。

阿波罗计划期间的月球也给了我们一些意想不到的东西。就像古代祭司在那波尼德的带领下所做的工作一样,阿波罗的探险为我们揭示了一些我们未曾预料的知识。虽然这是一项公民使命,但月球之旅却让我们对宇宙及其广阔无垠有了新的认识。月球改变了我们对宇宙的看法,使英雄之旅的概念重新浮现,正如巴比伦的天空记录中所描述的那样,充满了神话色彩。新的知识、新的道路随之而来。

由于阿波罗计划,月球在我们的想象中不再只是一个默默无闻的光源;无论是在小说中还是在沃尔特·克朗凯特(Walter Cronkite)的电视直播里,它都不再仅仅是一个勇敢人物探索的梦想世界。通过阿波罗计划,月球变成了一个令人敬畏的三维球体,它的物质性变得可以测量和量化。正如詹姆斯·乔伊斯(James

## 第十一章 鹰与圣物

Joyce)所描述的那样,"她那孤立的、占主导地位的、不可调和的、灿烂的、近在咫尺的可怕之处",真的就在眼前。现在,月球表面已经被人类的脚步深深踏过。我们用真实的双手拣选过它,它的死土从跳动着生命的手指间滑落。多亏了阿波罗计划,月球就在这里,就在我们中间。一小块月壤被带回地球,成为我们的遗产,向我们讲述着自己的故事。

# 第十二章　我们的第八大洲

女儿那双紫色的小登山靴在泥泞的小路上发出细微的嘎吱声。我们沿着陡峭的小径向上攀登，脚下踩过岩石与裸露的石板。沿着左侧山脊，杜松和矮松顽强地生长，引领我们迈向巍峨的科罗拉多圣胡安（San Juan）山脉；而右侧，却是令人眩晕的深谷，没有任何护栏的保护，山谷的底部在脚下遥远地伸展，通向荒凉的新墨西哥北部。抬头看去，就是我们此行的目的地，两座雄伟的砂岩尖塔巍然耸立，塔顶间形成一个优雅的 U 形缺口，像时光雕琢的古老门户。

亿万年前，这些砂岩曾是浩瀚内海的沙滩，4000 万年前，火山的喷发抬升了科罗拉多高原，干涸的海床暴露在阳光与风雨下。历经数百万年的风蚀与彼德拉河（Piedra River）的冲刷，最终在这片旷野中只剩下了两座孤立的石塔——一座被称为烟囱岩（Chimney Rock），另一座则简单地被称为伴侣岩（Companion Rock）。它们相对而立，俯瞰着被遗弃的幽灵村落。

千年前，这座尖塔耸立在阿纳萨齐人（Anasazi）居住的繁华定居点之上，阿纳萨齐人现在更广为人知的名字是普韦布洛人（Ancestral Puebloans）。他们在这里建造了数百座石屋，悠然生活了多年。考古学家挖掘出的木梁显示，这些房屋建造于 1076 年和 1093 年这 18 年间。之后这些人突然离开，再也没回来。

至今，在我的家乡科罗拉多州和周边各州的山区都有阿纳萨齐人的住宅，他们使用切碎的岩石做房屋，雕刻保护他们的山丘，裂谷像屋檐一样做他们的守卫。他们住在梅萨维德（Mesa Verde）、烟囱岩和查科峡谷（Chaco Canyon）。不过，在欧洲定居者到来之后，他们就消失了，欧洲定居者将统治美国。

普韦布洛人的祖先生活在公元 800 年左右，他们生活的节奏让人想起了古老文明的兴衰，比如苏格兰阿伯丁郡、巴勒斯坦的耶利哥以及伊拉克纳西里耶附近的月亮城乌尔。阿纳萨齐人（普韦布洛人的祖先）利用月亮和星星来规划他们的生活，学习并遵循季节的变化，为一年的时间做计划。在现今科罗拉多州帕戈萨斯普林斯附近，他们建造的一座房屋每隔 18.6 年，就会面向月球的方向对齐一次。

13 年前，我与我的大女儿曾到此一游。日落时分，月亮从这个荒凉的村庄及其石屋上升起，它的第一缕光芒在两座塔尖之间的地平线上闪耀，从我和女儿即将前往的那座房子望去，仿佛被其中一座塔尖温柔地拥入怀中。

这个地方如今被称为烟囱岩国家纪念碑。它包含了几座由普韦布洛人建造的石头建筑，但最为醒目的是一座名为"大房子"（the Great House）的石制建筑，中央设有一个巨大的圆形房间，称为基瓦（kiva）。这座建筑是按照查科恩大房子（Chacoan Great Houses）[a] 的风格建造的，这种风格在美国西南部广泛存在。古老的普韦布洛人在建造这些房屋时，采用了直墙、风管、通风井以及贴

---

[a] 是位于美国西南部新墨西哥州查科峡谷的一系列大型建筑，这些建筑在公元 850—1250 年间由查科文化（Chaco Culture）的祖先建造。这些大房子不仅是当时最复杂的史前建筑结构，而且也是北美最大的纪念性建筑。——译者注

## 第十二章 我们的第八大洲 ☾

面墙隔热的核心墙设计，以此来增强建筑物的结构强度。

由于干旱和文化模式的变化，在超过一个世纪的时间里逐渐导致了阿纳萨齐人的离去。然而，烟囱岩却在公元 1125 年至 1130 年之间突然被遗弃，比其他阿纳萨齐遗址更早，也比所有其他普韦布洛人遗址遗弃更早，除了现在位于新墨西哥州的查科（Chaco）。

建造这座建筑的人们显然没有考虑生活便利性。它远离水源：彼德拉河位于大房子下方数千英尺处。它高高耸立于玉米地、豆田和其他作物的田地之上。这些建筑并非为享受生活而建。

普韦布洛人经常将他们的房屋建得高耸入云，烟囱岩大房子更是凌驾其上，很可能是专为举行仪式而建——它被建造在了一个精确的位置上，从这里可以看到两座石塔环抱着冉冉升起的月亮。

还记得苏格兰东北部的石圈吗？在复活节祷告石圈和托纳韦里，这些石圈的排列是为了纪念大约 19 年的月球轮回。由于天体的运动，月亮在 12 个月的周期后大致会回到天空中的同一位置，但不会完全回到原来的位置。随着时间的推移，月亮会在地平线上的不同位置升起，就像太阳在一年中在地平线上升起和落下的位置会发生变化一样。这个上升和下降的周期在 18.6 年后完成。在地平线上的每条弧线的尽头，月亮似乎会在原地停留大约三年，每天晚上在地平线上的同一点升起，然后开始朝着相反的方向移动。这个漫长的阶段被称为月球静止。

在静止期的 7 月，黎明前，细细的新月从烟囱岩的尖顶间升起。12 月冬至时，满月会在日落时分从尖塔之间升起。次年春分时，午夜时分可以透过巨石看到半月。夏至时，新月会在日出时从岩石摇篮中升起。古老的普韦布洛人特意将他们的石屋建在悬崖边上，以便尽可能地观察到这些天象。

他们是否在设定自己的日历，就像沃伦菲尔德的挖坑者和内布拉星盘的金属匠一样呢？普韦布洛人的祖先是一支农耕民族，他们或许希望用冬至作为一年的开端来记录季节的变化。查科人有可能与中美洲的玛雅人或印加人有贸易往来或某种联系，这些文明同样也观察到了月相及其与至日的关系。春天时，太阳会从石柱间升起，因此普韦布洛人或许利用岩石构造研究这两种天光现象。建造烟囱岩房屋的普韦布洛人可能使用了这些天然塔楼来进行某些我们已不再知晓或理解的仪式，而我们认为这些活动本质上具有仪式性。

考古证据显示，该遗址曾发生过大规模的火灾，可能是故意点燃的篝火，用作信号之用。这让我立刻联想到了阿伯丁，在那里，每隔18.6年，人们会在满月之夜聚集在一起，点燃篝火，互相交流。

站在科罗拉多的山脊上，我想象着一连串的小火苗点缀着脚下的风景，一直延伸到山谷，然后直抵新墨西哥州的峡谷。驻扎在附近山脊上的守望者可能通过点燃一场大火来传递信号。火焰和烟雾几英里外都能看到，这一点林业局可以证明。1940年，平民保护团在大房子旁边建立了一座火灾探测塔。这座塔于2010年被移除，以便从这里能够清晰地观察月球今后的静止现象。

也许这些人试图与居住在附近的亲戚交流，他们居住在普韦布洛阿尔托等地，沿着山谷一直延伸到新墨西哥州，甚至远至查科峡谷中的普韦布洛博尼托（Pueblo Bonito）镇；或许他们在与邻近的部族沟通；又或者，就像在托纳韦里那样，他们完全是在与另一个世界交流。当我和女儿一起散步时，我对这个神秘的世界感到好奇，然后我看到了路标上印着的一首特瓦普韦布洛人的歌：

远方晨光熠熠
宇宙变得翠绿

## 第十二章 我们的第八大洲

通往冥界的路

已经开启

在烟囱岩定居点的鼎盛时期,大约有 2000 人居住在方圆 5 英里内的 8 个村庄中。他们种植南瓜、玉米和豆类,采集种子及其他植物作为食物和药材。遗址周围的储藏室里发现了绘有螺旋图案的陶器、用于储存水或其他饮料的大烧瓶、雕刻的动物雕像,以及凿有孔洞的扁平石块,这些石块可能曾被用作蜡烛或熏香的底座。20 世纪 20 年代和 70 年代,丹佛大学的考古学家对烟囱岩进行了发掘,出土了一批高质量的陶器,其精美程度令人叹服。这些美丽的遗迹也是该定居点被仓促遗弃的一个重要证据。

尽管千年过去,站在科罗拉多的山脊上,我仍能感受到那种穿越时空的联系。仿佛那些古老的火焰依然在山谷中闪烁,它们的光芒跨越时间,照亮了遥远的过去,也照亮了我与女儿脚下的这片土地。

在一些房间内,主人保留了一些我们至今仍无法完全理解的材料,推测这些可能是用于仪式活动。20 世纪 70 年代的考古发掘显示,另有一些房间是空置的,这表明它们被用作客房。在一年中的特定时期,来自更远地区——如查科峡谷及其他查科地区的人们——会来到这里访问。

考古天文学家发现的证据表明,在整个西南地区,普韦布洛人的祖先以及他们在北美和中美洲的同时代人掌握了详尽的天文知识。在许多地点,人们发现巨石上刻有岩画,这些岩画设计巧妙,能够在一年中的特定时刻捕捉到阳光或月光。例如,在查科峡谷的一处被称为法哈达巴特(Fajada Butte)的地方,查科人于一块石板上雕刻了一个螺旋形图案。夏至那天,阳光会在该图案上形成一个三角形的光斑;而在月球静止期间(即月亮升起之际),则会有一道阴影穿过这个螺旋。

想象一下在没有书面语言、已知的数学系统或正式日历的情况下,大约 10 个世纪前,普韦布洛人的祖先们已经能够洞察天体运行的规律。他们没有天文图表,没有望远镜,甚至连楔形文字都没有。然而,在某个时刻,一位智者发现了如何将太阳和月球的轨迹与地球上的特定地点联系起来,学会了如何捕捉这些天体发出的光芒,并利用这些光线来标记时间。这位先驱拿起凿子,攀上山丘的裂缝,在巨石合适的位置精心雕刻出图案。当阳光或月光照射到这些图案时,就会形成特殊的光影效果,指示着重要的时间节点。同时代的人仰望着天空,目睹了这一奇观:地球似乎"拥抱"着冉冉升起的月亮,他们在这些地方留下了标记——这里应当建造他们的大房子,举行日历仪式,以及生活。

月亮赋予了查科祭司们对时间的掌控力,正如沃伦菲尔德的日历制作者一样。这种能力反过来又使他们控制社会,就像制造内布拉星盘的工匠那样。掌握日历意味着他们可以管理仪式、贸易节、收获季节以及节日等重要活动,甚至影响整个社会的运作。如同那波尼德的天空祭司,查科世界的天文学家们也过着优越而受人尊敬的生活。这些祭司可能身着精致的服饰,头戴绿松石珠子和金刚鹦鹉羽毛制成的饰品,也许还佩戴有特殊的头饰,例如巴德杜伦伯格的女萨满所佩戴的那种。在重要的宗教活动中,他们会打鼓或吹笛子,或者像我和查理·默里一样围绕壁炉歌唱。

普韦布洛人以我们倾向于描述为仪式或精神的方式使用月亮,但这种特征可能源于我们的无知。当我们无法与一个消失的民族交流时,往往会将他们描绘得神秘莫测。但实际上,他们对月球的看法与我们并无本质区别。普韦布洛人从月球获得的掌控权,与内布

## 第十二章　我们的第八大洲

拉星盘、柏林金帽子以及伽利略和哈里奥特通过望远镜所感受到的掌控感是相似的。从根本上说，无论是早期欧洲探险者跟随月球穿越大西洋、梦想着财富，还是现代的亚马逊首席执行官杰夫·贝索斯（Jeff Bezos）看到月球表面时想到的财富，这些看法都是一致的。借用美索不达米亚一位抄写员的话来说："月下无新事。"

月球不仅能为我们带来纯粹的知识和信息，还能赋予我们精神上的体验。它帮助我们理解时间，既包括我们日常生活的节奏，也包括从其宁静的视角所见的宇宙宏大规模——从我们进化之前的时间，到甚至早于第一颗恒星存在的时代。月球依然给予我们它一直以来所给予的一切。它反射出我们在特定文化与特定时期所希望看到的东西。

那么，我们应该如何回报它呢？

☉·

1969 年，当尼尔·阿姆斯特朗和巴兹·奥尔德林离开月球时，留下了"鹰"号着陆器支撑腿上的一块铭牌。这块铭牌上刻有阿波罗 11 号宇航员的名字和签名，以及当时的美国总统理查德·尼克松的名字和签名，最上方画有地球两个半球的简单投影，显示了截至公元 1969 年的所有大陆板块构造排列，并用 20 世纪 60 年代风格的圆形字体刻写着以下文字：

> 来自地球的人类
> 首次踏上月球
> 公元 1969 年 7 月
> 我们为全人类的和平而来

登月发生在冷战期间，也是因为冷战才有登月计划。因此，从某种意义上说,在铭牌的最后一行刻上"为了全人类的和平"令人印象深刻。NASA 的官员本可以选择其他方式来表达这一历史时刻,例如在铭牌上刻一面银黑相间的美国国旗。然而,他们选择了更加包容和全球化的表达,承认了世界的共同性。即使在太空竞赛的高潮时期,他们也认识到,如果月球属于所有人,那么它同样属于地球上的每一个人。

如果美索不达米亚的工匠们没有发现如何混合沙子、苏打和石灰来制造玻璃,我们可能也就无法如此详细地看到月球的山峰和山谷。NASA 的计算机专家凯瑟琳·约翰逊（Katherine Johnson）对阿波罗 11 号轨道的计算基于希腊人和巴比伦人的数学知识,这些古代文明在测量时间时学会了使用数字。阿波罗计划虽然是美国的努力（并在一些德国侨民的帮助下得以实现）,但它的成就属于全世界。

到了公元 21 世纪初,月球被广泛视为一个可以建设、开采,甚至可能致富或拼命一搏的地方。

一些现代科学家现在主张,我们应该利用月球,将某些类型的污染制造业从这个脆弱的星球转移到它那荒芜的卫星上。随着人们开始意识到我们只有一个地球,越来越多的人（即使不是那些掌权者）开始更加激烈地主张保护地球及其资源的方法。根据这种观点,月球并没有那么珍贵。亚里士多德所说的"月下界"（sublunary realm）[a] 现在成了完美的世界,而天空则是可以开发的沃土。

从开普勒的《梦境》到冯·布劳恩的梦想,再到 NASA 旨在让美国人重返月球的新"阿尔忒弥斯"（Artemis）任务,以及中国人的"嫦娥工程",我们的天体伙伴一直无法摆脱神话的影响。月亮在精神上一直很特别,即使它曾经是权力的工具。鼓声在托纳韦里

---

[a] 在亚里士多德的宇宙观中,宇宙被分为"月上界"和"月下界"两个部分。"月下界"是指地球及其周围的区域,包括地球、大气层和月球在内的整个范围。——译者注

## 第十二章 我们的第八大洲 ☾

的白色石头上回响,伴随着使用内布拉星盘的圣歌,那波尼德虔诚的月亮祈祷,以及现在不为人知的在烟囱岩大房子里举行的仪式——这些仪式都无法从我们与月球一起穿越时间的旅程中抹去,即使在伽利略揭露了它的真实本质之后。神秘主义仍然充斥着我们对月球的看法。今天,太空飞行提供了一种超越的形式,几乎成为现代美国的一种民间宗教。现代太空探索被描绘成不朽的概念,创造出一种离开地球的方式,即使在这个星球不再适宜居住之后,也能延续人类意识的光芒。对于一些太空旅行者和太空支持者来说,物种的存续是最终目标。或者,换一种说法,太空可能是我们最终的救赎。

重返月球应该促使我们认真思考这些理念。月球值得我们在任何地缘政治讨论中,探讨其自身的遗产和对我们的意义。我们欠月球,也欠我们自己这样一场对话。

进入 21 世纪 20 年代后,私营公司实际上已成为地球周围空间的决定性力量。火箭公司 SpaceX 控制了近四分之一的太空发射任务,到 2022 年,该公司已将 3400 颗微型互联网广播卫星送入近地轨道。私营公司的目标是在本世纪 20 年代中期以固定周期向月球发射卫星和科学设备,但现有的关于月球的国际治理是模糊的。

在阿波罗 11 号发射前不到两年,美国、英国和苏联签署了《外层空间条约》(*Outer Space Treaty*)。截至 2023 年 3 月,该条约共有 113 个缔约方和 23 个签署方。条约规定,任何国家都不能在一个天体上宣称拥有领土,太空探索是为了所有国家的利益,并且必须和平进行。尽管如此,该条约中的一些条文却被私营公司和美国政府视为保护其领土的一种手段。因为这些条款要求签署国避免损害彼此的科学实验或月球基地。这就意味着先到者先占,原则上后来者不可在已有设施或基地上降落,甚至不能降落在离现有设备足够近的地方,因为可能造成损坏。

正如艾伦·比恩和皮特·康拉德在阿波罗 12 号任务期间所经历的那样，登陆月球并从月球上起飞会引发一场相当大的沙尘暴，会像喷砂枪一样冲刷宇宙飞船或基地建筑。因此，《外层空间条约》中的不干涉条款实际上意味着，无论谁先登上月球的某个位置，都有权利对这片月面拥有所有权，也许是永久性的。这将成为今后的一个实质上的领土问题，因为多个国家和私营公司都对同一片月面区域感兴趣。

许多不同的国家和私营公司都在计划未来几年的任务，这些任务将集中在同一地区，通常是月球的两极，特别是南极－艾特肯盆地。月球上永久阴影下的环形山是另一个主要目标，那里的山脉非常高，太阳永远无法照射到它们的底部。同样，永恒之光的山峰也是一个重要目标，正如托马斯·哈里奥特（Thomas Harriot）所描述的那样，这些地方"太阳永远照耀"。在永久阴影笼罩的陨石坑中，水冰可能会被锁在尘埃中，理论上可以在那里安装机器来提取水冰，并将其用于火箭燃料或其他目的。而在永恒之光的山峰上，太阳能电池阵列可以吸收阳光，为漫游者或几乎所有类型的设备提供动力。

根据《外层空间条约》的一些条款，任何人在这些区域放置设备后，都可以随时访问它——其他人则不能触碰。想象一下，有人在一个永远阳光明媚的海角上架设了一台太阳望远镜。哈佛－史密森天体物理中心（Harvard–Smithsonian Center for Astrophysics）的天文学家马丁·埃尔维斯（Martin Elvis）在 2016 年的一篇研究论文中指出："它的运行需要不受干扰，因此其他人不会访问山峰，从而有效地建立了一个领土主张。"

NASA 也公开了他们在 21 世纪的意图，这一次，他们并不声称为了全人类。2020 年，NASA 宣布了一套新的双边协议体系，其中一些强调了《外层空间条约》，而另一些则是全新的。这些协议要

## 第十二章 我们的第八大洲

求和平利用太空，保护遗产地点（如阿波罗着陆点和各种漫游者的最终安息地），并就太空碎片和太空救援等问题达成一致。然而，协议中有两项内容值得所有关心月球的人注意。首先，协议中提到太空系统应该是"可互操作的"，这意味着基地可以使用通用对接系统或其他共享技术。这可能有利于那些习惯于为美国宇宙飞船打造共享技术的美国公司。其次，协议指出，《外层空间条约》允许"开采和利用空间资源"，可以解读为：太空采矿。

到 21 世纪 20 年代末，月球——我们的银色姐妹和沉默的永恒伴侣——可能会像智利的阿塔卡马沙漠或伊拉克的油田一样，成为一个采矿重地。2022 年年底，私人资助的日本着陆器成功发射了一枚来自阿拉伯联合酋长国的探测器，标志着私营公司已经迈出了第一步。从印度到中国再到美国，各国都计划在本世纪 20 年代中期将宇航员送回月球。2023 年 4 月，NASA 宣布，自阿波罗计划以来，第一批宇航员将绕月飞行，而旨在让人类自 1972 年以来首次重返月球的阿尔忒弥斯 III 号任务将于 2025 年某个时候发射。这意味着没有太多时间来决定我们是否都支持月球开发甚至采矿。

一些最热衷于月球探索的倡导者希望在有生之年尽快重返月球，构建一个新的月球经济。像亚马逊的杰夫·贝索斯这样的亿万富翁正在计划执行任务，而像欧洲航天局（ESA）这样的政府机构甚至希望建立一个由宇航员、科学家和企业家组成的月球村。水可能是最有价值的资源，因为它的氢和氧可以被分解成火箭燃料的成分——这是月球迷康斯坦丁·齐奥尔科夫斯基和赫尔曼·奥伯特的遗产，他们发明了多级液体燃料火箭。水勘探可能会吸引探测者前往月球上长期被阴影笼罩的环形山。根据 NASA 的商业月球有效载荷服务计划，私营公司正在竞争拨款，以设计可以运送各种着陆器和仪器的航天器，包括一些可以搜索水资源的航天器。

"'阿波罗'计划的经济效益是巨大的,它引领我们走上了电子产品微型化的全新道路。"圣母大学(Notre Dame)的月球地球化学家、月球探索的倡导者克莱夫·尼尔(Clive Neal)告诉我,"我们的手机正是因为'阿波罗'计划而诞生的。"但他也指出,这种规模的政府投资不太可能再次出现——毕竟,这主要还是一个受利益驱动的资本主义社会。尼尔补充道:"新的商业参与才能使月球探索持续下去。"

月球采矿的主要倡导者之一保罗·斯普迪斯(Paul Spudis)认为,月球自身的资源将使我们成为一个真正的航天文明。他在1996年出版的《曾经和未来的月球》(*The Once and Future Moon*)一书中写道:"月球上没有'黄金国'。不过,月球是一个拥有巨大潜在财富的天体。"

月壤包含氧气、氦-3、硅、铝和铁等多种物质,这些都可以用来制造燃料、建筑材料及太阳能电池板等。正如斯普迪斯所强调的,在月球上的"获利"并不一定指的是银行账户里的金钱积累;它更多是指在太空环境中获得某种资源的能力,比如生产火箭燃料,这样做远比从地球运输来得更加经济实惠。直到2018年逝世之前,斯普迪斯一直积极倡导基于科学研究的目的重返月球。他认为,月球作为一颗天然的天体科学实验室,仅需三天时间即可到达,为我们研究太阳、月球、地球乃至人类自身提供了得天独厚的条件。

绝大多数研究月球的人,以及大多数关注其管理和未来的人,都是像斯普迪斯这样的科学家。他们中的许多人希望月球能够成为一个科学保护区,在极其严苛的条件下,人们可以前往那里进行研究,以造福全人类。在这种设想中,月球将类似于南极洲,成为现有七大洲之外的第八大洲。

中国已经将重点放在了月球背面,并正在研发将中国航天员

## 第十二章 我们的第八大洲

送往那里的相关硬件。当前,中国载人航天工程主要致力于研究工作,对外发布的声明一贯谨慎。然而,许多美国观察家认为,中国的雄心远不止于科研,还涵盖了采矿以及最终建立定居点等目标。2018年,中国加速推进长征九号火箭的研发,这款火箭的规模与曾用于阿波罗计划的土星五号相当。据中国官方透露,该火箭将为21世纪30年代的首次月球表面任务提供动力支持。2019年1月,嫦娥四号探测器及其搭载的玉兔二号月球车成功降落在了南极－艾特肯盆地内,实现了人类历史上首次在月球背面软着陆的伟大壮举。这不仅是航天领域的一大突破,也是中国迈向长期月球探索计划的重要里程碑。与此同时,在嫦娥四号发射之时,中国国家航天局推出了一个新的月球探测计划标志。这一标志采用书法风格的新月形设计,中央嵌有两条短横线,初看之下仿佛是汉字"月"的形象。实际上,左侧的两条短横线不仅作为装饰存在,更寓意着灰色的脚印,清晰地传达出中国对月球探索的决心与愿景。

许多其他国家的政府也对月球背面产生了浓厚的兴趣,希望在此开展科学研究。

2019年,意大利国家天体物理研究所的科学家克劳迪奥·马科内(Claudio Maccone)提出在月球背面建立一个无线电干扰区域的倡议。月球本身可以完全屏蔽来自地球的无线电干扰,因此这里是建设太阳系最大射电望远镜的理想场所。这样的天文台能够深入探索宇宙最隐秘的部分。2020年4月,NASA资助了一个项目,调研在月球背面建造这种射电望远镜的可行性。这项名为"月球陨石坑射电望远镜"的项目计划将望远镜安置在一个直径约三英里的陨石坑内。该望远镜能够在超低频波段下工作,特别是那些无法穿过地球大气层的频率。2023年,NASA再次加大了投入,支持了一个更为宏大的项目，该项目设想使用月球表面的材料现场制造太阳能电池、天线组件及导线等关键部件。这类远程望远镜有望揭示宇宙黑暗时代的奥秘，即首批恒星诞生之时的情景——这是现有观测手段，包括强大的詹姆斯·韦伯太空望远镜（James Webb Space Telescope）都尚未触及的历史阶段。

月球的背面没有来自地球的辐射和大气水汽干扰，使其成为研究宇宙早期阶段的理想场所。在中国，科学家们正在研究一种由多颗卫星组成的阵列，这些卫星将在月球周围编队飞行，以进行类似观测。

当我在撰写这本关于我们与月球关系的书时，我原计划前往位于圣路易斯以东 10 英里处的卡俄基亚土丘（Cahokia Mounds），那是我生活了 10 年的地方。卡俄基亚土丘是伟大的密西西比文化的遗迹，这一文明是 1000 年前美国中西部繁荣之所在。在其鼎盛时期，规模堪比 17 世纪的伦敦市，被称为"太阳之城"。

卡俄基亚大约在公元前 700 年开始有人居住，到公元 1200 年左右，密西西比文化的居民人数增加到约两万人。大约在公元 1100 年，他们建造了一个木制圆圈，现在被昵称为"巨木阵"（Woodhenge），这个结构与至日的太阳对齐。但最引人注目的特征是一系列卡俄基亚土丘，这些土丘具有多种市政和祭祀用途。其中最大的土丘连接着一个高高的堤坝，该堤坝与一年中最南端的月升时间相吻合。

后来，我的家人突然决定搬回科罗拉多州。一回到我成长的西部，我就计划前往亚利桑那州的奇尼尔（Chinle），参观切利峡谷（Canyon de Chelly）中的史前岩画，并与纳瓦霍人和霍皮人（Hopi）的传统修行者交谈。20 世纪 60 年代，霍皮人在阿波罗登月时曾举行庆祝活动，因为在他们的民间传说中，有一个关于"鹰"登陆月球带来

## 第十二章 我们的第八大洲

新开始的故事。然而,我也了解到一些纳瓦霍人对登月任务感到不满,他们认为人类在月球上留下脚印是对圣地的亵渎。

1997年,行星科学之父尤金·舒梅克(Eugene Shoemaker)去世后,他的家人和NASA官员将他的一盎司骨灰安放在了"月球勘探者"(Lunar Prospector)任务中。这颗卫星在月球轨道上运行了近两年后故意坠毁,舒梅克的部分骨灰永远留在了月球上。当时的纳瓦霍部落酋长阿尔伯特·黑尔(Albert Hale)称这种行为是"亵渎神明的",是对许多美洲原住民信仰的严重冒犯,对将人类遗骸置于月球上的做法表示强烈反对。我想与那些被大多数欧洲白人后裔称为纳瓦霍人的迪内人(Diné)谈谈他们对月球的看法。然而,新冠病毒大流行给这一切叫了暂停。病毒在纳瓦霍人社区中肆虐,他们的土地对外界关闭,禁止外人进入。

作为替代方案,我计划了一次公路旅行,前往位于怀俄明州西北部的毕葛红医药轮(Bighorn Medicine Wheel),这是一个古老的石圈,建于300年到800年前,由平原印第安人如夏延族(Cheyenne)和波尼族(Pawnee)所建。这个石圈在夏季才能看到,冬季的大部分时间里通常被雪覆盖。它由一系列石堆和辐条组成,推测是与夏至和某些星星的晨昏升起相对齐。而更有趣的是,这个轮子有28根辐条。一个月的阴历周期大约有28天,我想探索这个遗址,了解在我之前生活在这个地区的平原印第安人的月亮传统。然而,在疫情初期,大部分西部地区都实施了居家令,开车去那里太远了。

居家隔离的限制解除后,我带着家人前往了烟囱岩。由于大流行病的影响以及考虑到当时年仅5岁的孩子的安全,我们无法选择在夜晚出行。

沐浴在夏日明媚的阳光下,我沿着曾经的大房子的地基缓缓而行,一步步接近悬崖边上的塔楼。那一刻,我渴望给自己留出片刻静思的时间，凝视着眼前的景致，试图捕捉到与托纳韦里相似的心境。月球纪念碑内沉寂无声，那种氛围就如同步入一座极其古老的教堂或踏入一片罕有人至的原始森林一般，令人顿生谦卑与敬畏之心——这正是"敬畏"一词最古老、最纯粹的意义所在。我想，如果这里足够宁静的话，或许我也能在烟囱岩感受到类似的情感共鸣，并与曾在此处劳作的人们建立起某种精神上的联系。也许，在某个意识交汇之处，我能窥见他们所熟悉的那轮明月，还有那片曾经令他们为之驻足仰望的浩瀚星空。

但我的女儿在与我一同散步时显得格外兴奋，她对小径旁的小仙人掌充满了好奇，还急切地想要发现藏匿于岩石缝隙中的小动物。一路上，她像往常一样喋喋不休，充满活力。带着幼儿园孩子的那份天真烂漫，她蹦蹦跳跳地跑向了大房子的地基，那里有一位讲解员正在回答游客们的问题，并指导大家哪些区域可以进入，哪些地方则需绕行。受到讲解员的鼓励，女儿爬进了房子里，尝试着让自己的声音产生回音，同时不停地提问关于楼梯、砖墙，以及为什么这里不再有天花板等问题。显然，在这样的环境中，根本不存在片刻的宁静。而我也逐渐意识到，这恰恰是它应有的样子。

10个世纪以前，或许也有一个年轻的家庭曾走过这里。就像我们一样，他们也携带着补给品和零食，不过那时的他们背负的可能是编织篮子和彩陶器皿，而非现代的水袋。可以想象，在那座大房子的土坯屋顶下，有许多孩子嬉戏奔跑，向他们的表兄弟姐妹和朋友们大声喊叫，玩着各种游戏。他们或许是去参加某个庆祝活动，也许是赴一场对他们而言意义非凡、而今却难以被我们理解的盛宴。我想，当时的村庄里一定也是充满了欢声笑语，丝毫不见寂静。

在我之前居住于此的人们，虽然与我和我的家人在外貌上有所不同，但我可以自信地说，我们之间存在着某些共通之处。这些共

## 第十二章 我们的第八大洲

通点在过去的几千年里,乃至任何时期,都未曾改变。他们或许也曾携家带口来到烟囱岩旅行。孩子们可能因为长途跋涉而感到烦躁不安,渴望有机会玩耍。他们或许也带来了玩具,就像我女儿藏在车后座的那些一样。在乌尔的恩尼加尔迪博物馆中,考古学家发现了被涂成红色的黏土小狗雕像,这可能是圣吉帕鲁学生们曾经的玩物。父母们可能会兴奋地向孩子们介绍这些特别的地方,并教导他们这些地方对于祖先以及对他们自己的意义。父母们也许会担心孩子们靠近悬崖边缘的安全问题。像我这样的母亲,或许会对长子早慧的表现露出欣慰的笑容。她可能站在大房子旁边,注视着她的大孩子,同时想着尚未出生的新生命,揣摩着这个新生命是否会像她的姐姐那样勇敢和独立。我的经历与他们的经历有着相似之处,而他们的经历又与更久远的先人们如出一辙。在同一个太阳下,在同一个月亮下,这些经历总是不断地重复上演。

对于普韦布洛人而言,月亮依旧是特别的、不可触及的存在,就像对于恩赫杜安娜和那波尼德,对于希腊哲学家,约翰内斯·开普勒、沃纳·冯·布劳恩以及迈克尔·柯林斯一样。它在夜晚依旧如幽灵般提醒着我们,它仍然是一个值得庆祝的预兆。无论是寒冷冬夜中圆满而闪耀的满月,还是夏日枝叶繁茂树丛间令人惊喜的一弯新月,都能带来无尽的喜悦。月亮可能会悄无声息地出现;大多数时候,你看到的是介于满月与新月之间的凸月。每月仅有两三天,月亮才会达到圆满明亮的状态。如果你足够幸运,在一生中或许能目睹几百次这样的景象。偶尔,你会在黄昏时分看到它如同一把高悬天际的弯刀。若你在黎明前几个小时醒来,可能会惊讶地发现它出现在东方的地平线上,泛着黄色且半明半暗。有时,月亮会在你的闹钟响起之前几个小时就先于太阳升起,当你准备去上班或上学时,它低垂在西边的天空中。它也可能渐渐隐入背景,像白噪音一样,如同那些你在夜晚有幸见到的星星一般。

无论你身在何处,无论你信仰什么,无论你是否继承了月亮之城亚伯拉罕某位后裔的传统,你都可以永远信任月亮。它永远高悬于你的头顶之上。它总会回来,在寂静的夜晚为你带来光明,在清晨拨开云雾。你可以信赖它那瞬息万变的外表,确信它将在明天的某个时刻再次升起,清凉而闪烁。无论你身处地球的哪个角落都可以看到它,月亮是你永恒的伴侣,是在云中翩翩起舞的姐妹,也是存在的理由。今晚或明早,不妨到外面走走,沐浴在月光下。抬头仰望,与它同行,并向它问好。

# 译者后记
## Translator's Postscript

  本书作者美国资深科学记者丽贝卡·博伊尔女士凭借其深厚的科学素养和敏锐的洞察力，从月球的起源、月亮对人类文化和科学的影响、人类对月球的探索等不同角度，以她厚积薄发的知识积累和写作功力，为我们洞开了一扇月球知识的大门，全方位呈现了神秘而又充满魅力的月球世界的图卷。博伊尔的文字通俗生动，富有感染力，既科学严谨，又不失文学魅力，还不乏理性的思考，让读者在轻松愉快的阅读中，自然而然地体验到科学与人文之美。

  月球对地球及其人类的意义远不止于夜空的装饰，从蒙昧时期开始，就一直激发着人类的好奇心和探索欲望。可以说，在人类的知识体系里，关于月球的知识是最早沉淀下来的。美索不达米亚文明认为，月亮周期性变化与农作物的生长密切相关，因此他们通过观察月相来指导农业生产，月神作为丰收与繁荣的象征，深入人心。苏美尔文明中，月神是苏美尔人最崇拜的神灵之一，并且是乌尔城邦的保护神，至高无上。此外，月亮的位置数据也被用于制定法律文书和社会制度，显示了月亮在社会生活中的重要地位。在古埃及，月神被视为智慧与文字的双重象征，他[a]不仅是夜晚的统治者，还是重生的象征。古埃及人相信，月亮的光芒不

---

[a] 在埃及文明中，月神是男性。

仅照亮大地，还引领亡灵前往冥界。在印度河流域，同样拥有丰富的月亮崇拜传统。吠陀文献及后来的印度教经典都强调了月亮在自然界中的重要作用。在印度教中，月亮被视为吉祥和美丽的象征，常与爱情、婚姻和家庭联系在一起。在多种宗教信仰体系中，月亮被赋予了神秘而神圣的象征意义，成为照耀人类精神世界的文化角色。

在古代，人们通过肉眼观察月球，发现了月球的相位变化和月食的规律，用于指导狩猎、农事和祭祀。随着望远镜的发明和使用，人类对月球的认识进入了一个新的阶段。博伊尔用了很大的篇幅向读者娓娓讲述了从开普勒、伽利略直到阿波罗计划、嫦娥探月工程这400多年以来人类在探索月球方面所走过的曲折道路。

博伊尔以广阔的视野和生动的叙事，向读者娓娓道来，令人掩卷之后，犹觉余味无穷。

说到这里，我必须指出，作者在写作本书时遗漏了对中国在月亮文化和月球探索方面的介绍，不能不说是一大缺憾。我和出版方都觉得有必要对此做一个简要补充。

月亮在中国古代文化和古代哲学中具有重要的象征意义。月亮常被视为阴之神，与坎卦相关联，代表了阴中有阳的哲学思想。在甲骨文中就有了关于月亮的文字，并且记录了月食等天文现象，并将其视为灾害象征；在甲骨文中，月亮的形象不仅用于表示时间单位，还与宗教和神话紧密相连。例如，嫦娥奔月的神话源于商代的月神崇拜，这种崇拜将有关月亮的神话与部族祖先以及阴历十二月结合起来，并在后世审美观照中不断得到发展。到了周朝，人们就有春分祭日、夏至祭地、秋分祭月、冬至祭天的礼制，其中秋分祭月尤为突出。这些礼制不仅反映了古人对月亮的崇拜，也体现了他们对宇宙的无限遐想和浪漫情怀。

和本书所重点介绍的美索不达米亚、巴比伦、欧洲文化不一样，在

## 译者后记

中国的传统文化中，月亮不仅仅意味着潮汐的涨落，夜晚的光明，还是浪漫和相思的文化象征，是劳动人民和文人墨客表达情感的重要意象，是最具有人民性的神祇。从七夕乞巧到中秋赏月，作为历史悠久的传统习俗，月亮不仅承载着家庭团圆的美好愿景，还反映了中华民族对和谐与美满生活的向往；从《诗经·陈风·月出》的"月出皎兮，佼人僚兮"，到苏轼"明月几时有，把酒问青天"，再到当代人的"看月亮思故乡，一个在水里，一个在天上"，2500多年来，以月喻美、以月寄情的文脉从未中断。在中国的传统文化中，月亮不仅是自然景象的一部分，还被赋予了丰富的文化内涵和情感价值，成为国人表达浪漫情怀的重要载体。

和有神论根深蒂固的西方文明不一样，中华文明开化较早，月亮很早就走下了神坛，成为科学家们研究的对象。中国有着悠久的天文学历史。中国古代科学家对月球运动的研究非常深入，中国古代科学家很早就开始观测月球，并记录了月相变化、月食等现象。例如，《史记》记载了秦朝天文学家太史令与秦宣太史仆射之间的对话，其中提到了对月球的观测。《汉书·律历志》记载了三统历的方法，以135个月为一个交食周期，在此期间会发生23次月食。这一周期的确定基于对过去实测数据的分析和推算，从而能够准确预测未来的月食发生时间。汉代天文学家张衡研究了星宿和月亮的关系，指出月光来自月球对太阳光的反射。前汉时期，天文学家们发现月球运行轨道接近黄道，并使用黄道坐标来获得更精确的月球轨道相关研究结果。后汉时期，李梵和苏统观测到月行有迟疾，并认为这是由于月道远近造成的。刘洪撰写的《乾象历》不仅记录了月道近地点的移动，还详细记载了每天月球的直行度以及黄白道交点的逆行。刘宋时期的天文家何承天提出了定朔法，通过计算太阳和月球的真实位置来确定朔日及月的大小，从而改进了日食和月食的预测。唐代著名天文学家僧一行制定了《大衍历》，这是中国历史上最全面最详尽的历书之一，包括计算月亮运动轨迹的方法。宋代学者沈括在《梦溪笔谈》中解释了月相圆缺的原理，标志着中国古代天文学的新发展。中国古代还发展出了独特的农历系统，以月亮周期为基础，结合太阳的运行规律进行时间计算，对农业生产、节日庆典等社会活动产生了深远的影响，彰显了中华文明在天文历法领域的卓越成就。

冷战时期，月球探索是美苏两个超级大国的竞技场。美国人尤其以阿波罗计划为傲。毋庸讳言，阿波罗计划是人类历史上第一个成功实现载人登月的项目，具有划时代的意义。它不仅实现了载人登月飞行和对月球的实地考察，还为未来的载人行星飞行和探测进行了技术准备。阿波罗计划产生了3000多项技术成果，这些技术成果被转化为民用并形成了产业化，取得了巨大的经济效益。阿波罗计划虽然最初是由政治因素决定的，但它的意义远远超出了政治。

虽然美国的阿波罗计划很快因为冷战结束而终止，但人类对月球探索的脚步从未停止。2004年，中国正式开展名为"嫦娥工程"的月球探测计划。嫦娥一号探测器于2007年成功发射，标志着中国成为世界上第五个能够独立发射探月航天器的国家或地区。此后，嫦娥二号、三号、四号、五号等探测器相继发射并取得重要科学成果。

通过嫦娥工程开展的一系列探测任务，中国获得了大量珍贵的月球数据，包括高分辨率全月图和月球剖面图，为全球月球科学研究做出了重要贡献。此外，嫦娥四号在月球背面成功软着陆，成为人类月球探索首次实现的壮举，进一步提升了中国在国际航天领域的地位。而2024年5月完成的嫦娥六号任务，带回了来自月球的新样品，进一步揭示了月球形成和演化的奥秘，更是具有多方面的科学价值。例如，通过对嫦娥六号样品的研究，发现了新矿物"嫦娥石"，获得了关于月球起源与演化的全新认识；确认了月球直到20亿年前仍存在岩浆活动，这比以

## 译者后记

往的认知延长了约 8 亿年;探测到了月球内部的原生水,这些水未来可以通过月壤的综合开发利用提取出来,作为科研站生命保障需求的补充;等等。按照嫦娥计划的任务清单,中国还将逐步实施载人登月和建立月球基地。嫦娥工程是中国航天事业的重要里程碑,不仅增强了国家威望和综合国力,还激发了全民对科学探索的热情和兴趣。在这种大的时代背景下,把本书介绍给广大读者,以便更多的人了解更多的月球知识,无疑是一件有益的事情。

在本书的翻译过程中,译者得到了四川外国语大学梁本彬先生的热情指导。本书的特约编辑冉子健先生及汤万星先生也及时和译者交换意见,对译文风格、事实确认等方面给予及时点拨,非常感谢他们的帮助。我尤其要感谢我的夫人罗洪华在事务方面任劳任怨地付出和在生活上无微不至的照顾,使本书的翻译工作能够在较短的时间内杀青。

限于译者学养,本书的翻译一定还存在诸多不足之处,请读者诸君不吝赐教。

译者
2024 年 10 月于重庆合川嘉陵江右岸寓所